东中国海沉积速率及其应用

李凤业　李学刚　宋金明　著

海洋出版社

2016年·北京

图书在版编目（CIP）数据

东中国海沉积速率及其应用/李凤业，李学刚，宋金明著．
—北京：海洋出版社，2016．6
ISBN 978－7－5027－9507－8

Ⅰ．①东… Ⅱ．①李… ②李… ③宋… Ⅲ．①东海－
海洋沉积－研究 Ⅳ．①P736．21

中国版本图书馆 CIP 数据核字（2016）第 141088 号

责任编辑：白　燕　张　荣
责任印制：赵麟苏
海洋出版社　出版发行
http://www. oceanpress. com. cn
北京市海淀区大慧寺路 8 号　邮编：100081
北京华正印刷有限公司印刷　新华书店北京发行所经销
2016 年 6 月第 1 版　2016 年 6 月第 1 次印刷
开本：787 mm×1092 mm　1/16　印张：10．25
字数：230 千字　定价：58．00 元
发行部：62132549　邮购部：68038093　总编室：62114335

前　言

本书是在国家海洋专项、自然科学基金、国家基金委－山东省联合基金、中美联合调查等多个项目资助下完成的研究成果，其系统总结了东中国海沉积速率及其有关成果，是关于我国渤海、黄海、东海及冲绳海槽海洋放射年代学的第一部专著。

全球变暖、海洋环流的变异控制着全球气候的变迁，这种气候的变迁在所有的时间尺度上都十分重要。海洋沉积岩心忠实地记录和保存了有价值的环境变迁信息，利用这些信息来揭示地质历史上古海洋的变迁，探索研究海洋地质结构、化学、生物等方面环境因素的相互关系有十分重要的意义。而这也是近年来国际地质学界所探索研究的前沿之一。

铀系放射性同位素地层年代学是由美国学者 Goldberg 等（1962）20 世纪 60 年代提出，20 世纪 80 年代传入我国的。著者 30 年来系统开展了这项工作，先后测定了我国渤海、黄海、东海及冲绳海槽数百个岩心的 ^{210}Pb、Th、U 等放射性活度及大量的化学元素，获得了我国浅海陆架和边缘海海域大量的沉积速率资料，利用这些资料，提出了中国海区沉积岩心中 ^{210}Pb 随岩心深度衰减呈现出 5 种分布模式，对中国近海近百年来的沉积环境、沉积作用强度及入海物质运移扩散规律进行了研究，建立了确切的沉积地层年代。利用 $^{230}Th/^{232}Th$ 放射性活度比，测定冲绳海槽全新世、晚更新世沉积物沉积速率和沉积格局。此外，还根据对岩心 Ca、Sr、Cu、Mn、Fe 和 $CaCO_3$ 和有机碳等元素的测定结果，综合各种地球化学资料，探讨了冲绳海槽在全新世、晚更新世物质来源及古环境变迁。根据箱式岩心 ^{210}Pb 的垂直分布所确定的确切的时间尺度，探讨了冲绳海槽沉积区的混合速率和混合作用，并对冲绳海槽古生产力、古盐度、氧化还原环境、$CaCO_3$ 等进行了讨论。

本书第一章简述了放射性同位素的衰变规律和衰变系列；第二章阐述了放射性同位素测定沉积速率的原理和方法；第三章阐述了渤海沉积速率和沉积通量；第四章阐述了黄海沉积速率和物质来源；第五章阐述了东海陆架与冲绳海槽沉积速率及元素地球化学特征；第六章分析了同位素的应用前景及在全球变化海洋环境研究中的应用。

本书采用的资料主要来自作者所参加的海上调查和亲自做的实验分析，参加实验工作的还有袁巍、史玉兰、汪亚平、程鹏等，所引用资料注明了出处。全书绝大部分章节由李凤业撰写，李学刚参加了第一章、第二章和第四章第五、第六节的撰写，宋金明参与了第六章的撰写和全书的统稿。另外，特别对本专著有关研究工作给予合作支持指导的赵一阳、高抒、翟世奎、仲少军、袁巍、史玉兰、何丽娟、杨作升、李军、杨永亮等深表谢意。

作者相信该书的出版不仅为我国的科研与教学提供了参考资料，而且会推动我国海洋放射年代学和沉积动力学的研究。由于作者水平有限，难免有错误和不当，望得到读者和同行指正。

李凤业
2015. 12. 1

目　录

第一章　放射性同位素概述

毫无疑问，海洋沉积物包含了古环境、古气候、古海洋等诸多信息，而反演这些信息离不开对沉积物的精确定年。虽然目前有较多的方法可以确定沉积物的年龄，但应用最广泛、方法最简便的仍然是放射性同位素测年。放射性同位素在进入沉积物后，将自发地发生有规律的衰变，依据放射性元素的衰变规律，就可以准确地计算出沉积物的年龄和沉积速率。

第一节　放射性同位素的定义及其衰变类型

众所周知，元素的原子由原子核和电子构成，而原子核又由质子和中子组成。同一种元素具有相同的质子数，但可以有不同的中子数，这种具有相同的质子数而具有不同的中子数的元素叫同位素。其中有一些同位素的原子核能自发地发射出粒子或射线，释放出一定的能量，同时质子数或中子数发生变化，从而转变成另一种元素的原子核。元素的这种特性叫放射性，这样的过程叫放射性衰变，这些元素叫放射性元素。具有放射性的同位素叫放射性同位素。发生放射性衰变的元素称为母体，由放射性衰变形成的元素称为子体。根据放射性元素释放或吸收的粒子或射线，可将放射性衰变划分为以下几个类型。

（1）α 衰变：放射性元素自发地释放出 α 粒子的衰变过程叫 α 衰变。α 粒子质量数为4，由2个质子和2个中子组成，是原子序数为2的高速运动的氦原子。高速运动着的 α 粒子流就是 α 射线。经过 α 衰变形成的放射性元素与其母体相比质量数减4，原子序数降低2位。其衰变过程如下：

$$^{A}_{Z}X \rightarrow ^{A-4}_{Z-2}Y + ^{4}_{2}He(\alpha\text{粒子}) + \text{能量}$$

例如，铀－238（$^{238}_{92}U$）经 α 衰变后生成钍－234（$^{234}_{90}Th$），镭－226（$^{226}_{88}Ra$）经 α 衰变后生成氡－222（$^{222}_{86}Rn$）

（2）β 衰变：放射性元素自发地使核内一个中子转变为质子，释放出 β 粒子的衰变过程叫 β 衰变。β 粒子的质量与电荷均与电子相同，其实质就是一个高速运动的电子。高速运动着的 β 粒子流就是 β 射线。β 射线具有比 α 射线高得多的穿透能力。经过 β 衰变形成的放射性元素与其母体相比质量数不变，但原子序数增加1位。其衰变过程如下：

$$^{A}_{Z}X \rightarrow ^{A}_{Z+1}Y + e(\beta\text{粒子}) + \text{能量}$$

例如，铅－214（$^{214}_{82}Pb$）经 β 衰变后生成铋－214（$^{214}_{83}Bi$），铋－214（$^{214}_{83}Bi$）经 β 衰变后生成钋－214（$^{214}_{84}Po$）。

（3）电子俘获：放射性元素自发地俘获一个核外轨道电子，使核内一个质子变为中子的衰变过程叫电子俘获。经过电子俘获形成的放射性元素与其母体相比质量数不变，但原子序数减少1位。其衰变过程如下：

$$ {}_{Z}^{A}X + e^{-} \rightarrow {}_{Z-1}^{A}Y $$

例如，钾－40（${}_{19}^{40}K$）俘获后生成氩－40（${}_{18}^{40}Ar$）。

（4）同质异能γ跃迁。通常α衰变或β衰变形成的新原子核处于不稳定的激发态，但这个时间很短（约10^{-13}s），很快跃迁到较低能级或基态，并释放出γ射线（γ射线是一种波长很短的电磁波，具有极强的穿透能力）。这种现象仅发生能级跃迁，而核的质量数和原子序数都不变，所以不产生新的元素。但有些原子核的激发态存在时间较长，可以作为独立的放射性核素，这种通过γ跃迁形成的子体与母体称为同质异能素。

第二节　放射性衰变规律

放射性元素最基本的特征是不断发生同位素衰变，而衰变的结果是放射性同位素母体的数目不断减少，但其子体的原子数目将不断增加。由于放射性同位素的衰变不受外界温度、压力或化学条件控制，其衰变速率的大小完全是每种放射性元素的固有特性，发生衰变的原子数目仅与时间有关。

如果起始时刻放射性元素母体的数目为N_0，经过一段时间$\mathrm{d}t$后，已经发生衰变的放射性元素数目$\mathrm{d}N$与剩余尚未衰变的母体数目N和$\mathrm{d}t$的乘积呈正比，即

$$ \mathrm{d}N \propto N\mathrm{d}t $$

写成等式：

$$ \frac{\mathrm{d}N}{\mathrm{d}t} = -\lambda N $$

对上式进行积分可得

$$ N = N_0 e^{-\lambda t} \text{ 或 } \ln N = \ln N_0 - \lambda t $$

式中：λ为每个放射性元素原子在单位时间内的衰变几率，又叫衰变常数；N_0为开始时（$t=0$）放射性元素原子个数；N为经过时间t后剩余的原子个数。

该式说明放射性同位素总原子数随着时间的减少服从于指数定律。这是放射性衰变基本定律，也是放射性同位素测年的基本公式。

不同放射性元素的衰变速率相差很大，衰变常数越大，元素衰变得越快，并且衰变速度在整个衰变时间内并不是保持不变的，而是随着时间的增长而降低，但每个放射性元素的衰变常数是一定的。

当放射性元素原子数衰变减少到原来的一半（$N=\frac{1}{2}N_0$）时所经历的时间（T）称为半衰期。

$$ T = \frac{\ln 2}{\lambda} = \frac{0.693}{\lambda} $$

每个放射性元素都有固定的半衰期，如^{238}U的半衰期为4.468×10^{9} a，^{232}Th的半衰期为1.41×10^{10} a（141亿年），称为长寿命元素；如^{210}Po的半衰期为138.4 d，^{218}Po的半衰期为3.0 min，^{214}Po的半衰期为1.64×10^{-4} s，常称为短周期元素。一般认为放射性元素经历10个半衰期后就已经完全衰变。

放射性同位素不断地衰变，它在单位时间内发生衰变的原子数目称为放射性强度（radioactivity），也可理解为放射性活度。放射性强度的常用单位是居里（curie），表示在1 s内发生3.7×10^{10}次核衰变，符号为Ci。除居里外，过去常用的单位还有dps和dpm。其中，dps表示每秒钟放射性元素衰变的次数；dpm表示每分钟衰变的次数。居里和dps、dpm的换算关系如下：

$$1\text{Ci} = 3.7 \times 10^{10}\ \text{dps} = 2.22 \times 10^{12}\ \text{dpm}$$

$$1\ \text{mCi} = 3.7 \times 10^{7}\ \text{dps} = 2.22 \times 10^{9}\ \text{dpm}$$

$$1\ \mu\text{Ci} = 3.7 \times 10^{4}\ \text{dps} = 2.22 \times 10^{6}\ \text{dpm}$$

1977年国际放射防护委员会（ICRP）发表的第26号出版物中，根据国际辐射单位与测量委员会（ICRU）的建议，对放射性强度等计算单位采用了国际单位制（SI），我国于1986年正式执行。在SI中，放射性强度单位用贝柯勒尔（becquerel）表示，简称贝可，为1 s内发生一次核衰变，符号为Bq。$1\ \text{Bq}=1\ \text{dps}=2.703\times10^{-11}\text{Ci}$该单位在实际应用中减少了换算步骤，方便了使用。

放射性元素的质量W与放射性活度A的换算关系如下：

$$W = kMTA$$

式中：M为放射性元素的相对原子量；T为半衰期；k为换算系数，与核素半衰期时间单位有关，其值见表（1－1）。

表1－1　放射性元素半衰期时间单位的换算系数值

半衰期的时间单位	s	mMin	h	d	a
k/Bq	2.4×10^{-24}	1.44×10^{-22}	8.63×10^{-21}	2.07×10^{-19}	7.56×10^{-17}
k/Ci	8.87×10^{-14}	5.32×10^{-12}	7.66×10^{-9}	7.86×10^{-6}	

注：该表引自《辐射场与放射性勘察》。

此外，还常用比活度来表示单位质量的含放射性元素的物质中的放射性活度，其单位为Bq/kg或Bq/g。

第三节　放射性同位素的衰变系列

自然界中已发现230多种天然放射性元素，其中绝大多数经一次核衰变后就形成稳定核素，如^{40}K、^{14}C，但有部分放射性元素衰变后所形成的元素仍然是放射性元素，这样的元素大约有50个并形成3个互不相干的放射性系列，即铀系列、钍系列和锕（铀）系列。

铀系放射性同位素由15种元素组成，其初始放射性母体为$^{238}_{92}$U，经过14次的连续衰变，包括8次α衰变和6次β衰变，最后到稳定元素^{206}Pb。其中$^{233}_{92}$U最先发生α衰变（图1－1中的向下箭头）使原子序数减2，质量数减4，生成钍同位素$^{234}_{90}$Th；又经β衰变（图1－1中的右斜箭头），原子系数增加1但质量数不变，生成镤同位素$^{234}_{91}$Pa；再经β衰变生成铀同位素$^{234}_{92}$U；$^{234}_{92}$U经α衰变生成钍同位素$^{230}_{90}$Th；$^{230}_{90}$Th经α衰变生成镭同位素$^{226}_{88}$Ra；$^{226}_{88}$Ra 经 α 衰变生成氡同位素$^{222}_{86}$Rn；$^{222}_{86}$Rn 经 α 衰变生成钋同位素$^{218}_{84}$Po；$^{218}_{84}$Po经 α 衰变生成铅同位素$^{214}_{82}$Pb；$^{214}_{82}$Pb 先后经过两次 β 衰变分别生成铋同位素$^{214}_{83}$Bi 和钋同位素$^{214}_{84}$Po；$^{214}_{84}$Po 经 α 衰变生成铅同位素$^{210}_{82}$Pb；$^{210}_{82}$Pb 再经过两次 β 衰变和一次 α 衰变后最终生成稳定的铅同位素$^{206}_{82}$Pb。该系成员的质量数 A 都是 4 的整数倍加 2，$A = 4n + 2$，所以铀系也称为 $4n + 2$ 系。

该系列放放射性元素的半衰期和衰变常数如图 1－1 所示，值得注意的是该系中的长周期元素，如$^{238}_{92}$U 半衰期为4.5×10^9 a，$^{234}_{92}$U 半衰期为2.45×10^5 a，$^{230}_{90}$Th 的半衰期为7.54×10^4 a，$^{226}_{88}$Pa 的半衰期为1.6×10^3 a，$^{210}_{82}$Pb 的半衰期为 22.3 a，这些元素在海洋沉积物定年中有较多的应用。

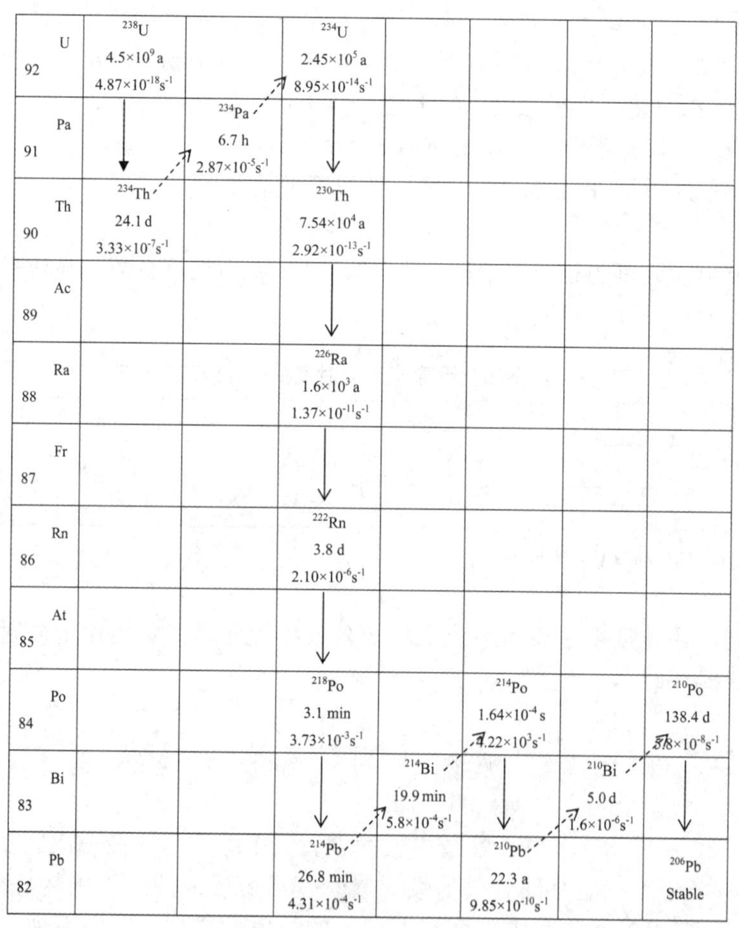

图 1－1　铀系放射性元素衰变示意图

钍系放射性元素由 12 种元素组成，其初始放射性母体为$^{232}_{90}$Th，从$^{232}_{90}$Th 开始，经过 10 次的连续衰变，包括 6 次 α 衰变和 4 次 β 衰变，最后生成稳定同位素$^{208}_{82}$Pb，如图 1－2。该系成员的质量数 A 都是 4 的整数倍，$A = 4n$，所以钍系也称为 $4n$ 系。

在一个放射系中，当母体核素的半衰期远远长于子体核素的半衰期时，子体生长到了一定时期后将达到一个饱和值，此时，子体的原子数和母体的原子数成为一个固定的比，即子体的衰变率和母体的衰变率相等，这时就达到了衰变平衡。要在母体和子体之间建立平衡，需要大致 10 倍于短周期的时间。钍系放射性元素的半衰期和衰变常数见图 1－2，由于母体$^{232}_{90}$Th 的半衰期为 1.41×10^{10} a，而子体半衰期最长的为$^{228}_{88}$Ra，只有 5.76 a，所以，钍系仅需要几十年就可建立起长期平衡。

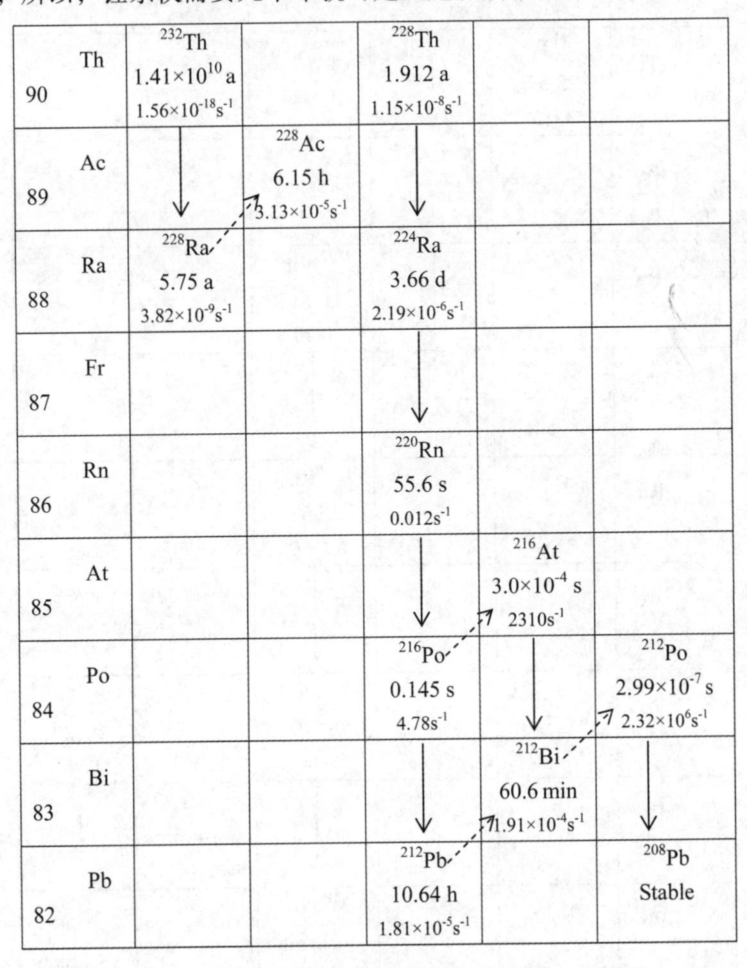

图 1－2　钍系放射性元素衰变示意图

锕（铀）系放射性元素由 12 种元素组成，其初始母体为$^{235}_{92}$U，经过 11 次的连续衰变，包括 7 次 α 衰变和 4 次 β 衰变，最后生成稳定同位素$^{207}_{82}$Pb。由于$^{235}_{92}$U 俗称锕铀，所以该系被称为锕（铀）系，该系成员的质量数 A 都是 4 的整数倍 +3，$A=4n+3$，所以锕系也称为 $4n+3$ 系。该系放射性元素的半衰期和衰变常数如图 1－3 所示。由于其母体$^{235}_{82}$U 的半衰期为 7.038×10^{8} a，而子体中半衰期最长的是$^{231}_{91}$Pa，为 3.28×10^{4} a，所以，锕系建立起长期平衡，需要几十万年的时间。

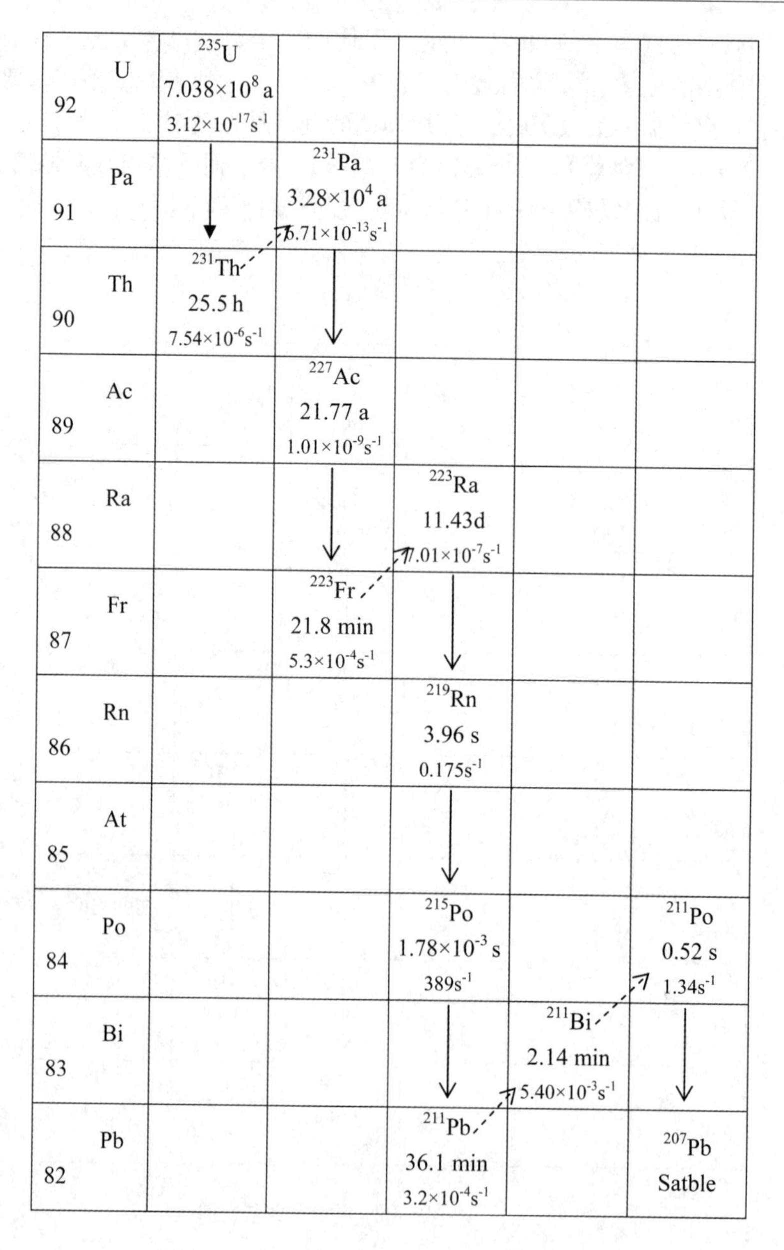

图 1－3　锕（铀）系放射性元素衰变示意图

参考文献

李志昌. 2004. 放射性同位素地质学方法与进展. 北京：中国地质大学出版社：1－276.

兹维列珍. 1985. 放射性同位素地球化学. 北京：原子能出版社：1－252.

卢学强. 2005. Sedimentation rate change in Ise Bay using ^{210}Pb method，博士论文.

第二章　放射性同位素法测定沉积速率的原理与方法

沉积速率是指单位时间内所积累的沉积物的量，它是根据不同年代间所积累的沉积物的量来计算的，所以沉积速率测定的实质是确定沉积物的年龄。利用自然界中的放射性同位素测定地质体的年龄已有许多成功的应用，如Rb－Sr法、Sm－Nd法、U－Th－Pb法、K－Ar法和$^{40}Ar-^{39}Ar$法等多种方法，但这些方法的应用都需要一定的前提条件，如放射性同位素的半衰期和地质体的年龄不能相差过大，要能准确测定母体同位素的组成和每个放射性同位素的丰度，放射性母体最终衰变为稳定同位素，特别是对铀系、钍系和锕系3个系列的衰变还要求母体和子体达到衰变平衡，而海洋沉积物因年龄较轻而很难满足这些条件。沉积物的年龄通常采用铀系不平衡法测定。所谓"铀系不平衡"是指在铀系、钍系和锕系3个衰变系列中，各中间子体因地球化学性质不同，在溶解、沉淀、吸附、解吸等过程中发生同位素分馏，造成某些母、子体放射比不等于1。利用这些不平衡的中间性母、子体同位素测年，就是铀系不平衡法。铀系不平衡法包括多种方法，如$^{234}U/^{235}U$法（不平衡铀法）、^{230}Th法、^{231}Pa法、^{226}Ra法、$^{231}Pa/^{230}Th$法、^{210}Pb法、^{234}Th法、$^{228}Th/^{232}Th$法等。这些方法都可用于测定沉积物的沉积速率或沉积年龄，本书重点介绍^{210}Pb法和^{230}Th法。

第一节　铀系不平衡法测定沉积速率的原理

自然界中铀存在3个放射性同位素^{238}U、^{235}U和^{234}U，钍存在6个放射性同位素^{227}Th、^{228}Th、^{230}Th、^{231}Th、^{232}Th和^{234}Th，造成沉积物中的铀系不平衡的原因是多方面的，但主要是同位素间化学性质的差异造成的。如铀形成的化合物较容易溶解，并且能形成稳定的络离子，使铀更容易进入海水中，而钍更容易进入矿物晶格，更容易进入沉积物，这就导致沉积物中铀、钍间的不平衡；对^{234}U和^{238}U来说，当^{238}U衰变成^{234}U时，^{234}U更容易氧化成+6价并形成铀酰离子，而更容易进入海水中，使沉积物中^{234}U和^{238}U存在不平衡；对钍^{228}Th和^{232}Th来说，当^{232}Th衰变为^{228}Th时，其中间子体^{228}Ra（$T1/2=5.76$ a）在海水中停留时间较长，并不断地衰变为^{228}Th，而沉积物中的^{228}Ra也易于迁移至周围介质（间隙水和海水），同时，^{232}Th容易被悬浮颗粒物吸附沉降到海底进入沉积物，这就造成沉积物中^{228}Th和^{232}Th间的不平衡；另外，^{230}Th在海水中的存留时间很短，容易被颗粒物吸附而沉降至海底，使沉积物中^{230}Th过量。铀、钍同位素间的这种不平衡现象构成了沉积物测年的基础。

铀系不平衡测年法可以分为两类：一类是利用^{238}U或^{235}U系列衰变产物的累积，即子体增长速率来计算沉积物的年龄或沉积速率，这一类的代表性方法是$^{230}Th/^{234}U$法；另一类是利用衰变系列中的中间子体，根据过量子体的衰变来计算沉积物的年龄或沉积速率，其代表性方法是^{210}Pb法。

一、^{210}Pb法

^{210}Pb法是测定湖泊、河口和近海沉积速率以及冰川、雪沉积年龄的最常用方法，也是目前铀系不平衡法测年应用最广、最成功的方法。^{210}Pb的半衰期是22.3 a，可测年范围是100 a。

沉积物中^{210}Pb有两个来源：一是来自沉积物中^{238}U系列中^{226}Ra衰变所产生的子体^{210}Pb，这一部分称补偿^{210}Pb；另一来源是大气中^{226}Ra衰变产生的子体^{210}Pb。大气中的^{210}Pb在高空中停留约5～10 d后，以气溶胶的形式随大气降水或降雪沉降进入陆地、湖泊、海洋，并积蓄在沉积物中。沉积物中积蓄的这部分^{210}Pb因不与母体^{226}Ra共存和平衡，通常称之为过剩^{210}Pb。在沉积过程中，^{210}Pb在沉积物中的含量一方面因为^{226}Ra的衰变和大气中^{210}Pb的沉降不断积累，另一方面又因为^{210}Pb自身衰变而不断减少。如果沉积物处于稳定的沉积环境，那么，^{210}Pb在一个区域中的沉积通量应该是恒定的。因此，沉积物中过剩^{210}Pb的含量将随沉积物深度而成指数衰减。根据沉积物的深度及相应的过剩^{210}Pb放射性强度，就可以计算出沉积物的沉积速率。

过剩^{210}Pb的计算有两种方法。一种方法是分析柱状沉积物中^{210}Pb总放射性活度（$^{210}Pb_{总量}$）的垂直变化，当$^{210}Pb_{总量}$不再随深度发生变化时，说明^{210}Pb的衰变达到了平衡，这时的$^{210}Pb_{总量}$可视为^{210}Pb的本底浓度（$^{210}Pb_{本底}$），^{210}Pb总放射性活度（$^{210}Pb_{总量}$）与本底浓度之差就是过剩^{210}Pb的放射性活度（$^{210}Pb_{过剩}$），即：

$$(^{210}Pb_{过剩}) = {}^{210}Pb_{总量} - {}^{210}Pb_{本底}$$

另一种方法就是根据沉积物中^{226}Ra和补偿^{210}Pb之间的平衡关系来计算过剩^{210}Pb，即：

$$(^{210}Pb_{过剩}) = {}^{210}Pb_{总量} - {}^{226}Ra$$

过剩^{210}Pb的放射性活度（$^{210}Pb_{过剩}$）的对数值与岩心深度呈线性关系，以^{210}Pb各测点的深度为自变量，lg（$^{210}Pb_{过剩}$）为因变量，利用最小二乘法求出回归线，所得斜率k代入下式，即可求得沉积物的平均沉积速率（d）

$$d = -\frac{\lambda}{2.303k}$$

式中：d——沉积速率，cm/a；

λ——^{210}Pb的衰变常数（每年0.031）；

k——斜率。

二、^{230}Th法

^{230}Th法又可分为$^{230}Th_{亏损}/^{234}U$法和$^{230}Th_{过剩}$法两种。

1. $^{230}Th_{亏损}/^{234}U$法

该方法主要应用于纯碳酸盐年龄的测定。它的应用必须满足2个条件：

①碳酸盐形成后必须立即保持封闭，没有再发生铀、钍系列衰变中任何放射性产

物的带入和带出，即碳酸盐形成后不再发生溶解或重结晶；②碳酸盐沉积时不含初始^{230}Th，样品中的^{230}Th是碳酸盐沉积后由^{234}U衰变而来。对现代海洋沉积物的研究表明，当沉积物中$CaCO_3$的含量大于60%时，沉积物中的Th含量迅速减少，当沉积物中$CaCO_3$含量达100%时，沉积物中Th含量为零。对于海洋自生的碳酸盐来说，如珊瑚礁、贝壳、有孔虫等属于纯碳酸盐类型，如果所选的样品没有发生溶蚀和重结晶，就可用该方法测定海洋中碳酸盐（珊瑚礁、贝壳、有孔虫等）的年龄，这是因为海洋中纯碳酸盐钍的初始含量为零，^{230}Th完全由^{234}U衰变而来。该方法应用较多，可靠的定年时间在5000年至35万年之间。

纯碳酸盐的年龄t按下式计算：

$$\frac{^{230}\mathrm{Th}}{^{232}\mathrm{Th}} = \frac{1-e^{\lambda_0 t}}{^{234}\mathrm{U}/^{238}\mathrm{U}} + \left(1-\frac{1}{^{234}\mathrm{U}/^{238}\mathrm{U}}\right)\cdot\left(\frac{\lambda_0}{\lambda_0-\lambda_1}\right)\cdot\left[1-e^{(\lambda_1-\lambda_0)t}\right]$$

式中：λ_0为^{230}Th的衰变常数；λ_0为^{234}U的衰变常数；^{230}Th、^{232}Th、^{234}U、^{238}U均为放射性比活度。

2. $^{230}\mathrm{Th}_{过剩}$法

由于Th更容易被海水颗粒物吸附而进入深海沉积物，造成沉积物中U、Th放射性不平衡，使^{230}Th相对于U衰变形成的部分是过剩的，根据这部分过剩的^{230}Th随时间衰变的规律，可以测定深海沉积速率或沉积物年龄。但根据该方法测年需要满足4个基本假设：①海水中^{230}Th的生产速率为常数；②某一时段的沉积速率稳定；③进入沉积物中的^{230}Th不再发生迁移；④沉积物的沉积程序没有发生倒置。近年来对海水中U、Th同位素的研究表明，海水中^{230}Th的生产速率由海水中U含量决定，而U含量在近40万年来是恒定的，虽然在海洋的不同区域^{230}Th进入沉积物的通量不一定完全相同，但对某一稳定区域，^{230}Th的输入通量是稳定的。对第二个条件，虽然某一区域的沉积速率可能会有所波动，但对深海大洋来说波动不大，可以认为是稳定的。另外，^{230}Th本身易于被颗粒物吸附，其一旦进入沉积物就很难被释放于海水中，而深海沉积物受扰动比较少，通常保持稳定，在绝大多数区域不会发生倒置。所以该方法完全可用于测定深海大洋的沉积速率。由于^{230}Th的衰变周期为7.53×10^4 a，可以测定年龄小于3.0×10^5 a的深海沉积物的年龄和沉积速率。

该方法的计算公式如下：

$$^{230}\mathrm{Th}_{过剩} = {}^{230}\mathrm{Th}_{总量} - {}^{234}\mathrm{U}$$

$$S = \frac{x}{t}$$

$$\ln({}^{230}\mathrm{Th}_{过剩})_x = \ln({}^{230}\mathrm{Th}_{过剩})_0 - (\lambda_0/S)x$$

$$k = \frac{\lambda_0}{S}$$

式中：$^{230}\mathrm{Th}_{过剩}$是沉积物中过剩的^{230}Th放射性比活度，即沉积物中的总^{230}Th的放射性比活度与^{234}U达到放射性平衡的那部分^{230}Th的放射性比活度之差；$^{230}\mathrm{Th}_{总量}$是沉积物中总的^{230}Th放射性比活度；^{234}U是沉积物中^{234}U的放射性比活度，其活度与其达到放射性平衡的那部分^{230}Th的比活度一致；x为沉积物的深度；t为沉积物的年龄；($^{230}Th_{过剩}$)是深度x处沉积物中过剩^{230}Th的放射性比活度；$(^{230}Th_{过剩})_0$是表层沉积物中过剩^{230}Th的放射性比活度；λ_0是^{230}Th的衰变常数，S为沉积速率；通过ln$(^{230}Th_{过剩})_x - x$作图，从直线斜率（k）求沉积速率。

第二节　沉积物样品的采集与保存

无论哪种铀系不平衡法测定沉积速率都要求沉积物中的放射性同位素不能与外界进行物质交换，沉积层序也不能受到改变或扰动，所以用于沉积速率测定的样品要采集无扰动的柱状沉积物。柱状沉积物的采集有多种方式，其中最具有代表性的有两种：①直接用重力柱状采样器或活塞式柱状采样器采集柱状沉积物样品；②先用箱式采泥器采集箱式样品，然后将直径为10~12 cm的PVC管插入箱式样品中，从而获得柱状沉积物样品。在将样品从采样设备取出过程中要将样品的顶部和底部标注清楚，一定不能将样品的顶部和底部弄颠倒。

将采集的柱状沉积物样品按科研目的要求分割成不同层次的样品，一般按1~2 cm的间隔进行分割样品，将分割获得的各层样品分别装入塑料袋中并标注清楚柱样编号和层次编号，然后在4℃左右冷藏保存。

在进行放射性同位素分析前必须对样品进行预处理，即根据分析方法的要求，分取一定质量的沉积物样品在60℃烘箱中烘干或进行冷冻干燥，然后将样品在玛瑙研钵中磨细。其中进行α谱仪分析的样品磨细至160目，而进行γ谱仪分析的样品要磨细至与标准放射性物质的粒度一致。最后，将磨细的样品装入样品袋中等待分析。

第三节　常用放射性同位素的测定方法

放射性元素在衰变过程中不仅会释放出α射线、β射线，部分元素还会释放出γ射线，通过测定α射线、β射线和γ射线的强度可以计算出放射性元素的比活度。本节重点介绍α普仪法和γ普仪法。

一、α普仪法

1. ^{210}Pb的测定

目前常用的测定沉积物中^{210}Pb的方法有两种：一是把^{210}Pb从沉积物中分离出来，在纯化制源后放置一个月以上，使其子体^{210}Bi与^{210}Pb达到平衡，然后测量^{210}Bi的β放射性；二是根据沉积物中^{210}Pb－^{210}Bi－^{210}Po的长期平衡，直接从沉积物中分离出^{210}Po，纯化制源后测量^{210}Po的α放射性。沉积物柱样^{210}Pb本底值的确定也有两种方法：一是当^{210}Pb放射性测定值在某一深度以下不再随深度的增加而减小时，把这一深度以下的^{210}Pb测定值作为本底值；二是当采集的沉积物柱状样长度达不到本底层时，通过测定沉积物中^{226}Ra放射性比活度来确定^{210}Pb的本底值。不同测定方法的样品分析流程如下。

（1）Pb－Bi 法

Pb－Bi 法也称为电沉积－$PbSO_4$ 沉淀－β 计数法，其分析流程如下。

称取 5.000 g 左右的沉积物样品于 100 mL 玻璃烧杯中，加 25 mL 浓 HNO_3、2 mL H_2O_2 和 20 mg 稳定铅载体（优级纯铅化合物），在电热杯上加热浸取 2 h，然后离心分离。再用 20 mL 2 mol/L 热 HNO_3 洗涤残渣 2 次，然后离心分离，将 3 次的上清液合并，然后在电热板上蒸干。将蒸干物制成 15 mL 4N HNO_3 溶液，转入电解槽，控制 600 mA/cm^2 的电流密度，电沉积 2 h。铂阳极片上的 PbO_2 用含少量 H_2O_2 的 0.2N HNO_3 溶解。调节溶液的 pH 值为 2，滴加饱和 Na_2SO_4 溶液，沉淀出 $PbSO_4$，离心分离，沉淀物全部转入测量盘上制源、烘干并准确称出 $PbSO_4$ 重量，计算化学产出额。

因 ^{210}Pb 释放出的只有 0.02MeV 的 β 射线不易测量，所以只能通过对它的子体 ^{210}Bi 所释放出来的 β 射线（其能量为 1.16MeV）进行测量。方法是将样品源放置 1 个月，然后用低本底 β 计数器测量 ^{210}Bi 的放射性比活度，从而求出 ^{210}Pb 的量。之所以要放 30 d，是因为 ^{210}Bi 的半衰期为 5 d，放 30 d 后 ^{210}Pb 及其子体 ^{210}Bi 基本达到平衡。

（2）Pb－Po 法

Pb－Po 法也称为 Po 自沉淀－α 能谱法，其主要分析流程如下。

称取 5.000 g 左右的沉积物干样，先用差量法称取约 0.5～1 g 用 HNO_3 稀释的示踪剂 ^{208}Po 于 250 mL 烧杯中，并在电热板上低温蒸干（约 30 min）。再根据岩心深度称取沉积物样品（岩心深度 20 cm 以内称取 1 g，20 cm 以下称取 2 g），并将其置于已加入示踪剂并蒸干的烧杯中，然后加入 6 mol/L HCl 50 mL，过氧化氢（H_2O_2）2 mL 和柠檬酸三胺约 0.5 g，然后在电热板上低温（约 80℃）浸取 2 h。将浸取液倒入离心管，离心 15 min，上清液转移于容积为 100 mL 烧杯中。再用 6 mol/L HCl 20 mL 洗涤残渣，并将残渣洗入原烧杯中，再在电热板上浸取 1 h，然后将浸取液离心 15 min，并将两次上清液合并，再用 10 mL 蒸馏水冲洗残渣并离心 1 次，合并清液，弃去残渣。将清液在电热板上低温蒸干（微干），然后用 1 mol/L HCl 10 mL 溶解，再加入 10 mL 蒸馏水，低温加热溶解，加入抗坏血酸半匙，还原 Fe^{3+}，使溶液由深黄色变浅绿色。最后，放入银片，置于水浴中（80℃）自镀 3 h。取出银片，用蒸馏水冲洗，晾干，用 α 多道能谱仪测定 ^{210}Po 和 ^{208}Po 总计数，并用下式计算 ^{210}Pb 总放射性活度。

$$^{210}Pb_{总量} = \frac{N_{^{210}Po}}{N_{^{208}Po}} \times I_{^{210}Po} \times \frac{W_{^{210}Po}}{W_S}$$

式中：$^{210}Pb_{总量}$——^{210}Pb 总放射性活度（Bq/g）；

$N_{^{210}Po}$——^{210}Po 的总计数；

$N_{^{208}Po}$——^{208}Po 的总计数；

$I_{^{210}Po}$——^{208}Po 浓度，Bq/g；

$W_{^{210}Po}$——^{208}Po 重量，g；

W_S——样品的重量，g。

以上介绍的 ^{210}Pb 分析方法仅是用 HNO_3 或 HCl 浸取沉积物中的 ^{210}Pb，并未将沉积物全部分解，这样的方法获得的 ^{210}Pb 数据对计算沉积速率有无影响？如果将样品全部溶解所获得的^{210}Pb数据是否对沉积速率的测定更可靠？对此，笔者在北卡罗来纳州立大学进行了部分岩心全溶法^{210}Pb的化学分析和测定。为作对比研究，利用两种方法测定的部分岩心的沉积速率和通量列于表2－1。从表2－1可以看出，两种方法测定的沉积速率很吻合，这说明利用浸取法能够满足近百年来地层年龄和沉积速率的测定要求，同时缩短了样品化学处理的时间。

表2－1　4个岩心沉积速率测定结果比较　　单位：cm/a

站位	浸取法	全溶法
KC－1	0.31	0.33
KC－6	0.17	0.16
KC－8	0.69	0.64
KC55	0.36	0.41

2. ^{226}Ra的测定

沉积物中的^{226}Ra采用阴离子交换－EDTA纯化－硫酸钡镭沉淀－α计数法测定，其主要流程如下。

称取5.000 g左右沉积物干样于100 mL玻璃烧杯中，再加入6.00 mg钡和40 mL王水，然后在电热板上加热浸取直至10 mL左右，用6 mol/L HCl和洗涤于塑料离心管中，离心分离，合并上清液。上清液以2 mL/min的流速通过经6 mol/L HCl饱和的阴离子交换柱，然后用6 mol/L HCl洗涤，合并流出液。将流出液加热蒸发至30 mL左右，用1:1 H_2SO_4沉淀出Ba（Ra）SO_4，然后离心，弃去上清液。沉淀。用EDTA－氨水混合液溶解，滴加1:1 H_2SO_4至溶液pH值为2.0～2.5，然后离心分离，弃去上清液，沉淀。再用EDTA－氨水混合液溶解，再滴加1:1 H_2SO_4至溶液pH值为4.0～4.5，然后离心分离，弃去上清液，用蒸馏水洗涤沉淀。最后将沉淀物转移入测量盘中铺匀、烘干、称重、计算化学产额，再在测量盘中加1.00 mL有机玻璃－氯仿溶液，慢慢烘干，放置25～30 d后，在低本底α测量仪上计数。

3. 铀、钍的测定

第一步：样品浸取。

（1）称取样品5 g于100 mL（250 ml）烧杯中，加示踪剂$^{232}U/^{228}Th$ 1 mL（约10 dpm/mL）（称量1 g左右），加6N HCl 100 mL。

（2）电热板上加热约4 h（不要沸腾），蒸发至40 mL。

（3）稍放置冷却、离心、残渣用6N HCI（15 mL×2）洗涤2次，离心后合并清液。

（4）蒸发至40 mL。

（5）加浓HCl至60 mL，溶液为8N HCl。

第二步：铀、钍分离。

（1）装填用去离子水浸泡过的DowexAGl 8×100～200目阴离子交换树脂于100 mL离子交换柱或25 mL酸式滴定管中，下部用玻璃纤维堵塞，树脂高度约10 mL（如用

100 mL 体积的树脂交换柱，填充的树脂低于交换柱下 1 ~2 cm）。

（2）用 8N HCl（25 mL ×2）冲洗树脂，流出液弃掉。

（3）装填冷却的样品（60 mL 8 NHCI 溶液）控制流速为 1 滴/5 ~6 s。

（4）用 8HCl 洗柱 3 次（15 mL ×3）。

（5）储存样品，冲洗流出液，贴上“Th、Ra、Pb”标签。

（6）用 40 mL 去离子水洗提交换柱以获得“U、Fe”，另取 40 mL 加入 7N HNO_3 1 ~2 mL 的去离子水再洗提，合并洗提液，并在洗提液的烧杯标上“U、Fe”。

第三步：钍提纯（纯化）。

（1）把标有“Th、Ra、Pb”的溶液加热烘干。

（2）在烧杯仍温热时加入浓 HNO_3 50 mL。

（3）蒸发至 40 mL，然后加去离子水 50 mL，最后溶液为 90 ml 7N HNO_3 溶液。

（4）用 7N HNO_3（25 mL ×3）洗柱，（清除柱上的 HCI，防止 Th 从树脂上过早脱落）。

（5）装填“Th、Ra、Pb”样品溶液（90 mL 7N HNO_3 溶液）。

（6）用 7N HNO_3（15 mL ×3）洗柱。

（7）如不分拆 Pb 组分，弃掉流出液。

（8）用 6N HCl（30 mL ×3）或（45 mL ×2）洗提 Th。

第四步：镀钍样（镀片）。

（1）将 6N HCl“Th”溶液蒸干（6 ~8 h）。

（2）加 7N 硝酸（约 5 ml），蒸发至 1 滴（低温下）。

（3）沿杯壁用 0.1N HNO_3 5 mL 冲洗样品于杯底（低温），蒸发至 1 mL，（0.1N $HNO_3$5 mL 洗烧杯蒸至 1 mL，重复 2 次）。

（4）用 0.1M NaOH 溶液调 pH 值为 1.0（如调过头，用 0.1N HNO_3 调回）（对 U 要求 pH 值为 3.5）。

（5）加等体积（量）TTA - 二甲苯溶液（0.4M）3 ~4 mL。

（6）用手摇动 4 min，离心 5 min，用吸管将试管上部 TTA 组分吸入一干净的试管中，（再加等量 TTA 摇动，离心，合并 TTA 组分）。

（7）将溶液一滴滴点到加热的钢片上。

（8）乙炔火燃烧钢片（钢片红为止）。

（9）严格操作以上步骤，回收率可达 90%。

第五步：铀纯化。

（1）将 80 mL“U、Fe”溶液蒸干。

（2）加 20 mL 7N HNO_3 于“U、Fe”烧杯中，加热 5 min 溶解沉淀，室温下放置冷却。

（3）用 7N HNO_3（25 mL ×3）洗树脂。

（4）装填“U、Fe”样品液（20 ~40 mL HNO_3，取决于 Fe 的浓度）。

（5）用 7N HNO_3（15 mL ×3）洗柱。

（6）如不分拆 Fe 组分，弃掉流出液。

（7）柱下放一干净烧杯，用去离子水（30 mL × 3）提取铀。

第六步：铀镀片。

（1）将90 mL铀溶液蒸干。

（2）用7N $HNO_3$5 mL蒸发至1滴。

（3）沿杯壁用0.1N HNO_3 5 mL冲洗样品于杯底（低温），蒸发至1 mL，（重复两次）。

（4）用0.1M NaOH溶液调pH为3.5（如调过头，用0.1N HNO_3 调回）。

（5）加等体积（量）TTA－～甲苯溶液（0.4M）3～4 mL。

（6）用手摇动4 min，离心5 min，用吸管将试管上部TTA组分吸入一干净的试管中，（再加等量TTA萃取摇动，离心，合并TTA组分）。

（7）吸TTA相镀片。

（8）灼烧。

第七步：铀钍的测定。

将制好的镀片放入α谱仪的探测器中即可测定铀、钍的放射性活度。

二、γ谱仪法

γ谱仪法是通过测量放射性核素放出伽马射线的能量和计数，分析物质中所含放射性核素的种类及其活度。与α谱仪法相比，该法有明显的优势：①样品不需要经过化学处理，即可以实现无损测量，并使测量流程大大缩短、劳动强度大大降低；②多种放射性元素可同时测定，提高了测量效率；③大大简化了放射性元素的分析难度，只要经过简单培训，大多数人都可完成放射性元素的测量工作。虽然γ普仪法的测量精度略逊于α谱仪法，但其应用还是越来越广。

目前常用的γ普仪按其使用的探测器分主要有两类，其中以NaI（Tl）闪烁体为探测器的多道γ能谱仪探测效率高、造价低廉、易于维护，但由于其能量分辨率不高，目前主要用于天然放射性元素（^{238}U系、^{232}Th系和^{40}K）的分析；而以高纯锗（HPGe）为探测器的多道γ能谱仪因其能量分辨率高，单个核素的γ射线能量峰分离较好，相互间的影响较少，可以测定大多数具有γ辐射的放射性元素，是当前应用最广的γ能谱仪。

γ能谱仪的操作比较简单，当前应用的γ能谱仪都有比较完善的软件处理系统，根据软件提示，就可完成放射性元素的测量。应用γ能谱仪测量放射性元素应注意以下几点。

（1）所有的γ能谱仪都应当根据仪器本身的要求进行能量刻度和效率刻度。

能量刻度就是利用已知不同能量的γ射线源测出对应能量的峰位，然后作出能量和峰位（道址）之间的关系曲线，根据这种关系曲线，可以测量出未知样品中放射性元素的γ射线能量峰位（道址），进而找出射线能量，确定核素种类。根据能量刻度结果，还可以检验γ谱仪的能量线性范围和线性好坏。刻度之前根据所使用的多道γ能谱仪的道数以及测量的能量范围，通过调节放大器的放大倍数，选定道能量值（n keV/道）。能量刻度一般选用均匀分布的5～8个标准γ射线能量峰。NaI探测器能量分辨率差一些，一般使用单能量源。高纯锗探测器能量分辨率高，可以使用发射多能量的^{152}Euγ射线源，也可以使用组合γ射线源。γ能谱仪能量刻度的频率，可根据γ

谱仪工作的稳定性。在连续工作的情况下，一般不需要经常做能量刻度。仪器大修之后或放置时间过长，应当做能量刻度检查。

进行效率刻度是为了确定探测效率与 γ 射线能量之间的关系。探测效率又分为全谱探测效率和全能（量）峰探测效率。全谱探测效率确定的是谱仪测量的全部范围的 γ 射线的探测效率，其在实际中应用较少；应用最多的是全能峰探测效率，是对单个能量峰的探测效率。

（2）测定样品的形状、粒度、密度等参数应当尽可能与标准样品一致，如不一致应当进行校正。

（3）在进行样品测定时要使样品中天然放射性衰变链基本达到平衡，即样品在处理好后放置 25 d 以上的时间，使样品中的^{226}Ra与^{222}Rn达到平衡。如果密封放置时间未达到放射性平衡，必须对测量结果进行修正。

（4）样品测量时间应根据 γ 谱仪的本底、探测效率和样品量以及样品中放射性活度的高低等确定。环境样品中放射性活度一般较低，通常需要较长的测量时间。如果测量时间太短，样品净计数统计误差偏大，测量结果的误差就大；但测量时间太长，测量的效率就较低。应综合考虑测量的精度要求来确定测量时间。

参考文献

李志昌. 2004. 放射性同位素地质学方法与进展. 北京：中国地质大学出版社：1－276.

兹维列珍. 1985. 放射性同位素地球化学. 北京：原子能出版社：1－252.

第三章　渤海的沉积速率和沉积通量

渤海位于37°07′～41°0′N，117°35′～121°10′E，是我国的内海，东部经渤海海峡与黄海相通，西部为河北省，北部为辽宁省、辽东半岛，南部是山东半岛。渤海南北长约300 n mile，东西宽约160 n mile，海域面积77 284 km^2，海岸线为2 668 km（渤海地质，1985）。渤海由辽东湾、渤海湾、莱州湾、渤海中央盆地和渤海海峡组成。

辽东湾位于渤海北部，为河北省的滦河口至辽东半岛老铁山以北海域。输入辽东湾的主要河流有辽河、大凌河、小凌河、六股河和滦河。辽东湾海底地形从湾顶及两岸向湾中倾斜，辽中洼地水深39 m。辽东湾的底质沉积有较大的差别，湾顶河口区沉积物粒级较粗，辽中洼地沉积物多为粒度较细的粉砂质软泥。

渤海湾位于渤海西部，以河北省的大清河口和山东半岛北岸现在的黄河口为界，输入渤海湾的主要河流有蓟运河、海河和马颊河。渤海湾海底地形由西南向东北倾斜，水深20 m左右，曹妃甸以南的海槽水较深，水深30 m左右。渤海湾受黄河和海河输入泥沙的影响，形成了以淤泥为主的海岸带。

莱州湾位于渤海南部，以黄河口和山东半岛龙口连线为界，1855年黄河入海口终止了向黄海的输入，改道输入渤海。经过历史上数次改道，促进了黄河三角洲的发育和形成。黄河老黄河口第2号、第3号、第7号和第8号行水期和入海地点均在莱州湾（李凤业，袁巍，1992）。输入莱州湾的河流还有小清河和胶莱河。莱州湾海底地形平坦，水深在18 m以内。

渤海中央盆地位于渤海中部海域，与辽东湾、渤海湾、莱州湾和渤海海峡相连接。渤海中央盆地海底地形平坦，水深在20～30 m，海河、辽河、滦河和黄河等河流输入到渤海大量泥沙，在渤海环流河沿岸流的作用下，大量细颗粒物质扩散到渤海中部海域，沉积物多以粉砂质软泥为主。

渤海海峡连接黄海，是渤海水团和黄海水团进出的通道，辽东湾沿岸水和渤海南部沿岸水组成的渤海沿岸水团通过渤海海峡南部输入黄海，黄海水团经海峡北部进入渤海。渤海海峡位于辽东半岛南部老铁山与山东半岛蓬莱北部海域，海峡南部水深30 m左右，北部最大水深86 m，海峡中部是庙岛群岛，群岛之间的水深和宽度各不相同。渤海海峡海底地形起伏，海流流速大。

近年来，在渤海不同区域采集了柱状沉积物样品，并用α谱仪测定了其中的^{210}Pb，计算了研究区域的沉积速率。

第一节　渤海辽东湾沉积速率和沉积通量

辽东湾是渤海的三大湾之一，进入该区的主要河流有辽河、大凌河、滦河和六股河等，水深一般在10.2～35 m之间，沉积环境很复杂。1988年7月乘中国科学院海洋研究所“科学一号”调查船在5个站位采集了沉积物柱状样，采样站位如图3-1所示。

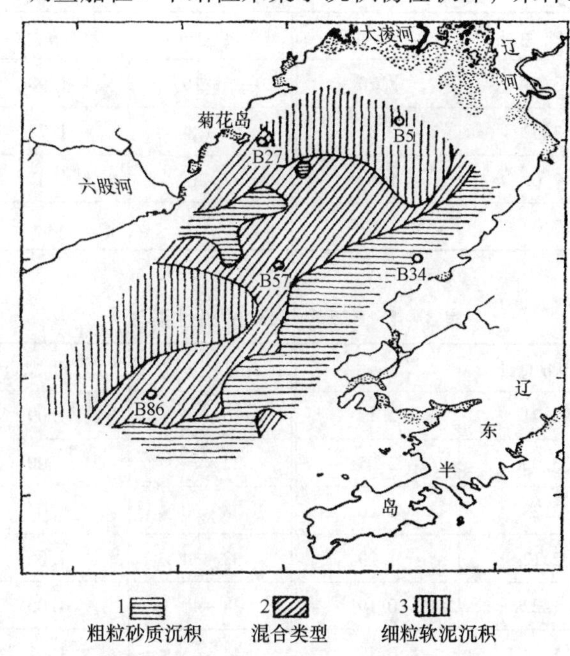

图3-1　辽东湾采样站位

一、^{210}Pb在岩心中的垂直分布

所采集的5个岩心^{210}Pb的放射性强度的测定结果分别列于表3-1～表3-5，其垂直剖面分布见图3-2～图3-6。同时测定了5个岩心样品的含水率与容重（表3-6）。通过对^{210}Pb的过剩取对数，利用最小二乘法计算出沉积速率和沉积通量，结果列于表3-6。

表3-1　B34站^{210}Pb放射性强度　　单位：dpm/g

深度（cm）	^{210}Pb总量	^{210}Pb过剩	深度（cm）	^{210}Pb总量	^{210}Pb过剩
0～2	2.79	1.80	8～10	1.51	0.52
2～4	2.49	1.50	12～14	1.24	0.25
4～6	2.77	1.78	16～18	1.08	0.09
6～8	2.50	1.51	18～20	0.99	

表3-2　B5站^{210}Pb放射性强度　　单位：dpm/g

深度（cm）	^{210}Pb总量	^{210}Pb过剩	深度（cm）	^{210}Pb总量	^{210}Pb过剩
0～2	2.46	1.35	12～14	1.69	0.58
2～4	2.38	1.27	16～18	1.28	0.17
4～6	2.21	1.10	22～24	1.21	0.10
6～8	1.95	0.84	28～30	1.22	
8～10	1.80	0.69	32～34	1.11	

表 3-3　B57 站 ^{210}Pb 放射性强度　　单位：dpm/g

深度（cm）	^{210}Pb 总量	^{210}Pb 过剩	深度（cm）	^{210}Pb 总量	^{210}Pb 过剩
0~2	3.71	2.70	16~18	1.98	0.97
4~6	3.32	2.31	22~24	1.78	0.77
8~10	2.69	1.68	32~34	1.47	0.46
12~14	2.02	1.02			

表 3-4　B27 站 ^{210}Pb 放射性强度　　单位：dpm/g

深度（cm）	^{210}Pb 总量	^{210}Pb 过剩	深度（cm）	^{210}Pb 总量	^{210}Pb 过剩
0~2	3.21	2.19	16~18	1.09	0.06
2~4	3.08	2.05	22~24	1.00	
4~6	2.23	1.20	28~30	1.07	
6~8	2.12	1.09	32~34	1.05	
8~10	1.22	0.19	38~40	1.00	
12~14	1.14	0.11	44~46	1.01	

表 3-5　B86 站 ^{210}Pb 放射性强度　　单位：dpm/g

深度（cm）	^{210}Pb 总量	^{210}Pb 过剩	深度（cm）	^{210}Pb 总量	^{210}Pb 过剩
0~2	3.23	2.21	16~18	2.88	1.76
2~4	3.37	2.25	22~24	2.66	1.54
4~6	3.56	2.44	28~30	2.26	1.14
6~8	3.40	2.28	32~34	2.64	1.52
8~10	3.50	2.38	36~38	2.13	1.01
12~14	3.15	2.03			

表 3-6　5 个站位的沉积速率和沉积通量

站号	水深（m）	含水率（%）	干容重（g/cm^3）	沉积速率（cm/a）	沉积通量［g/（cm^2·a）］
B5	14.2	34.25	1.13	0.26	0.29
B27	18.8	27.53	1.21	0.068	0.082
B34	20	24.39	1.44	0.16	0.23
B57	31	34.08	1.13	0.39/0.75	0.44/0.85
B86	24.3	33.58	1.15	1.39	1.6

从^{210}Pb 放射性强度的垂直分布看，辽东湾^{210}Pb 的垂直剖面分布可划分为以下两种类型。

（1）正常型：在浅海陆架区，水动力条件不活跃，生物活动不频繁和没有灾害事件发生的环境中，^{210}Pb 的垂直剖面分布可分为两层，即衰变层和本底层，称为“两层模式”。辽东湾岩心 B5 是一典型（图 3－2）；B34、B27 和 B86 与此类似，其差别仅是衰变层的长短或深浅。

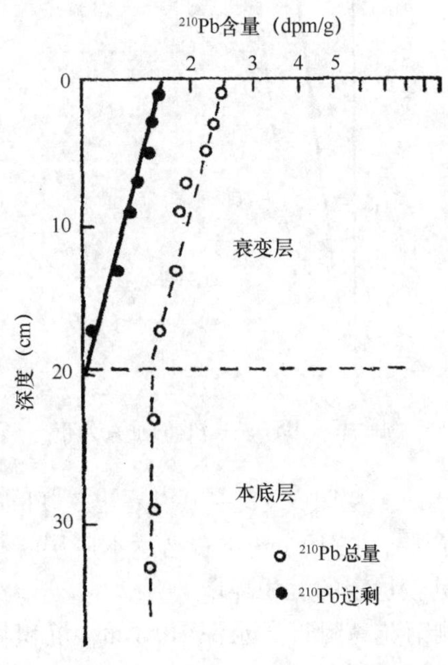

图 3－2　B5 站^{210}Pb 的垂直分布

（2）异常型：在波浪、潮流和生物等的作用下，浅海陆架沉积物表层 10 cm 左右产生扰动，表层^{210}Pb 的放射性强度呈均一化，称为混合层；^{210}Pb 的垂直分布形成“混合层－衰变层－本底层”的“三层模式”，我国黄海 KC－11 站和南海 KC－31 站（李凤业，1988）即具此特征。虽然辽东湾沉积岩心中不存在“三层模式”，但在岩心 B57 中明显存在不同深度的两个沉积速率（图 3－3）。这表明，^{210}Pb 的垂直分布除受上述各因素的影响外，也可能同样受着海洋沉积的制约；另一方面，它记载和反映了某时期的沉积环境，下面将进行深入讨论。

二、沉积速率和沉积环境

岩心 B5 位于大凌河口和辽河口外的水下三角洲的外缘，水深 14.2 m，沉积物为灰色黏土质粉砂软泥，在岩心 0～2 cm 处呈黄褐色并伴有较多小贝壳；各粒级含量为：砂 9.6%，粉砂 52.1%，黏土 38.3%，含水率为 34.25%，沉积速率为 0.26 cm/a，沉积物通量为 0.29 g/（cm^2·a）。大凌河和辽河每年输入湾内大量泥沙，辽河年输沙量为$2\ 000\times10^4\sim5\ 000\times10^4$ t，这些泥沙主要沉积在河口附近 10 m 等深线内（李凡，1984），形成了河口水下三角洲，而细粒物质则在辽东湾环流和潮流的搬运下继续向南

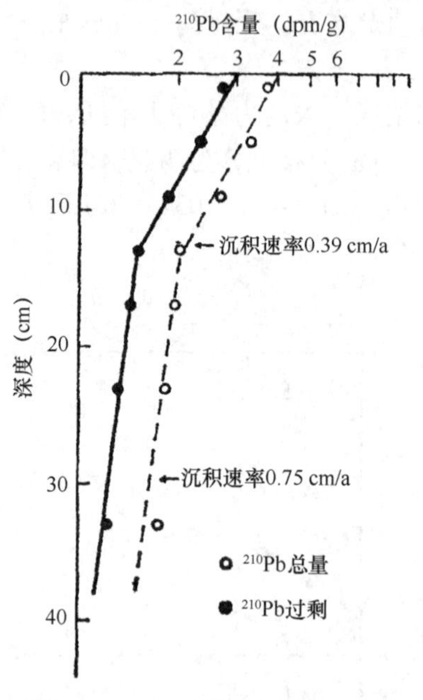

图 3－3　B57 站^{210}Pb 的垂直分布

扩散，途经本区进入辽中洼地。从图 3－2 中可以看出，^{210}Pb 随岩心深度的衰减缓慢而稳定，岩心表层未出现混合层，在 19 cm 左右已达本底层。其沉积速率较慢，表明该区是以沉积作用为主，并具较稳定的沉积环境。

B27 站位于辽东湾西侧菊花岛附近，水深 18.8 m，沉积物为黄灰色泥质砂并伴有砾石，表层为黄色，2 cm 以下逐渐变灰，在 22 cm 以下逐渐变硬并出现砂团；沉积物粒级成分为：砾石 3.2%，砂 48.4%，粉砂 22.6%，黏土 25.8%，含水率为 27.53%，沉积速率为 0.068 cm/a，沉积通量为 0.082 g/（cm^2·a）。从图 3－4 可以看出，该岩心^{210}Pb 的衰变层仅有 13 cm 左右，继之进入本底层。由于它处于辽东湾夏季逆时针环流和冬季顺时针环流的必经通道，菊花岛附近的大量陆源泥沙和北上的沿岸流所携带的六股河输入物质很难沉积于该区。岩心很短的衰变层和一定量砾石的出现，表明岩心上部的现代沉积层很薄，下部应属残留沉积，在辽东湾它是沉积速率最慢和沉积通量最小的区域。

岩心 B34 位于辽东湾东部海域，水深 20 m，沉积物为黄色泥质砂，2 cm 以下泥质逐渐变硬，10～12 cm 处含有少量贝壳；沉积物的粒级成分为：砂 55.0%，粉砂 16.8%，黏土 28.2%，它的物质来源主要是邻近沿岸的陆源物质和南下的低盐沿岸流所携带的辽河输入泥沙。由于该区水动力条件较活跃，绝大部分细粒级黏土随沿岸流进入辽中洼地，现代沉积层很薄，从图 3－5 可以看出在 17 cm 处已进入本底层。本站沉积速率为 0.16 cm/a，沉积通量为 0.23 g/(cm^2·a)，沉积速率很慢和沉积物通量很小表明该区受到水动力的制约。据 10～12 cm 处贝壳的出现，经计算，在 68 年前该区可能生长繁殖着贝类，在海洋环境发生变化后，它们渐渐被现代沉积所淹埋。从岩心很小的含水量和很慢的沉积速率推测，除水动力因素外，该区地质环境较稳定。

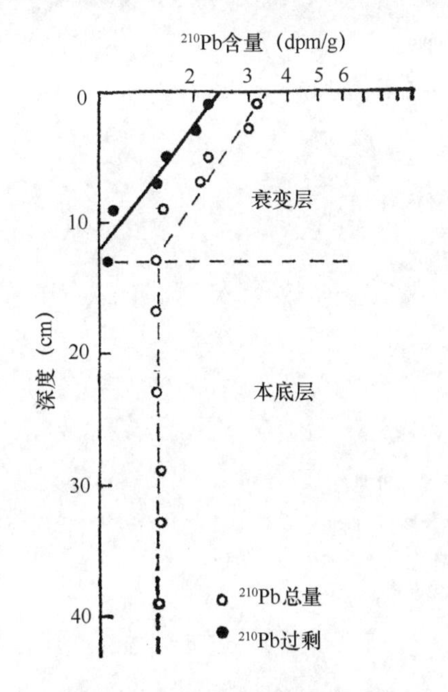

图 3－4　B27 站^{210}Pb 的垂直分布

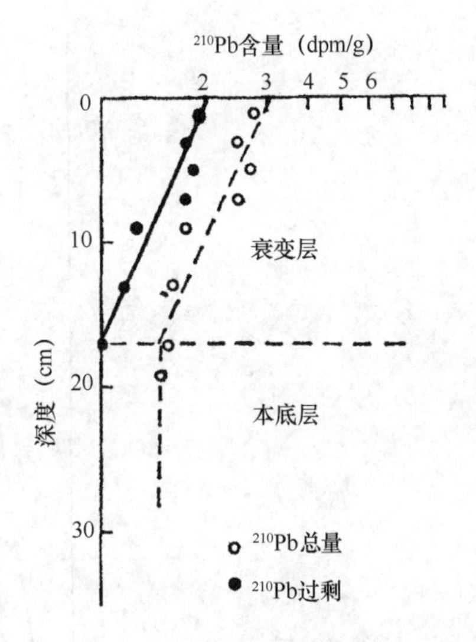

图 3－5　B34 站^{210}Pb 的垂直分布

岩心 B86 位于辽东湾南部中段辽东浅滩西部海域，水深 24.3 m，沉积物为黑灰色粉砂软泥，0～2 cm 为黑色泥质粉砂；各粒级成分为：砂 31.2%，粉砂 32.2%，黏土 36.6%，含水率为 33.88%，沉积速率为 1.39 cm/a，沉积通量为 1.60 g/（cm^2·a）。它的主要物质来源是滦河输入物质，滦河年输砂量达 2 670 × 10^4 t，洪水期的输砂量为全年输砂量的 90%（中国科学院海洋研究所海洋地质研究室，1985）。滦河输入的大量泥沙除就近在河口沉积下来形成三角洲外，相当一部分被辽东湾夏季环流携带，沿滦河水下河谷向东南延伸，由于受到渤中浅滩的阻挡，折向东北沿渤中浅滩和辽东浅滩的西部流入辽中 3 号洼地（李凡，1984），而该岩心正位于辽东浅滩西部洼地辽东湾环流的通道。本站的另一物质来源为黄河输入物质，黄河年输砂量为 12 × 10^8 t，夏季洪峰期黄河输入渤海的水舌接近渤中浅滩；作为黄河输入物指示剂的 $CaCO_3$ 可分布延伸至 39°20′N 左右，而本站位于 39°25′00″N，因而黄河输入物在该区物质来源中占相当部分。从图 3－6 可以看出，^{210}Pb 随深度的衰减几乎成为一条垂直线，它的衰减层在 37 cm 处还未到达本底。虽然该区水动力等因素较复杂，但它仍是辽东湾中以沉积作用为主的沉积速率最高的区域。安装海底油气工程设施时不可忽视被沉积物快速淹埋的隐患。

岩心 B57 位于辽东湾中部洼地，沉积物为黄褐色泥质砂，各粒级组分为砂 35.%，粉砂 32.8%，黏土 31.5%，含水率为 34.08%，岩心上部 0～13 cm 沉积速率为 0.39 cm/a，沉积通量为 0.44 g/（cm^2·a）；下部 13～33 cm 沉积速率为 0.75 cm/a，沉积通量为 0.85 g/（cm^2·a）。从图 3－3 可以看到，^{210}Pb 的放射性强度在 13 cm 之后没有按它原来的衰变速率随强度递减而产生了异常现象，沉积速率突然变快。经计算，0～13 cm 是 1955 年以后沉积的。上述异常现象表明，1955 年前该区的沉积环境可能发生过巨大变化。至于产生这一异常现象的原因，有待今后的进一步研究。

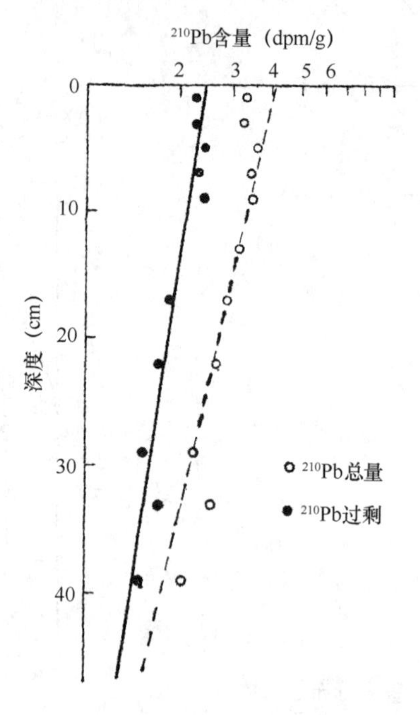

图 3-6　B86 站^{210}Pb 的垂直分布

三、小结

辽东湾的现代沉积速率和沉积通量分别为 0.068 ~ 1.39 cm/a 和 0.082 ~ 1.60 g/(cm^2 · a)，形成了陆缘低、中央高和湾南端最高的现代沉积速率格局。其中辽东湾东西岸大陆边缘海域为低沉积速率区，该区受辽东湾冬夏季环流和沿岸流的制约，大量泥沙被冲刷和搬运到远处，故沉积速率和沉积通量低。北岸为中速沉积区。辽东湾中部中央洼地和南线渤中附近海域为高沉积速率区。辽中洼地虽然从 1955 年至今沉积速率较慢，但是 1955—1944 年的沉积速率很快（0.75 cm/a），该区可能是灾害沉积区。南线渤海中部沉积速率为 1.39 cm/a。以上两区物质来源很丰富，滦河、黄河输入的大量陆源物质沉积于该海域，所以它们的沉积速率和沉积通量高。

第二节　渤海南部现代沉积物堆积速率和沉积环境

物质来源、沉降与保存条件的时间和空间变化，环流、潮流及河流交换的差异都会影响沉积物的输送和堆积，使沉积物的堆积过程异常复杂。尽管如此，了解海洋环境沉积物的堆积是很重要的，因为它们很好地保存了地层学的记录。1992 年 7—8 月份，利用“科学一号”调查船对渤海南部进行了大断面调查、取样，获得 M4-3、M4-7、M6-5、M8-4、M10-2 和 M12-1 六个柱状岩心（图 3-7）。根据测定^{210}Pb 放射性活度在岩心中的垂直分布、混合深度、沉积速率及水动力因素等，评价了渤海南部海域沉积物堆积的变化和沉积环境。

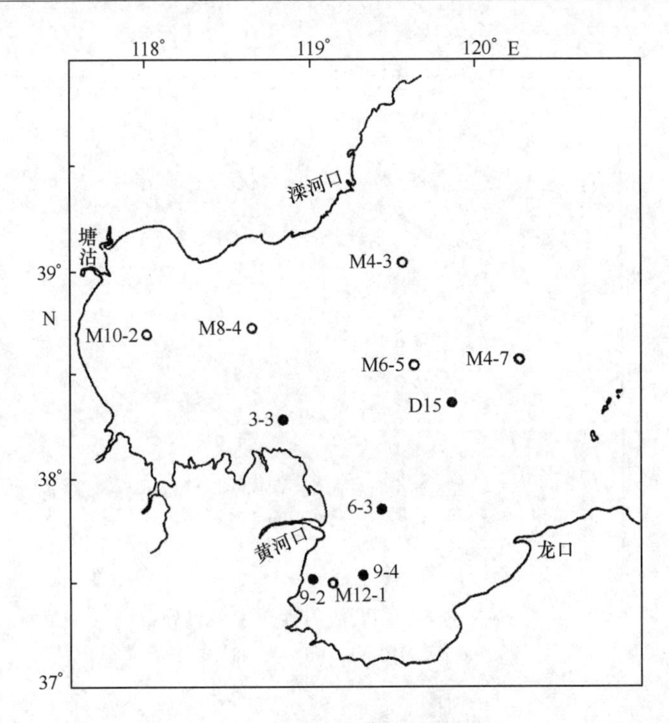

图3-7　渤海南部采样站位

一、渤海湾海区

渤海湾位于渤海西部，其海底地形由西南向东北缓慢倾斜，黄河故道和海河带来的大量陆源物质注入渤海，形成了宽阔的淤泥质海滩和海底平原，仅在曹妃甸岸滩边缘有一条长46 km，宽0.3～1.5 km的水下沟谷（中国科学院海洋研究所海洋地质室，1985），水动力条件很活跃。那么在位于渤海湾岸边附近的海底平原和水下沟谷地带沉积物的堆积速率多快呢？对M8-4和M10-2两个站位岩心的分析可以回答这个问题。

岩心M8-4位于38°42.54′N，118°37.7′E，水深24 m，岩心表层为黄色软泥，4～6 cm有生物洞穴伴有少量生物贝壳，14 cm以下颜色逐渐变灰，26～28 cm呈现部分黄泥团。测得沉积物平均含水率为39.83%，沉积物干密度为1.01 g/cm^3，沉积速率为0.15 cm/a。从图3-8b可以看出，^{210}Pb放射性活度衰变区仅有10 cm左右，并且受到扰动，以下为本底区，这是由于它处于渤海湾谷地，谷地的形成是由于自东往西的沿岸流和潮流冲刷的结果（中国科学院海洋研究所海洋地质室，1985）。所以采样点^{210}Pb放射性活度的垂直分布受到底栖生物和渤海环流的双重制约，较小的沉积速率表明，大量的现代泥沙很难沉积于该区。这与附近的站位P_2的沉积速率（0.18 cm/a）相接近（杜瑞芝等，1990），反映了渤海湾水下谷地一带沉积环境不稳定。

岩心M10-2位于38°39.2′N，117°58.4′E，采样点水深13.2 m。岩心表层为黄褐色软泥，8 cm以下颜色逐渐变灰，16 cm处出现贝壳，以下均为灰色软泥。测得沉积物平均含水率为38.61%；干密度为1.01 g/cm^3；沉积速率为0.71 cm/a。从图3-8a可以看出，^{210}Pb放射性活度随岩心深度的衰减较有规律，较高的沉积速率同时反映了采样点沉积环境相对稳定。由此可见，渤海湾^{210}Pb资料表明沉积物其沉积速率介于0.15～

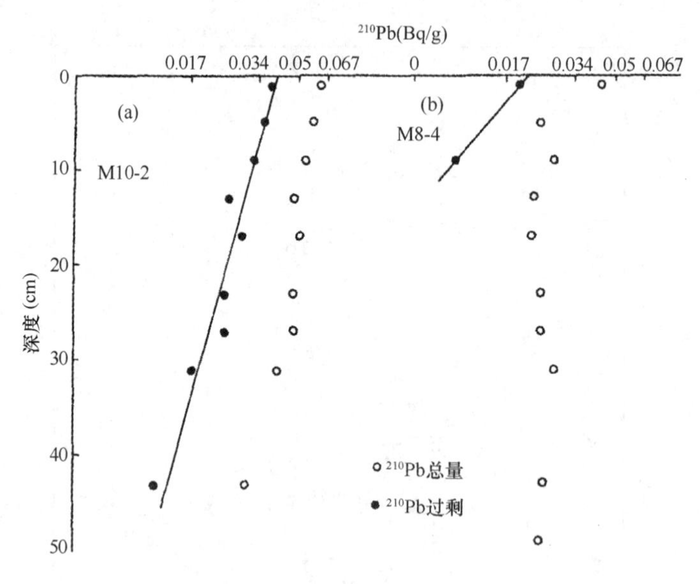

图 3-8 岩心^{210}Pb 放射性活度垂直分布

（a）为 M10-2；（b）为 M8-4

0.71 cm/a 之间。高值区反映了海河等诸河流输入到渤海湾的沉积物以沉积作用为主控制过程，低值区反映了以混合作用（底栖生物和渤海水团混合）为主控制过程。

二、渤海中部海区

渤海中央盆地为浅海堆积平原，海底极为平坦，沉积物以粉砂质软泥为主，它是否是渤海的沉积中心，^{210}Pb 在岩心中的垂直分布和沉积物的堆积速率必将反映出来。

岩心 M4-3 位于渤海中部偏西（39°02.43′N，119°32.81′E），水深为 26.4 m。岩心为黄灰色软泥，表层被底栖生物扰动，4 cm 以下为灰色软泥，32~36 cm 处有生物洞穴被稀泥填充。测得沉积物平均含水率为 45.27%；干密度为 0.84 g/cm^3；沉积速率为 0.41 cm/a。从图 3-9a 可以看出^{210}Pb 放射性活度在岩心 9~13 cm 处偏高，这反映了采样点底栖生物活动频繁，致使岩心受到扰动。另一方面，较高的沉积速率表明滦河输入到渤海的大量泥沙，在沿岸水团的作用下扩散沉积到采样点。

岩心 M6-5 位于 38°32.98′N，119°37.03′E，水深为 28.20 m，岩心上部为黄褐色软泥，6 cm 以下为灰色软泥。测得沉积物的平均含水率为 41.32%；沉积物干密度为 0.93 g/cm^3；沉积速率为 0.15 cm/a。从图 3-9b 可以看出^{210}Pb 放射性活度随岩心深度成指数衰减，这是最理想的稳态两区分布模式（衰变区—本底区）（赵一阳，李凤业，1991），也是浅海地质稳定层理的判据，反映了采样点水动力条件相对稳定，较小的沉积速率揭示了黄河等诸河流携带的大量泥沙很少输送到渤海中央盆地。

岩心 M4-7 位于 38°36.24′N，120°15.37′E，采样点水深为 28.1 m，岩心为黄灰色泥质砂，4~6 cm 以下颜色逐渐变灰并呈现泥团和砂团。测得沉积物平均含水率为 24.96%，干密度为 1.41 g/cm^3；沉积速率为 0.21 cm/a。从图 3-10b 可以看出^{210}Pb放射性活度在岩心表层 5 cm 左右受到混合，根据岩性分析和^{210}Pb 的垂直分布趋势，北进

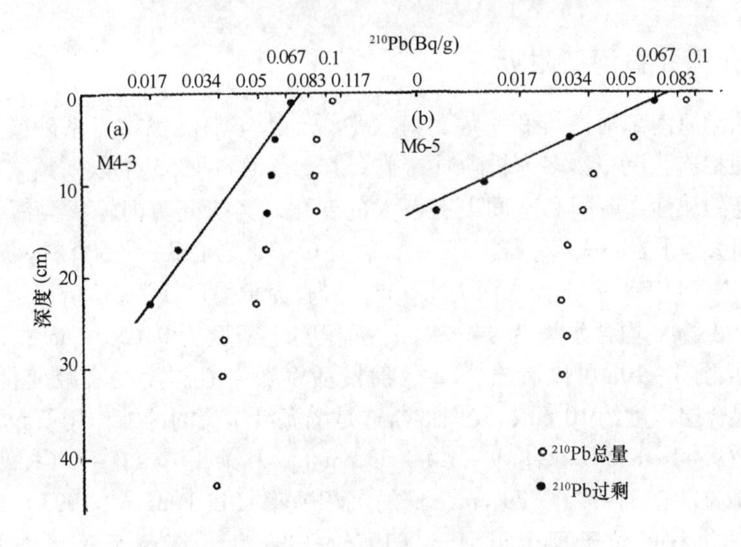

图 3-9　岩心^{210}Pb 放射性活度垂直分布

（a）为 M4-3；（b）为 M6-5

南出的渤海水团对采样点有较大的影响。

综上所述，渤海中部的沉积速率介于 0.15 ~ 0.41 cm/a 之间，中央盆地东、西部位受到渤海水团不同程度的影响，沉积物堆积速率有较大的差异，而中央盆地的中心区域沉积物堆积速率最慢，^{210}Pb 资料表明，它是渤海最稳定沉积区，而不是沉积中心。

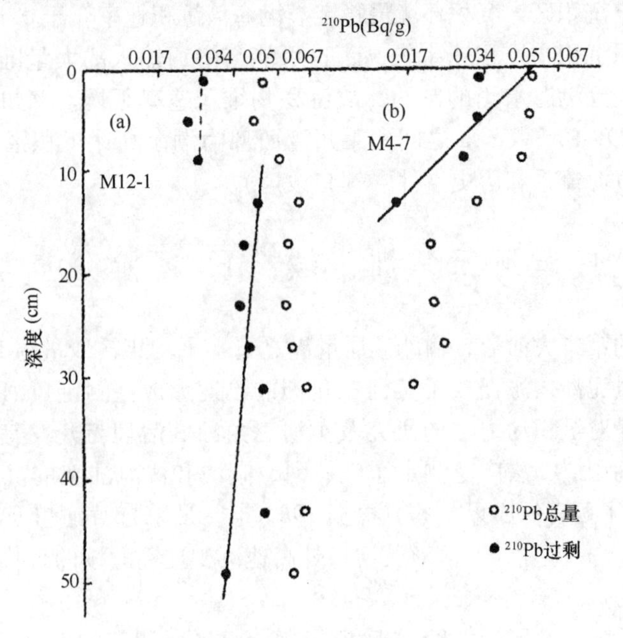

图 3-10　岩心^{210}Pb 放射性活度垂直分布

（a）为 M12-1；（b）为 M4-7

三、莱州湾和黄河口附近

莱州湾系渤海南部海湾堆积平原，海底平缓，湾东部沉积物多系砂或粉砂，西部与黄河三角洲相连，沉积物多为粉砂质黏土。由于黄河自1855年以来频繁改道，黄河输入到莱州湾的泥沙在时间和空间上有巨大的变化。为研究黄河输入渤海沉积物的分布趋势，我们参考了岩心9－2，岩心9－4，岩心6－3，岩心3－3的资料。岩心M12－1位于37°29.6′N，119°8.96′E，水深为8.5 m，岩心为黄褐色软泥，28 cm以下颜色逐渐变灰。测得沉积物平均含水率为44.89%；沉积物干密度为0.85 g/cm^3；沉积速率为9.59 cm/a。从图3－10a可以看出^{210}Pb放射性活度随岩心深度的衰减变得比较紊乱，岩心上部的混合层深度约10 cm，我们推断这是渤海沿岸流的冲蚀作用所致。对照附近的站位9－2（9.44 cm/a），站位9－4（3.33 cm/a）和莱州湾口6－3（1.29 cm/a）及黄河三角洲顶端岩心3－3（2.79 cm/a）的沉积速率（Li Fengye，1993），不难看出，莱州湾的高速沉积区位于现今黄河口（1976—1992年）南侧至莱州湾西部，并以M12－1和9－2为代表。^{210}Pb资料表明，莱州湾沉积物堆积速率具有从西向东逐渐递减的趋势，而位于黄河三角洲顶端废弃的黄河故道入海附近海域，沉积物堆积速率相对偏低。

四、小结

渤海中部的沉积速率介于0.15～0.41 cm/a之间，渤海中央盆地沉积物堆积速率最慢，它是渤海稳定沉积区，沉积环境最稳定。渤海湾沉积速率介于0.15～0.71 cm/a之间，湾内海底平原沉积物堆积速率较高，这可能与海河输入的大量陆源物质有关，而湾内谷地沉积物受到渤海水团的制约，故沉积物堆积速率很慢。莱州湾与黄河口附近沉积速率介于1.29～9.59 cm/a之间；莱州湾西部为渤海高速沉积区。控制^{210}Pb垂直分布主要因素是渤海流系和历史事件（河口改道）。

第三节　近代黄河三角洲海域^{210}Pb多阶分布与河口变迁

黄河是中国的第二大河流，输沙量居世界之冠（平均年输沙量约12×10^8 t），黄河的频繁改道和大量泥沙入海促成了黄河三角洲的迅速形成。测定黄河口外海区近代沉积速率和沉积通量对沉积动力学的研究及黄河三角洲的治理与开发有重要意义。近年来，国内外学者利用^{210}Pb法广泛测定了江、河、湖泊和浅海陆架的沉积速率（业渝光等，1987），取得了可喜的成果。本节根据1989年5月采自黄河口及其临近海域的柱状岩心（图3－11），利用^{210}Pb法对黄河口外高速沉积环境海域的近代沉积速率进行了研究。

受岩心长度所限，本区域^{210}Pb本底值采用同海区所测定的1.10 dpm/g（李凤业，1988），按^{210}Pb在垂直剖面中的变化利用最小二乘法计算出不同阶段的沉积速率，并计算出相应年代和沉积通量列于表3－7。

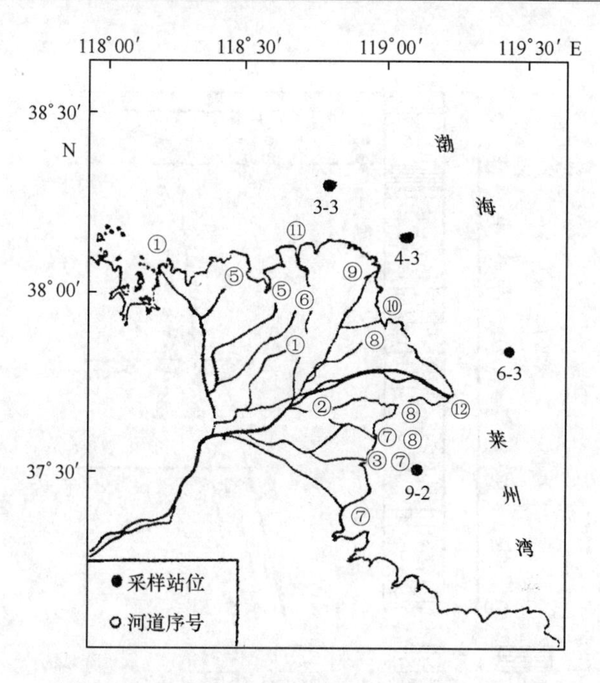

图3－11　采样站位及黄河三角洲河道历史变迁

表3－7　岩心的沉积速率和沉积通量

站位	水深（m）	含水率（%）	干密度（g/cm³）	岩心深度（cm）	相应年代（a）	沉积速率（cm/a）	沉积通量［g/（cm²·a）］
3－3	16	11.32	1.97	12～44	1976—1989	2.79	5.50
		40.15	0.96	44～165	1964—1976	14.52	13.94
		26.48	1.36	165～232	1953—1964	6.14	8.35
3－3	16	11.32	1.97	12～44	1976—1989	2.79	5.50
		40.15	0.96	44～165	1964—1976	14.52	13.94
		26.48	1.36	165～232	1953—1964	6.14	8.35
4－3	15	23.60	1.46	50～80	1945—1967	1.35	1.97
		24.80	1.42	80～194	1934—1945	10.47	14.87
6－3	16	23.71	1.46	0～96	1926—1989	1.29	1.88
		21.15	1.55	96～220	1904—1926	5.19	8.04
		18.46	1.65	220～375	1889—1904	8.83	14.57
9－2	6	21.62	1.53	20～150	1976—1989	9.44	14.44
		18.82	1.64	150～260	1953—1976	5.19	8.51
		17.27	1.70	260～396	1934—1953	7.11	12.09

根据已测得的^{210}Pb放射性强度，绘制^{210}Pb在岩心中随深度衰减的垂直分布图（图3－12～图3－15）。通常岩心中^{210}Pb的垂直分布受到水动力、沉积物的粒度、海洋生

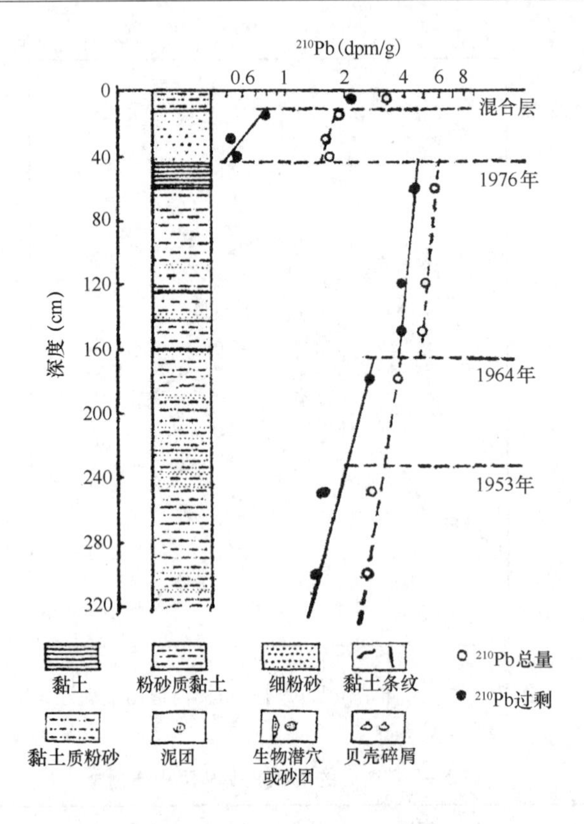

图 3－12　岩心 3－3 站^{210}Pb 的垂直分布

物及物质来源等制约。在浅海陆架区域，当沉积环境与物源稳定，无灾害事件等发生时，^{210}Pb 的含量根据其衰变模式在垂直剖面分布上可分为两个区，即衰变区和本底区，称为“两层模式”（李凤业，1988）。在波浪、潮流和海洋生物等作用下，海底沉积物的表层往往出现扰动和混合，该层^{210}Pb 的垂直分布出现紊乱，称为混合层，^{210}Pb 的垂直分布将出现混合区—衰变区—本底区的“三层模式”。无论是两层模式还是三层模式，岩心仅仅会出现一阶沉积期，即只有一期沉积速率。然而，在黄河口外海域绘制的 4 个站位，^{210}Pb 随深度衰减垂直剖面呈现了多阶式异常分布，并出现了平移和多阶衰变区的现象，反映了多期沉积和沉积速率的特点。显然，这与该岩心沉积环境的变化与物源差异有密切的关系。

岩心 3－3 站位于近代三角洲东北偏西，38°18.5′N，118°47.0′E，该站水深 16 m 左右。从图 3－12 可以看出，岩心 0～12 cm 为褐色黏土质粉砂；12～44 cm 为黄褐色细粉砂，且分布均匀；44～59 cm 为黄褐色黏土，59～160 cm 为灰褐色粉砂质黏土，多处有灰色粉砂夹层出现；160 cm 以下为深灰色黏土质粉砂，有规律地出现硬砂层，含有较多的贝壳。综观岩心^{210}Pb 的垂直剖面，可将其划分为一个混合层和三阶沉积期。

12～44 cm 为第一阶沉积期，相应年代是 1976—1989 年，计算沉积速率为 2.79 cm/a。1976 年 5 月黄河由钓口河入海的第 11 号流路改道由清水沟入海的第 12 号流路（表 3－8）（李凤业，袁巍，1990），表明了自 1976 年黄河改道以来该站物质来

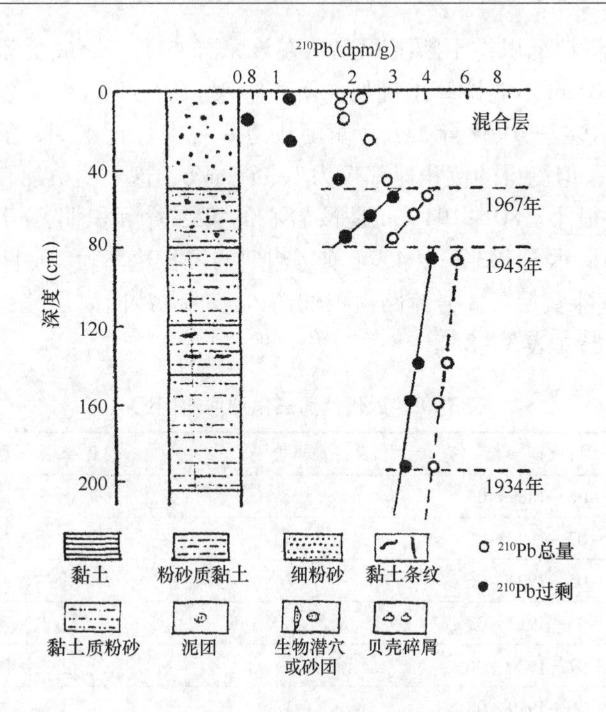

图 3-13 岩心 4-3 站^{210}Pb 的垂直分布

源相对减少，并处在渤海强流区，海底沉积物受到潮流的冲刷、悬浮及搬运，黏土质细粒物质很难沉积在该采样点，所以沉积速率较慢。

44~165 cm 为第二阶沉积期，相应年代为 1964—1976 年，其沉积速率为 14.52 cm/a。从图 3-12 中可以看出，^{210}Pb 随深度衰变呈现出明显的正异常平移。黄河故道第 11 号流路 1964 年由钓口河入海，行水期 12 年，由于该站处于第 11 号流路附近，物质来源丰富，故沉积速率很快，形成了以沉积作用为主和沉积环境稳定的高速沉积期。

165~232 cm 为第三阶沉积期，相应年代为 1953—1964 年，黄河 1953—1960 年和 1960—1964 年相继两次改道为 9 号、10 号流路，两次黄河改道入海地点均离该站距离较远，供应该采样点的物质来源相对减少，所以 1953—1964 年期间，其沉积速率为6.14 cm/a。

岩心 4-3 站位于黄河三角洲外 38°09.7′N，119°03.5′E 海域，水深约 15 m，图3-13 表明岩心上部 0~50 cm 为褐色粗粉砂，分选好，未见层理；50~80 cm 为黏土质粉砂伴有有机质斑点；80~120 cm 为黏土质粉砂，分布均匀，无夹层和层理；120~145 cm为灰褐色粉砂质黏土，不均匀，伴有有机质斑块及夹层；145 cm 以下为灰褐色向下变为褐色的粉砂质黏土。^{210}Pb 在岩心中的分布呈现出一个混合区和两阶沉积区。在 0~50 cm 处的粗粉砂层中，^{210}Pb 的分布很异常，违背了它的衰变规律，出现了倒置现象，其原因是黄河第 12 号流路入海泥沙不能输送到该采样点，物质来源相对减少。此外，该采样点位于渤海无潮点强流区边缘（最大落潮流速为 0.83 m/s，涨潮流速为 0.76 m/s），海底沉积物在水动力作用下被冲刷、悬浮和扩散，较强的潮流和沿岸流携带别处较先沉积的粗粒沉积物不断沉积覆盖在该采样点上，形成了新老沉积物倒置沉积现象，所以0~50 cm不能计算出确切的沉积速率。50~80 cm是该岩心的第一阶沉积期，相应年代为1947—1967年，介于黄河故道8~11号行水期，虽然这些行水期入海地点距该站较近，但测得的沉积速率仅为1.35 cm/a，这表明黄河在该时期入海泥沙对采样点依然影响很小。80~194 cm是该岩心的第二阶沉积期，相应年代为1934—1945年。本段岩心揭示了1934—1945年前三沟期的沉积速率为10.47 cm/a，较快的沉积速率表明了1934年黄河第8号流路由神仙沟入海的泥沙向海运移，同时也表明了该采样点沉积环境稳定（表3-8）。

表3-8 近代黄河三角洲河道变迁

序号	行水期	行水年数（a）	入海地点
1	1855-06—1889-03	32	夺大清河入海
2	1889-03—1897-05	6	由毛丝坨入海
3	1897-05—1904-06	7	朱家坨丝网坨向东偏南
4	1904-06—1917-07	12	由老鸦嘴向北入海
5	1917-07—1926-06	9	由大英铺等处入海
6	1926-06—1929-08	3	由钓口向东北入海
7	1929-08—1934-08	5	由宋春荣沟青坨子入海
8	1934-08—1938（前三沟期）	4	神仙沟、甜水沟、响水沟
	1947—1953-07（后三沟期）		神仙沟、甜水沟、响水沟
9	1953-07—1960-08	7	由神仙沟入海
10	1960-08—1964-01	4	由四号桩附近入海
11	1964-01—1976-05	12	由钓口河入海
12	1976-05—1989	13	由清水沟入海

岩心6-3站位于近代黄河三角洲外37°50.01′N，119°25.01′E，岩性和^{210}Pb的垂直剖面如图3-14所示。岩心上部约12 cm为黄色细粉砂，分布均匀；12~34 cm为褐色黏土质粉砂，并含黏土团块；34~47 cm为灰褐色粉砂质黏土，较多的虫孔均被粉砂充填；引人注目的是47~54 cm处出现一细粉砂层，上部均匀，下部伴有较多生物碎屑，并呈现冲刷面；54~375 cm为灰色黏土质粉砂，多处出现被黄色粉砂所填充的砂团和砂带，其中在225 cm左右处呈现伴有生物碎屑的冲刷面。^{210}Pb的垂直剖面分布表明了岩心上部约12 cm为混合层，它随深度的衰减呈现了三阶依次递增正异常平移，反映出三阶沉积期。岩心上部96 cm为第一阶沉积期，相应年代为1926—1989年，即黄河故道第6号流路行水期至今，测得沉积速率为1.29 cm/a，较慢的沉积速率表明该时期黄河入海泥沙对其影响小。同时测得52~60 cm处^{210}Pb含量平行偏低的负异常相对应47~54 cm处的粉砂冲刷面，表明和记载了该采样点物质来源暂时中断，遭受潮流冲刷，出现较粗粒物质沉积的相对间歇沉积期。96~220 cm为第二阶沉积相，相应年代为1904—1926年，即黄河第4、第5号故道行水期，其沉积速率为5.19 cm/a。第三

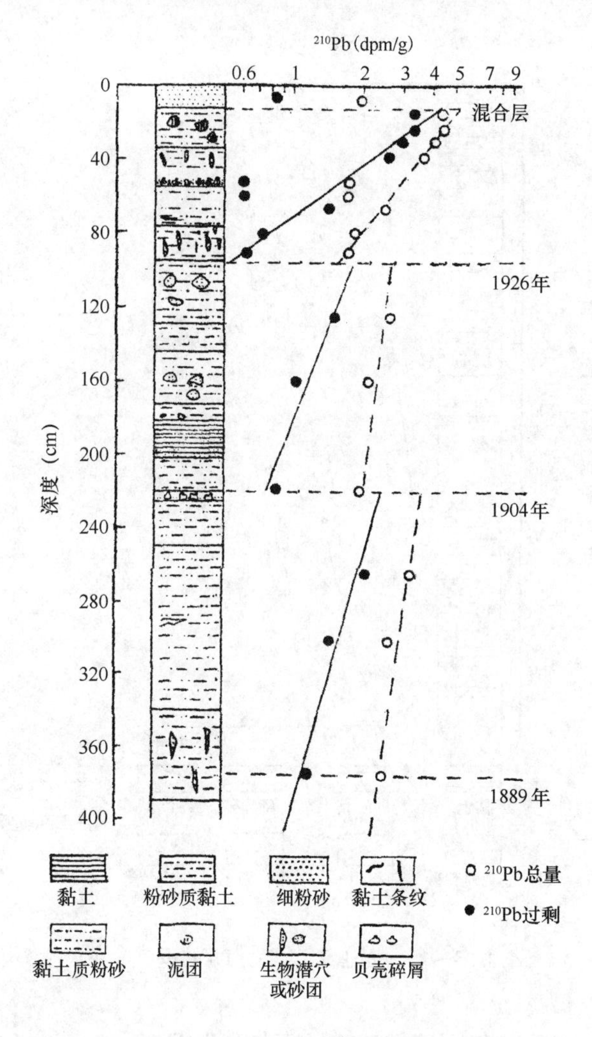

图 3－14　岩心 6－3 站^{210}Pb 的垂直分布

阶沉积期在岩心 222～375 cm 处，相应年代是 1889—1904 年，计算沉积速率为 8.83 cm/a，表明黄河第 2、第 3 号故道行水期入海泥沙对采样点影响巨大。岩心 9－2 站位于莱州湾现今黄河口南部（37°31.1′N，119°05.8′E），岩心上部 11 cm 左右为深褐色粉砂质黏土；11～152 cm 为灰褐色黏土质粉砂，伴有不规则的黏土夹层或泥团；152～258 cm 为细粉砂伴有黏土夹层，其中在 258 cm 处贝壳碎屑较多，似冲刷面；258 cm以下为黏土质粉砂伴有不规则黏土条纹和砂团。^{210}Pb 的垂直剖面呈现了三阶沉积期，岩心上部 150 cm 为第一阶沉积期（图 3－15），相应年代为 1976—1989 年即黄河第 12 号流路行水期，现代黄河入海泥沙以 9.44 cm/a 的沉积速率快速沉积于该海区。第二阶沉积期在 150～260 cm 处，相应年代为 1953—1976 年，在 258 cm 处出现大量贝壳碎屑和冲刷面，表明了黄河故道第 9～11 号流路行水期间对该站物质供应相对间歇，潮流继续冲刷搬运已沉积的沉积物，沉积环境很不稳定，该期沉积速率为 5.1 9 cm/a。第三阶沉积期在 260 cm 以下，相应年代为 1934—1953 年，该期为黄河第 8 号故道行水

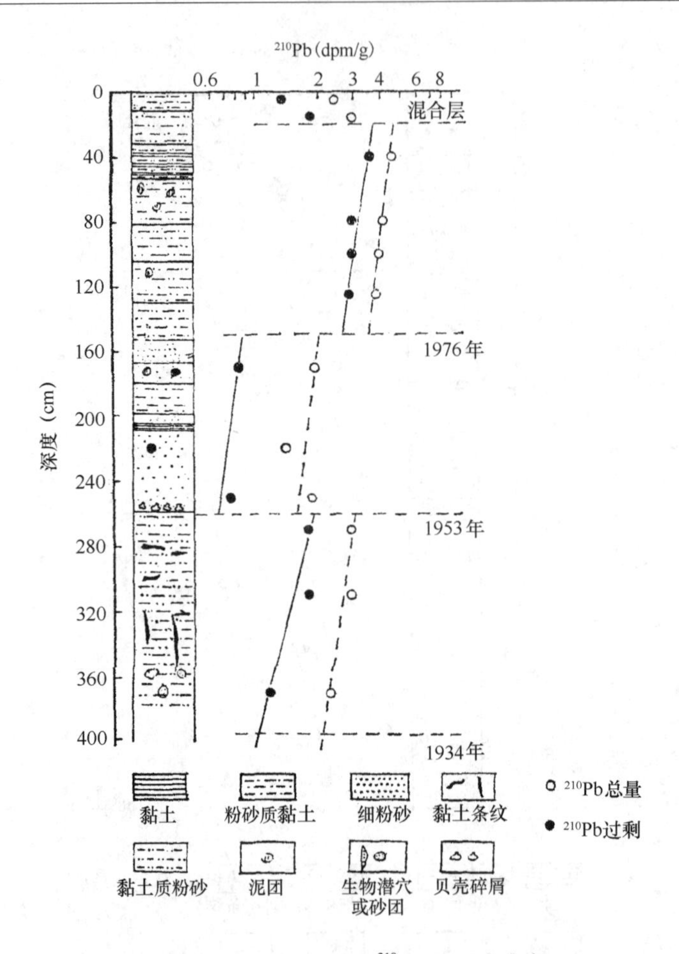

图3-15　岩心9-2站^{210}Pb的垂直分布

期，虽然其中1938—1947年间河道南迁经苏北入南黄海，但其余时间内由于响水沟入海的黄河泥沙对该区影响很大，所以沉积速率仍然可达7.11 cm/a。

近百年来，黄河三角洲海域采样点最低沉积速率为1.29 cm/a，最高为14.52 cm/a。测得的沉积年代与黄河近百年来的数次改道年代基本吻合，用^{210}Pb法揭示了采样点上黄河在不同改道时期入海泥沙的沉积速率和沉积通量。^{210}Pb随岩心深度衰变的垂直分布受到水动力、沉积物粒度和河道变迁的制约；反之，它反映和记载了采样点近百年来黄河故道入海泥沙的搬运和沉积状况。

第四节　渤海海峡区域现代沉积速率的数值计算

渤海海峡是渤海与北黄海进行物质交换的通道，同时也是细颗粒沉积物堆积的场所，在渤海海峡中部和南部，形成了大范围的泥质沉积。根据水动力条件和物源状况的不同，有些海峡地区可以形成泥质沉积而另一些却不能。例如，浙闽沿岸流将长江等河流输入的细颗粒物质带到台湾海峡西侧堆积为泥区，琼州海峡则因为潮流过于强大而不存在泥质沉积。由于陆架泥质沉积的连续性较好，因此适合于应用^{210}Pb方法来测定沉积速率。另外，沉积速率还可以应用数学模型方法来计算。本节将结合这两种方法，确定渤海海峡沉积速率区域分布状况，从而促进泥质沉积形成过程的研究。

一、数学模型计算方法

利用一个平面二维潮汐潮流数学模型模拟北黄海和渤海的4个主要分潮M_2、S_2、O_1、K_1，并进行悬移质和推移质的计算（蒋东辉等，2002）。在此基础上，计算渤海海峡区海底沉积速率的平面分布，并将计算结果与^{210}Pb测站实测沉积速率进行对比研究。数学模型给出的沉积速率是以年为时间尺度的。

在计算沉积速率时，所用的底床变形方程为：

$$\gamma' \frac{\partial \delta}{\partial t} + \frac{\partial Q_x}{\partial x} + \frac{\partial Q_y}{\partial y} = \alpha\omega(\gamma_1 C - \beta_1 C^*) \tag{3-1}$$

式中：γ为泥沙干容重（1 250 kg/m^3）；δ为沉积层厚度；Q_x、Q_y为泥沙输沙率在x、y方向的分量；C为悬沙浓度；C^*为悬沙的挟沙力；α为泥沙恢复饱和系数；ω为悬沙的沉降速度；$\hat{}\beta_1$、γ_1为判别系数：

$$\beta_1 = \begin{cases} 1 & (\overline{U} \geqslant u_c) \\ 0 & (\overline{U} < u_c) \end{cases}, \gamma_1 = \begin{cases} 1 & (\overline{U} \geqslant u_f) \\ 0 & (\overline{U} < u_f) \end{cases} \tag{3-2}$$

式中：u_c为泥沙启动流速；u_f为泥沙悬浮流速；$\overline{U}$为垂向平均流速的合成。

泥沙起动流速选用武汉水利电力学院公式（陈士荫等，1988）：

$$\mu_c = \left(\frac{H}{d}\right)^{0.14}\left(17.6\frac{\gamma_5 - \gamma}{\gamma}d + 6.05 \times 10^{-7}\frac{10 + H}{d^{0.72}}\right)^{1/2} \tag{3-3}$$

式中：d为沉积物的中值粒径；H为全水深。

泥沙悬浮流速采用沙玉清公式（沙玉清，1965）：

$$u_f = 0.812d^{0.4}\omega^{0.2}H^{0.2} \tag{3-4}$$

悬沙的挟沙力选取窦国仁的公式（窦国仁等，1995）：

$$C^*(\omega) = 0.023\left(\frac{\gamma_s\gamma}{\gamma_s - \gamma}\frac{(U^2 + V^2)^{3/2}}{c^2 H\omega}\right) \tag{3-5}$$

对不能再悬浮泥沙粒径分组界限采用悬浮指标（陆永军，刘建国，1993）的方法：

$$Z_* = \frac{\omega}{ku_*} \tag{3-6}$$

当$Z_* \geqslant 5$时，泥沙运动状态为推移质，取$Z_* = 5$时的沉速ω对应的泥沙粒径。

沉降速度ω由下式确定：

$$\omega = \sqrt{\left(13.95\frac{v}{d}\right)^2 + 1.09\frac{\gamma_s - \gamma}{\gamma}gd} - 13.95\frac{v}{d} \tag{3-7}$$

在研究区采集了4个沉积物柱状样并进行了^{210}Pb测年，实验方法和结果见文献（李凤业等，2002）。

二、数学模型计算结果

沉积速率的计算值与^{210}Pb实测沉积速率值的对比如表3-9所示。C1站和C3站的计算结果与实测值非常接近；C4 站与实测值差距相对较大，可能原因是：①^{210}Pb 实测沉积速率值是一定厚度上的平均值，而计算值为表层沉积速率；②数值模型的分辨率（一般来说，分辨率越低，则误差越大），由于模型的分辨率是 5′×5′，分辨率仍然较低，此外^{210}Pb 测站的经纬度与网格不在同一个点上也会引起误差；③模型（蒋东辉等，2002）中没有考虑研究区外部物源（例如黄河输入等），使 C2 站的计算值与^{210}Pb实测沉积速率值符号相反。实测值是每年以 0.09 mm 的速率沉积，而计算值却是每年以 0.013 mm 的速率冲刷，若对此加以考虑，整个研究区沉积速率的分布将会发生轻微的改变。对照计算所得的海底冲淤分布格局（图 3－16）可知，C2 站处在渤海海峡中部泥的南部边缘发生微冲刷的地方。如果计算中考虑到物源输入，该站沉积速率计算值将与^{210}Pb 实测沉积速率较为符合。对照研究区海底沉积物类型分布图（图 3－17），本区沉积速率分布（图 3－18）表明：泥区的堆积速率分布总体趋势为南高北低，与^{210}Pb 测年资料表明的渤海海峡中部泥区沉积速率分布的趋势较一致，中部泥区堆积速率在 2 mm/a（最大值在泥区南端）以下，其边缘为冲刷区，冲刷速率可达1 mm/a；山东半岛北部近岸有一块堆积速率为 1 mm/a 以下的细颗粒沉积区，面积比其对应的海底泥质沉积区略大。这可能与模型中沉积物粒度参数的输入（各网格点上的沉积物粒度参数是根据其周围测站线性内插得到）和侵蚀－淤积临界切应力有关。辽东半岛南部沿岸也存在着一片堆积速率为 1 mm/a 以下的条带状沉积区，与该区的泥质条带相对应。研究区西北部为冲刷区。冲刷速率约为 4 mm/a。在渤海海峡北侧的老铁山水道附近。冲刷速率高达 9 mm/a 以上，为冲刷最剧烈的区域。

表 3－9　沉积速率的计算值与^{210}Pb 实测沉积速率值的对比

站位	站位的经纬度		^{210}Pb 沉积速率实测值（mm/a）	沉积速率计算值（mm/a）
C1	122°12′E	38°26.5′N	0.07	0.067
C2	122°24′E	38°15′N	0.09	－0.013
C3	122°12′E	38°15′N	0.25	0.293
C4	122°12′E	38°3.2′N	0.45	0.162

三、小结

利用数值模型方法，获得了渤海海峡区海底沉积速率的平面分布，计算结果与^{210}Pb测年资料较为一致。模型结果显示，渤海海峡中部是沉积速率为 2 mm/a 以下的细颗粒连续沉积区，其堆积速率的分布趋势为南高北低，泥区的边缘为冲刷区。山东半岛北部近岸泥区堆积速率在 1 mm/a 以下；辽东半岛南部沿岸也有一片堆积速率为 1 mm/a以下的条带状沉积区。研究区的西北部为冲刷区，渤海海峡北部的老铁山水道附近是最强冲刷区，冲刷速率达到 9 mm/a 以上。

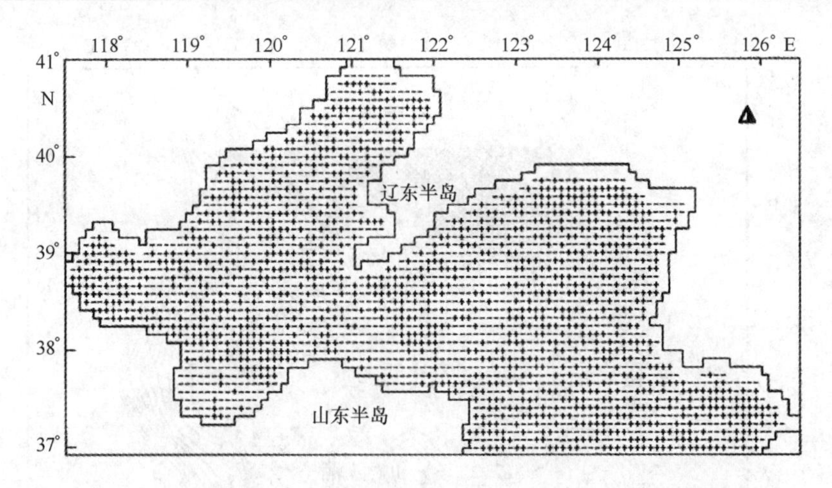

图3-16　模型输出的海底冲淤分布（正号表示冲，负号表示淤）

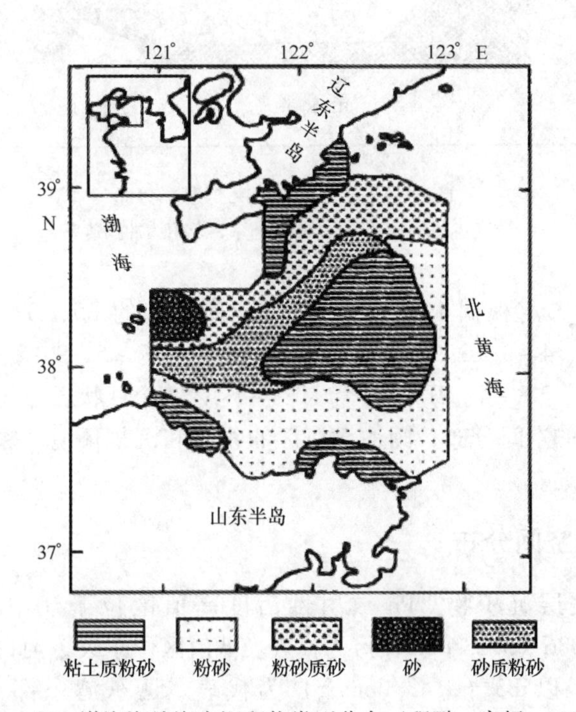

图3-17　渤海海峡海底沉积物类型分布（程鹏，高抒，2000）

第五节　渤海现代沉积速率的研究

渤海为中国内海，常年有大量泥沙由黄河、海河、滦河、辽河等注入，是进行近海海洋学研究的理想海域，因而引起了国内外海洋学者的关注。近年来，海洋学家和海洋地质学家对渤海进行了诸如地质、水文和海洋地球化学等方面的研究（中国科学院海洋研究所地质研究室，1985），积累了丰富的资料。前文对渤海局部海域的沉积速

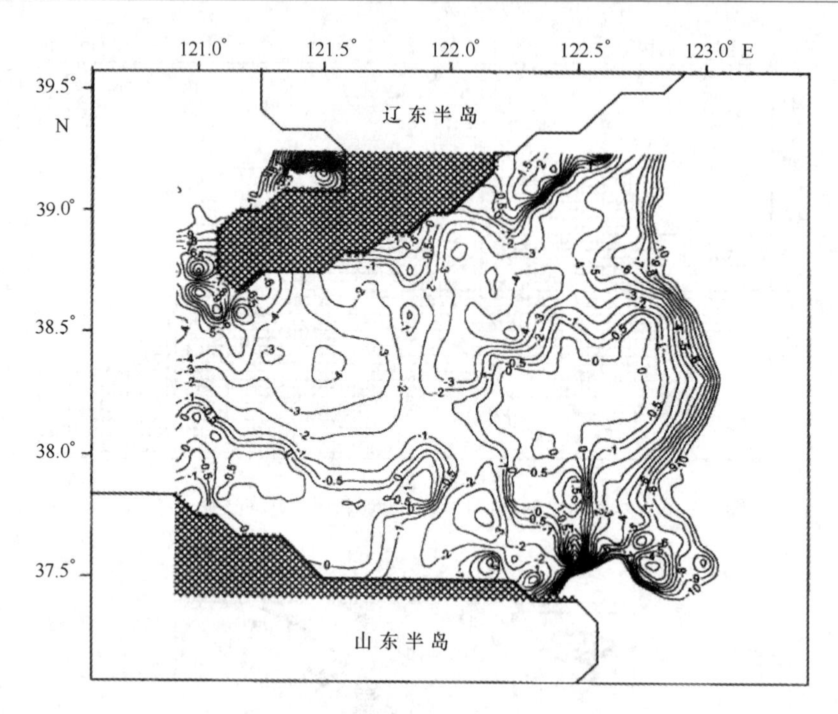

图 3-18　渤海海峡沉积速率分布

单位：mm/a，正值为堆积速率，负值为冲刷速率

率进行了介绍，本节将根据 1988 年至 1992 年所采集的 B5，B27，B34，B57，B86、2-3、3-3、4-2、4-3、6-1、6-3、6-4、7-4、7-5、9-2、9-4、D15、M4-3、M4-7、M6-5、M8-4、M10-2 和 M12-1 共 23 个柱状岩心（图 3-19），从渤海整个海域沉积速率的空间分布，阐述渤海区的物源和沉积环境，探讨入海泥沙的时空分布规律和沉积格局。

一、^{210}Pb 的空间分布

渤海辽东湾表层沉积物^{210}Pb 放射性活度高值区位于辽中洼地，以岩心 B57（3.71 dpm/g）和 B86（3.23 dpm/g）为代表。低值区位于大凌河口和辽河口外水下三角洲外缘浅水区，以 B5（2.43 dpm/g）为代表。辽东湾东部沿岸附近岩心 B34（2.79 dpm/g）和西岸菊花岛附近岩心 B27（3.21 dpm/g）^{210}Pb 含量适中，整个海区^{210}Pb放射性强度介于 2.43～3.71 dpm/g 之间。渤海中部表层沉积物^{210}Pb 放射性活度介于 2.19～6.31 dpm/g 之间，其中岩心 M6-5（5.56 dpm/g）和岩心 M4-3（6.31 dpm/g）^{210}Pb 放射性活度最高。中部偏东海域^{210}Pb 放射性活度偏低，如岩心 M4-7（3.12 dpm/g）和岩心 D15（2.19 dpm/g）。渤海湾表层沉积物^{210}Pb 放射性活度介于 2.56～3.75 dpm/g 之间，高值区以 M10-2 为代表，低值区以 M8-4 为代表。莱州湾和黄河三角洲附近海域界面沉积物中^{210}Pb 放射性活度介于 1.73～4.83 dpm/g 之间，高值区以岩心 6-4 为代表，低值区以岩心 4-3（1.73 dpm/g）为代表。莱州湾内-表层沉积物^{210}Pb 放射性活度偏低（1.84～2.58 dpm/g）。不难看出，渤海诸河流水

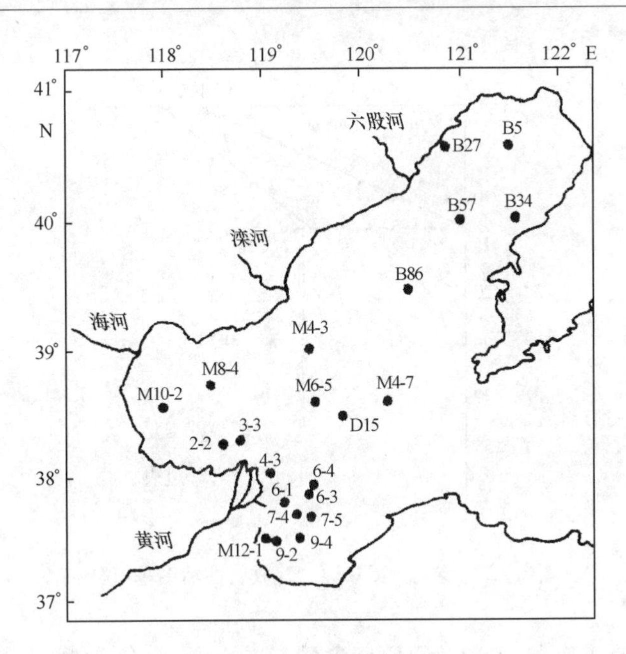

图3-19　渤海采样站位

下三角洲（辽河、大凌河、六股河、黄河等）附近表层沉积物^{210}Pb放射性活度居中（3 dpm/g左右），这反映了近期这些河流没有特别的贡献（大量输入到渤海的放射性核素^{210}Pb）。受渤海流系影响的区域界面^{210}Pb放射性活度最低，如岩心4-3和岩心6-3（<2 dpm/g）。渤海中部平原119°30′E左右表层沉积物^{210}Pb放射性活度明显富集（>2 dpm/g）。然而，黄河口附近高速沉积区，如M12-1（9.59 cm/a）和6-1（8.88 cm/a）及7-5（6.31 cm/a）海水—海底界面^{210}Pb放射性活度偏低（1.84～3.57 dpm/g），作者推断该区较低的^{210}Pb放射性活度除受水动力条件所制约外，可能受到快速堆积的大量陆源物质稀释所致，这尚需进一步探讨。

二、^{210}Pb的垂直分布特征

1. 理想的稳态垂直分布

岩心M6-5位于渤海中部38°32.98′N，119°37.03′E，采样点水深28.20 m，岩心上部为黄褐色软泥，6 cm以下为灰色软泥。测得平均含水量为41.32%，沉积速率为0.15 cm/a，从图3-20可以看出^{210}Pb放射性活度随岩心深度呈指数衰减，在该研究海域，这是最理想的稳态两区分布模式（衰变区—本底区）（赵一阳，李凤业，1991）。同时反映了输送到该区的陆源物质较少，沉积环境稳定。

2. ^{210}Pb的多阶分布

黄河是渤海沉积物的巨大物质来源，以含有大量的碳酸盐而著称，并以$CaCO_3$作为黄河入海物质的示踪剂。为对照^{210}Pb在岩心中的垂直分布与历史事件（黄河口改

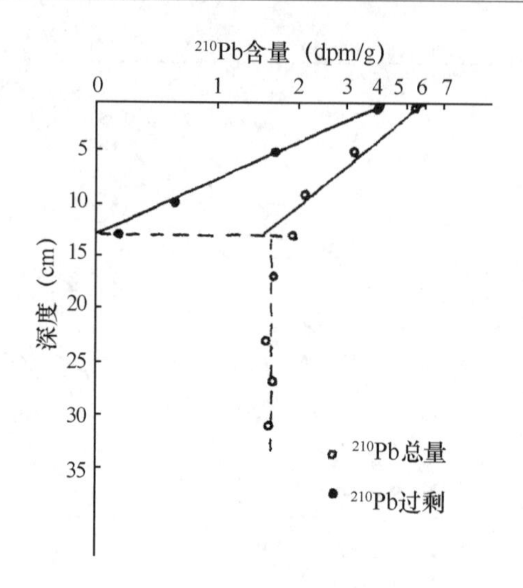

图 3-20　岩心 M6-5 ^{210}Pb 放射性活度垂直分布

道）的关系，分析了有关岩心的 $CaCO_3$ 含量。岩心 9-2 位于黄河口南部 37°31.1′N，119°058′E（Li Fengye，1993），实验表明 ^{210}Pb 放射性活度随岩心深度衰减呈多阶分布现象，即多阶沉积速率。从图 3-21 可以看出它的第一阶沉积速率很快（9.44 cm/a），这是由于距黄河口较近，黄河输入的大量泥沙在渤海沿岸流作用下快速沉积到采样点。1953—1976 年黄河故道距采样点较远，输送到采样点的黄河物质较少，故它的第二阶沉积速率偏低。另一方面，实验表明岩心中 $CaCO_3$ 百分含量的垂直分布与 ^{210}Pb 的垂直分布存在相似趋势，这也同样揭示了由于黄河口改道的历史事件导致了输送到采样点的黄河物质（$CaCO_3$）量的变化。

三、渤海现代沉积格局

^{210}Pb 资料表明渤海辽东湾的现代沉积速率介于 0.068 ~ 1.39 cm/a 之间，输入到辽东湾的河流有辽河、大、小凌河和六股河，我们推断以上诸河流输入的大量粗粒级物质除堆积在河口附近、形成河口水下三角洲外，细颗粒物质在渤海水团的作用下运移扩散，部分扩散堆积在辽中洼地。所以测得辽东湾沿岸区域沉积速率低，这以 B27（0.068 cm/a）和 B34（0.16 cm/a）为代表。辽中洼地高，以 B57（第一阶 0.39 cm/a，第二阶 0.57 cm/a）为代表。北部低（B5 0.26 cm/a）和南部高（B86 1.39 cm/a）的沉积格局。

渤海中部海域测得沉积速率介于 0.15 ~ 0.41 cm/a 之间，其中在中部偏西 39°02.43′N，119°32.81′E 的岩心 M4-3 沉积速率最高（0.41 cm/a），这反映了滦河输入到渤海的大量泥沙在沿岸流作用下扩散沉积到该采样点。而位于渤海中部偏东两岩心 M4-7（0.21 cm/a）、D15（0.29 cm/a）沉积速率较低。渤海中央盆地的中心海域岩心 M6-5 则沉积速率最低（0.15 cm/a），从 ^{210}Pb 的垂直分布和较小的沉积速率表明黄河及其他河流携带的大量泥沙很少输送到渤海中央盆地，同时揭示了该区沉积环境稳定。

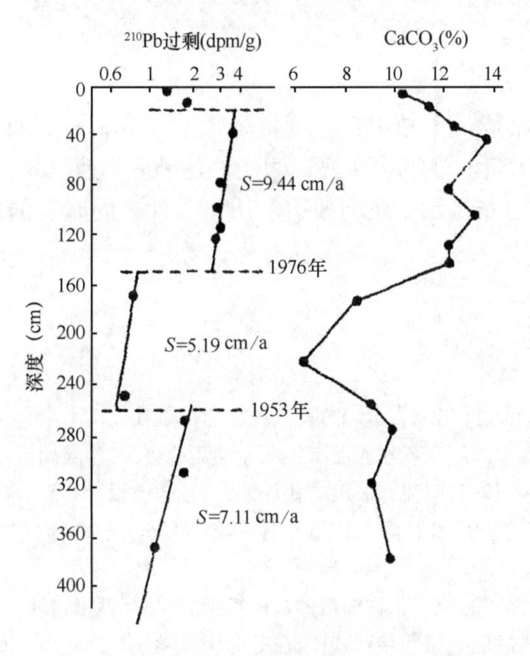

图3-21 岩心9-2 ^{210}Pb和$CaCO_3$垂直分布

渤海湾最高沉积速率为0.71 cm/a，这以M10-2为例，最低沉积速率为0.15 cm/a，以M8-4为代表。M8-4位于38°42.5′N，118°37.7′E，由于它处于渤海湾谷地，在渤海沿岸流的作用下，入海泥沙很少沉积下来，故沉积速率较低；而位于38°39.62′N，117°58.4′E的M10-2岩心，^{210}Pb放射性活度随深度衰减较有规律，在岩心43 cm处^{210}Pb还未到本底值，较高的沉积速率和有规律的^{210}Pb放射性衰减，反映了该区是以沉积作用为主的稳定沉积环境。

莱州湾和黄河三角洲沉积速率介于1.29~9.59 cm/a之间，最低沉积速率区位于37°50.01′N，119°25.0′E，这以6-3（1.29 cm/a）和4-3为代表（Li Fengye，1993），4-3位于38°09.7′N，119°03.5′E，黄河第9、第10、第11故道（分别为1953—1960年，1960—1964年和1964—1976年）废弃后，黄河输入到该区的物源相对中断，已形成的沉积物受渤海沿岸流的侵蚀、冲刷、搬运和重沉积，测得岩心上部^{210}Pb的垂直分布呈倒置现象，同时也表明了^{210}Pb的分布受水动力条件所制约，该区沉积环境很不稳定。测得莱州湾M12-1（37°29.61′N，119°8.96′E）沉积速率9.59 cm/a，对照附近站9-2（37°31.1′N，119°05.8′E）沉积速率9.44 cm/a及黄河口北端岩心6-1（37°47.9′N，119°17.0′E）沉积速率8.88 cm/a，不难看出，黄河（1976）输出的大量泥沙沉积在黄河口两侧，是渤海的高速沉积区。而河口正对面的7-4岩心（37°42.8′N，119°20.9′E）沉积速率较低（2.94 cm/a），作者推断这是由于黄河注入的淡水和渤海沿岸流相互作用所致。莱州湾东部沉积物多为粉砂，由于未能取得岩心，尚需进一步研究。

四、小结

（1）渤海中部平原是^{210}Pb放射性活度富集区，^{210}Pb资料表明该区沉积环境稳定。

（2）黄河输入的大量泥沙沉积在河口两侧，是渤海高速沉积区。

（3）^{210}Pb的多阶分布揭示了黄河改道的历史事件，同时它的垂直分布受到历史事件的制约。

参考文献

陈士荫，顾家龙，吴宋仁. 1988. 海岸动力学. 北京：人民交通出版社：215.

程鹏，高抒. 2000. 北黄海西部海底沉积物粒度特征和净输运趋势. 海洋与湖沼，31：604－615.

窦国仁，董风舞，Xibing Dou. 1995. 潮流和波浪的挟沙能力. 科学通报，40(5)：443－446.

杜瑞芝，刘国贤，杨松林等. 1990. 渤海湾现代沉积速率和沉积过程. 海洋地质与第四纪地质，10(3)：15－21.

蒋东辉，高抒，程鹏. 2002. 渤海海峡沉积物输运的数值模拟. 海洋与湖沼，33(5)：553－561.

李凡，林美华. 1984. 辽东湾海底残留地貌和残留沉积. 海洋科学集刊，23：56－67.

李凤业，袁巍. 1990. 渤海辽东湾现代沉积速率和沉积通量. 海洋科学集刊，31：267－273.

李凤业. 1988. 用^{210}Pb法测定南海陆架浅海沉积速率. 海洋科学，3：64－66.

李凤业，高抒，贾建军等. 2002. 黄、渤海泥质沉积区现代沉积速率. 海洋与湖沼，33：364－369.

李凤业，袁巍. 1990. 渤海辽东湾现代沉积速率和沉积通量. 海洋科学集刊，31：267－273.

李凤业，袁巍. 1992. 近代黄河三角洲海域^{210}Pb多阶分布与河口变迁. 海洋与湖沼，23(5)：566－571.

陆永军，刘建军. 1993. 荆江重点浅滩整治的二维动床数学模型研究. 泥沙研究，1：37－51.

庞家珍，司书亨. 1980. 黄河河口演变Ⅱ－河口水文特征及泥沙淤积分布. 海洋与湖沼，11(4)：295－305.

沙玉清. 1965. 泥沙运动学引论. 北京：中国工业出版社：88－96.

夏明，张承蕙，马志邦，等. 1983. 铅－210年代学方法和珠江口、渤海锦州湾沉积速率的测定. 科学通报，5：291－295.

业渝光，薛春汀，刁少波. 1987. 现代黄河三角洲叶瓣模式的^{210}Pb证据. 海洋地质与第四纪地质，7(增刊)：75－80.

张瑞瑾. 1997. 河流泥沙动力学. 北京：中国水利水电出版社：50－65.

赵其渊. 1988. 海洋地球化学. 北京：地质出版社：81－99.

赵一阳，李凤业，等. 1991. 南黄海沉积速率和沉积通量的初步研究. 海洋与湖沼，22(1)：38－43.

中国科学院海洋研究所海洋地质研究室. 1985. 渤海地质. 北京：科学出版社：122－131.

Demaster D J, Mckee B A, Nittrouer C A, et al. , 1985. Rates of sediment accumulation and particle reworking based on radiochemical measurements from continental shelf deposits in the East China Sea. Continental Shelf Research, 4(1－2)：143－158.

Li Fengye. 1993. Modern Sedimentation Rates and Sedimentation Feature in the Huanghe River Estuary Based On ^{210}Pb Technique. Chinese Journal of Oceanology & Limnology, 4：333－342.

第四章　黄海的沉积速率和物质来源

黄海是被中国大陆和朝鲜半岛环绕着的陆架浅海，南部与中国东海相通，西北部与中国渤海相连接。黄海一般水深小于60~80 m，最大水深103 m。黄海的主要物质来源是来自黄河的物质、长江物质和其他小的河流诸如鸭绿江和汉江等。黄河和长江的年输沙量分别约为1.1×10^{9} t和4.9×10^{8} t，输入到黄海的沉积物约占15%（Alexander et al.，1991）。长江输出的泥沙在江苏沿岸流的作用下大部分输入到东海（Milliman et al. 1989）。鸭绿江年输出泥沙约1.1×10^{6} t，朝鲜半岛汉江等河流输入到黄海的泥沙约5.0×10^{6} t（Schubel et al. 1984）。虽然黄海有着丰富的物质来源，但因其独特的水动力环境，不同区域的沉积速率差异较大，本章主要对这种差异及其原因进行探讨。

第一节　北黄海西部的全新世泥质沉积

陆架区细颗粒沉积物的输运、堆积、再悬浮过程与物质循环有着紧密的关系（Dronkers & Miltenburg，1996）。同时，泥质沉积还记录了环境变迁的信息。通过对现代环境下的细颗粒沉积的研究，不仅可以了解沉积物的形成环境和堆积过程，还有助于恢复古代的沉积历史和沉积环境。

黄海是典型的冰后期海侵形成的陆架海，在全新世期间接受了大量陆源物质而形成了3块规模较大的泥质沉积区，即北黄海西部泥质沉积区、南黄海中部泥质沉积区和黄海东部泥质沉积区。北黄海西部泥质沉积区之下存在着一个大型的楔状堆积体（刘敏厚等，1987；Alexander et al.，1991），关于其物源，现有资料表明，在渤海环流作用下黄河输入的沉积物经渤海海峡南岸、绕山东半岛输往黄海，成为北黄海和黄海中部泥质区的主要物源（秦蕴珊，李凡，1986；Park & Khim，1990；Jiang & Mayer，1997）。渤海海峡作为渤海、黄海物质与水体交换的通道，潮流作用又较弱，细颗粒物质的堆积是自然的，但需进一步研究的是北黄海西部泥质沉积区的全新世沉积量有多大？这里形成的楔状堆积体是在全新世高海面以来形成的吗？它与黄河沉积物供应的关系如何？1998年9月5—18日在北黄海西部海域进行了海洋地质和地球物理调查，设置了1条穿过渤海海峡的浅地层剖面测线，长度约为410 km。1999年9月10—24日，又在北黄海西部海域设置了6条浅地层剖面测线，总长约为770 km，获得了5个重力柱状样（测线与站位见图4-1）。本节拟根据这两个航次的观测数据，并参考前人的资料，探讨这一问题。

一、柱状样沉积特征

1. NYS-1 *岩心*

岩心长度为3.55 m，所在站位水深为19.4 m。柱状样的垂向粒度参数显示整个岩

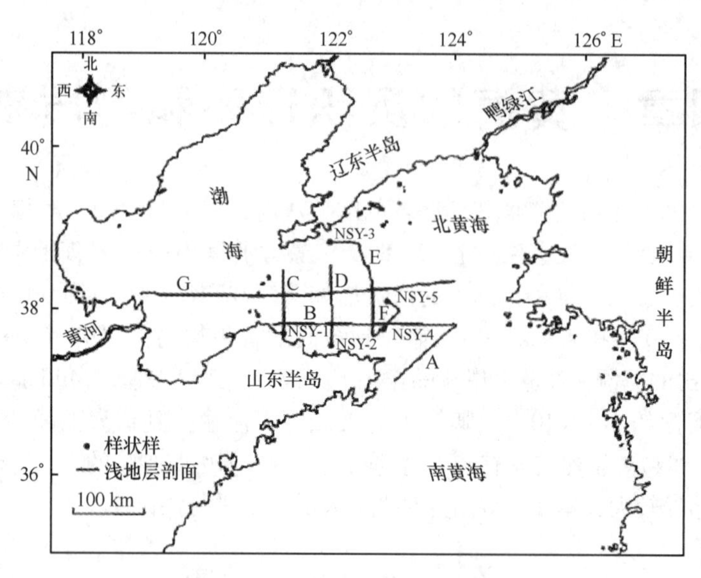

图 4－1　北黄海航次测线和站位

心物质组成较为均一，以粉砂为主（见图 4－2），平均粒径、分选系数、偏态、峰态等参数的垂向变化较小，ϕ 值平均粒径为 6～7，分选系数为 1.5～2.0，偏态为 0.5～2.0，峰态为 1.5～2.5。黏土质粉砂和粉砂互层，含有多层贝壳碎屑．从上向下贝壳碎屑增多，至 2.15 m 处开始出现较完整的双壳类和海螺介壳。0.0～1.5 m 段沉积物颜色从黄褐色变为青灰色，1.5 ～3.0 m 段呈灰褐色，3.00～3.55 m 段为灰黑色（有机质含量较丰富）。NYS－1 孔位于山东半岛近岸的细颗粒沉积区，均为现代泥质沉积。

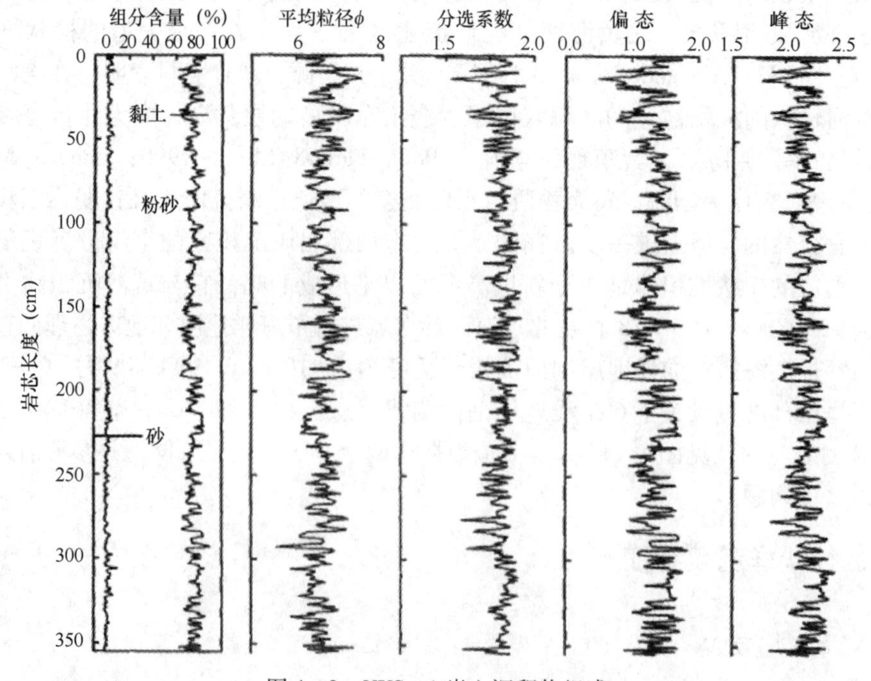

图 4－2　NYS－1 岩心沉积物组成

2. NYS－2 岩心

岩心长度为4.90 m，所在站位水深为24.4 m。整个岩心无明显分层，物质组成均一，为黏土质粉砂，粉砂含量约为70%，黏土含量约占30%（见图4－3）。沉积物ϕ值平均粒径约为7，分选系数约为1.8，偏态约为1.2，峰态约为2.0。夹有数层很薄的粉砂层，多层含零星的贝壳碎屑。0.0～1.5 m段沉积物颜色为黄褐色，1.5 m以下为灰褐色。NYS－2孔位于山东半岛近岸泥质区，粒度特征和沉积构造表明，整个柱状样反映的沉积环境无大的变化，都是现代泥质沉积。

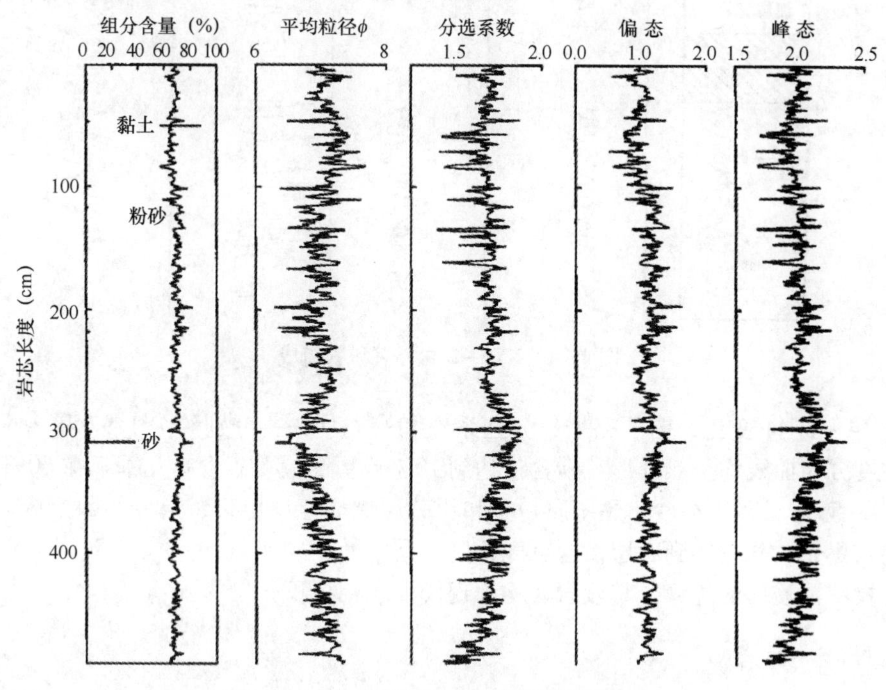

图4－3　NYS－2岩心沉积物组成

3. NYS－3 岩心

岩心长度为1.25 m，所在站位水深为50 m。0.64～0.78 m岩心段为泥炭层，泥炭层以上黏土含量较高，而泥炭层以下粉砂含量较高，且含少量的砂（见图4－4）。泥炭层以上平均ϕ值约为8，分选系数约为1.5，偏态为－1.0～1.0，峰态约为2.0。泥炭层以下平均ϕ值约为7，分选系数约为2.0，偏态值－1.0～1.5，峰态约为2.5。泥炭层以上为灰—灰黑色黏土质粉砂，夹含贝壳碎屑的灰黄色泥质透镜体，有轻微腐臭味。泥炭的^{14}C测年为距今（10 420±280）a。泥炭层以下为灰黄色粉砂，向下过渡为黄灰色泥，代表全新世海水淹没前的陆相沉积。

4. NYS－4 岩心

岩心长度为3.30 m，所在站位水深为58 m。从上到下平均粒径波动相对较大，ϕ

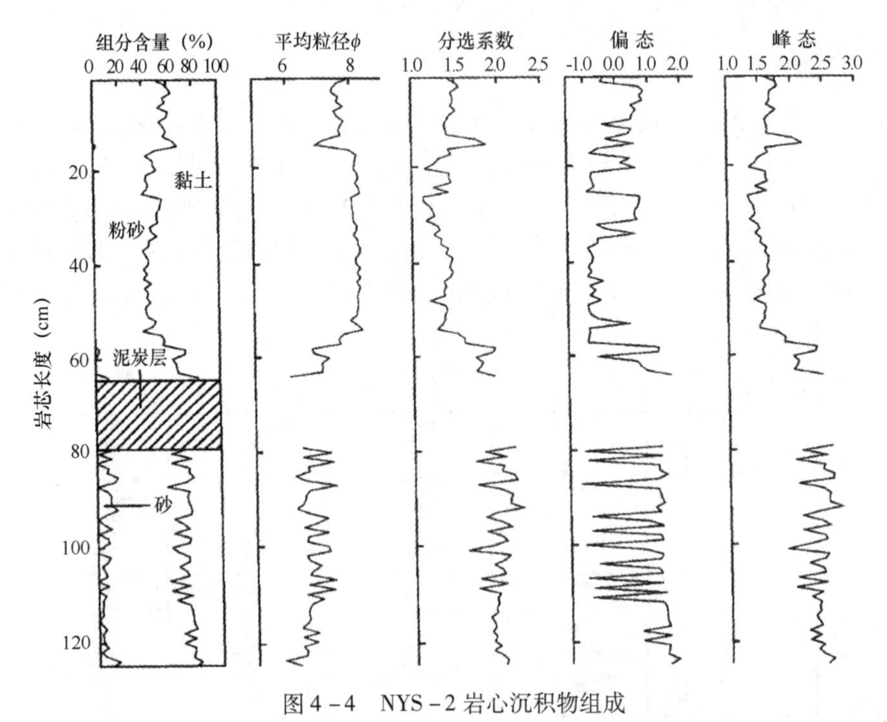

图 4－4 NYS－2 岩心沉积物组成

值在 5.14～6.44 变化，向下略增；分选系数和峰态均一，分别约为 1.97 和 2.54。沉积物粒度分布曲线均呈双峰形。砂含量达到 10% 或更高，粉砂含量几乎都在 60% 以上（见图 4－5）。具砂质粉砂、黏土质粉砂和粉砂形成的互层层理，层厚为数毫米。沉积物均为灰黑色，从表层到底层都含贝壳碎屑，其中 1.2～1.3 m 为贝壳富集层。NYS－4 孔位于楔状泥质体的边缘，整段岩心均为现代浅海相沉积。

5. NYS－5 岩心

岩心长度为 2.55 m，所在站位水深为 62 m。柱状样中 1.58～1.73 m 和 2.20～2.40 m 为泥炭层（见图 4－6）。上泥炭层中夹贝壳、植物碎屑，^{14}C 测年为距今（10 350±550）a。下泥炭层中含大量植物碎屑和有机质，^{14}C 测年为距今（10 820±280）a。上泥炭层以上沉积物粒度自上而下变粗，为黄褐色粉砂、灰黑色黏土质粉砂。除表层 0.4 m 外，分选系数约为 2.0，偏态约为 1.8，峰态约为 2.5。上、下泥炭层之间沉积物粒度自上而下呈变细趋势，分选系数、偏态和峰态多变，1.73～2.00 m 段为黄褐色与青灰色的泥互层，2.00～2.20 m 段为灰色与青黑色泥互层，富含有机质。下泥炭层之下为青黑色硬黏土和质地较软的黄灰色黏土质粉砂，沉积物粒度自上而下变细，分选系数、偏态和峰态多变。根据上述特征判断，上泥炭层之上约距今 10 000 a 代表全新世海水淹没后形成的海相沉积，之下为陆相、滨海相沉积。

二、北黄海的浅地层层序

对于研究区的浅地层剖面测线，程鹏（2000）已进行了较详细的描述，这里给出的是层序和堆积体物质总量的进一步分析结果。

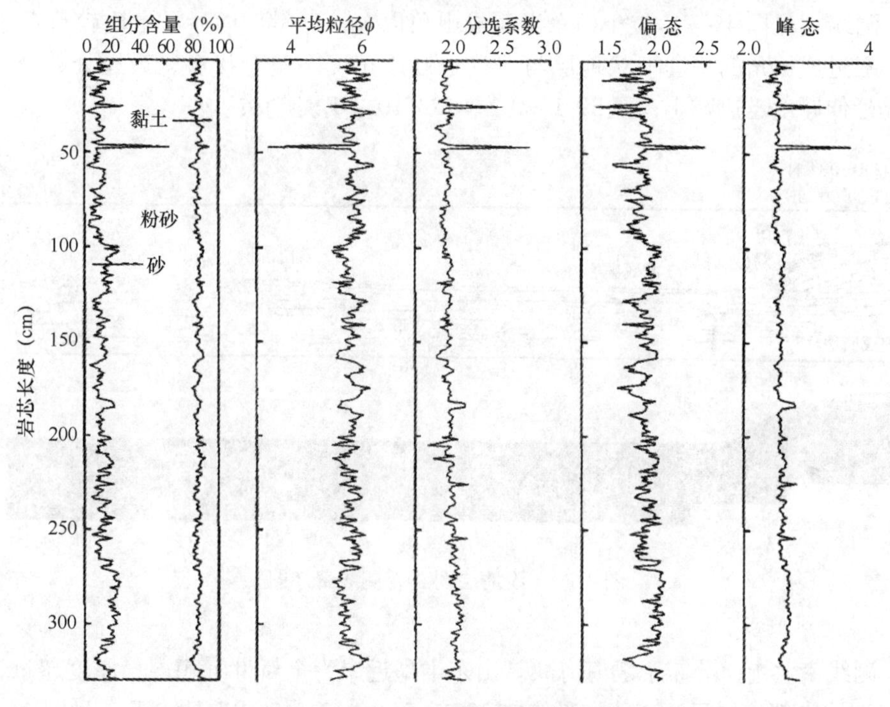

图4－5　NYS－2岩心沉积物组成

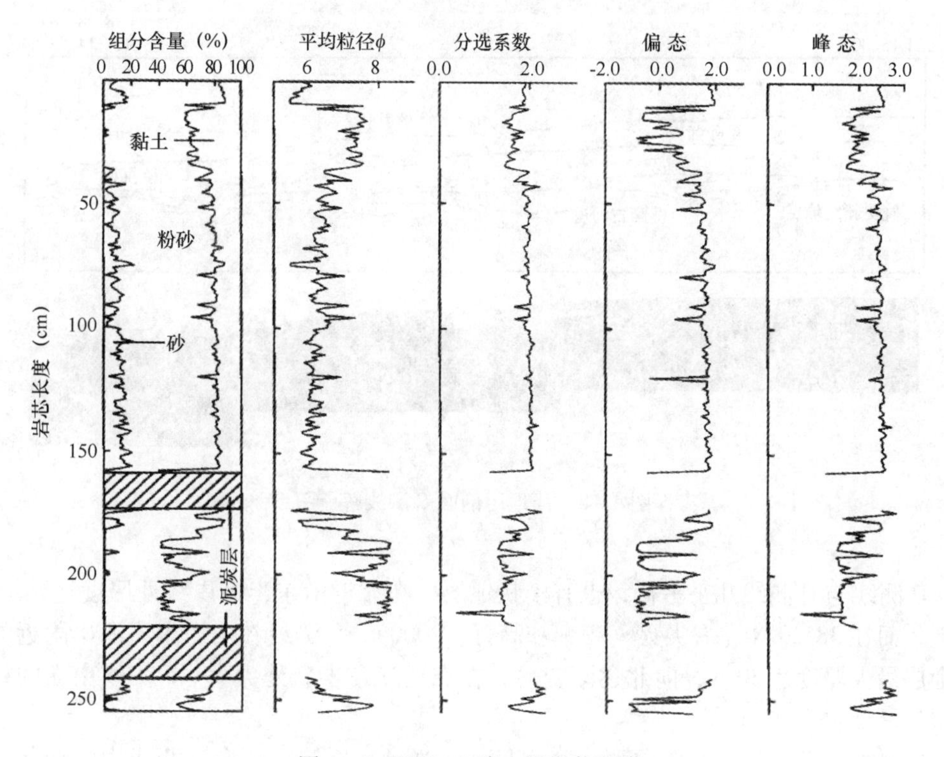

图4－6　NYS－2岩心沉积物组成

A 测线（见图 4－7）位于山东半岛成山角以东，近岸剖面显示出比较清晰的两套地层。靠近成山角的一套楔状地层与下伏地层成角度不整合接触，最厚处约有 30 m，向东北延伸厚度迅速减小，至 37°17.0′N，123°10.4′E 处消失。

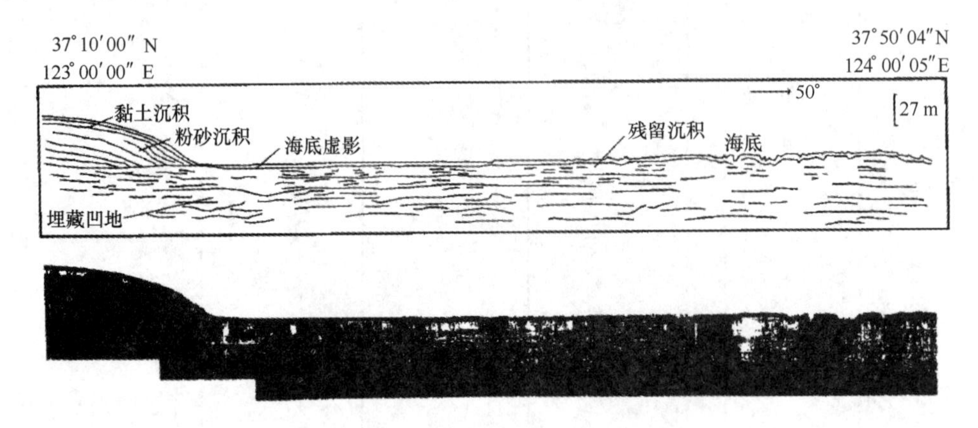

图 4－7 浅地层剖面 A 测线解译图

C 测线南北走向分布于渤海海峡。山东半岛近岸为全新世沉积层，厚度超过 10 m，至渤海海峡中部该层逐渐变薄，最终在 38°18.7′N，121°15.0′E 处尖灭（见图 4－8）。

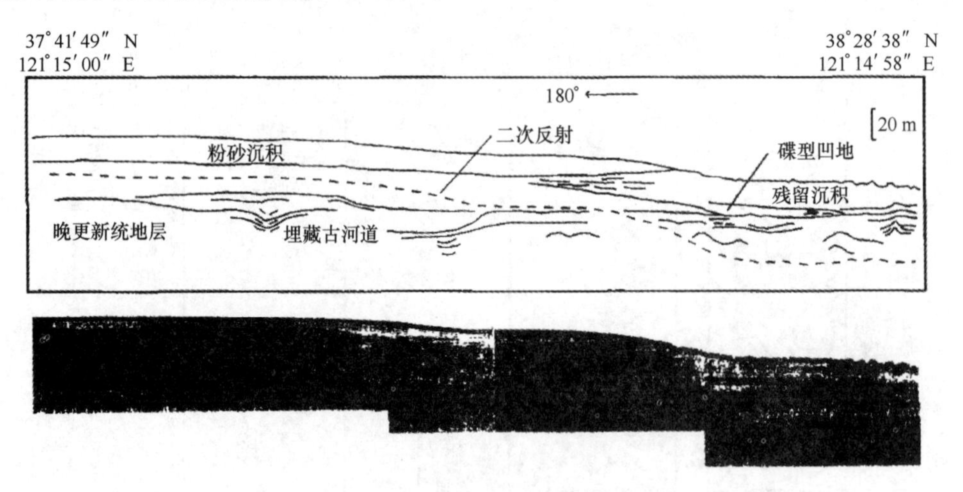

图 4－8 浅地层剖面 C 测线解译图

D 测线与 C 测线几乎平行，也有楔状地层，在靠近山东半岛岸线处厚度达到 18 m 以上，而在 38°20′N 左右尖灭（程鹏和高抒，2000）。E 测线在山东半岛海岸附近的楔状地层最大厚度达 30 m，向北逐渐变薄，在靠近辽东半岛处尖灭。F 测线南端的楔状地层最厚处也有 30 m。

B 测线和 G 测线为东西向测线，均显示水平地层，与南北向各测线中的楔状地层相连接的上部地层厚度有所变化，B 测线上该层厚度总体上厚于 G 测线，这与南北向测线中的趋势是一致的。

综上所述，研究区的浅地层剖面资料显示了一个楔状的全新世堆积体。根据各条测线得到的楔状地层厚度，利用SURFER软件计算，得出该堆积体在A测线以西的沉积物总量约为130 km^3，或200 Gt（沉积物干容重以1.2 t/m^3 计）。

三、北黄海西部泥质沉积成因

NYS-3，NYS-5岩心岩所含泥炭层的年龄据^{14}C测年分析约为11 000 a，而浅地层剖面特征显示楔状沉积体覆盖于含泥炭地层之上，因此楔状沉积体确实是形成于全新世，但是Alexander等（1991）将其描绘为距今7 000 a以来黄河物质扩散形成的水下三角洲沉积体，这一看法却有疑问之处。该堆积体不包括A测线以南部分的沉积物总量就已达200 Gt量级，而在现今海平面条件下经渤海海峡南部输出的悬沙的量级为1~10 Mt/a（秦蕴珊，李凡，1986；Martin et al.，1993），不足以形成如此规模的堆积体。

根据粒度和水动力特征，渤海海峡楔状沉积体其实是由3部分构成的：①渤海海峡中部泥质沉积区为弱潮流区（Martin et al.，1993），悬沙浓度很低，底质为粉砂质黏土，这一底质类型并不与楔状沉积体主体部分相连（程鹏，李凡，2000）；②山东半岛北部泥质沉积区潮流流速较低（董礼先等，1989），而悬沙浓度较高（秦蕴珊，李凡，1982；Milliman et al.，1989），故沉积速率和垂向沉积物通量均较高（表4-1）；③山东半岛东北部水下三角洲堆积体处于潮流作用相对较强的环境，目前总体上处于缓慢堆积甚至冲刷的阶段（李凤业等，2002）；钻孔样品的^{14}C测定结果显示2.49~2.53 m层位的年龄为6 266 a（Alexander et al.，1991），说明水下三角洲堆积体的中、下部年龄应老于7 000 a。

表4-1　北黄海岩心^{210}Pb的放射性活度和沉积速率

站位	水深（m）	岩心长度（cm）	含水量（%）	干密度（g/cm^3）	表层样^{210}Pb活度（dpm/g）	沉积速率（cm/a）	沉积通量［$g/(cm^2 \cdot a)$］
C_1	53	45	44.6	0.86	7.19	0.07	0.06
C_2	51.7	50	48.6	0.77	4.54	0.09	0.07
C_3	54.0	45	47.9	0.78	12.29	0.25	0.20
C_4	40	50	50.7	0.72	12.70	0.45	0.33
C_7	25.4	20	39.5	0.98	3.97	0.21	0.24
NYS-1	19.4	35.5	40.7	0.95	1.83	1.24	1.18
NYS-2	24.4	49.0	43.6	0.88	1.63	0.64	0.56
NYS-3	50.0	12.5	45.3	0.84	1.37	0.99	0.83
NYS-5	62.0	53	46.5	0.81	2.85	0.083	0.07

本书提出以下假说来解释渤海海峡楔状沉积体形成的过程：在冰后期海平面上升过程中，距今11 000 a前后海平面位于现今水深40 ~ 50 m处（Milliman & Emery, 1968；金翔龙，1992），此时渤海被部分淹没，黄河在渤海海峡附近入海，所携带的沉积物在陆架区受到环流和科氏力的作用而在河口右侧形成水下三角洲［这一过程的现代实例有亚马孙河（Nitrouer et al.，1996）、恒河（Kuehl et al.，1997）和长江（秦蕴珊，郑铁民，1982）等河口］；当时的黄河入海沉积物虽少于今日（Martin et al.，1993），但由于河口位置较近，水下三角洲仍能得到较多的物质供应；随着海平面继续上升，黄河河口逐渐远离渤海海峡，但水下三角洲由于黄河遗留物质的供应而得以持续生长，形成楔状沉积体主体部分（约占目前总体积的70%）；距今7 000 a以来水下三角洲所在区域转化为水动力较强的区域，堆积减缓，来自黄河的物质主要堆积于弱流区，因此在渤海海峡中部的低悬沙浓度区形成较薄的泥质沉积，而在山东半岛北部的高悬沙浓度区形成较厚的泥质沉积（最大厚度可达20 m以上），它与山东半岛东北部楔状沉积体的界线位于测线D、E之间（见图4 - 1）。当然，这一看法的确证还有待于对研究区的水动力和沉积动力特征的深入分析和山东半岛北部泥质沉积区的钻孔资料的获取，对此将进行进一步研究。

第二节　北黄海沉积通量和物质来源

北黄海是指山东半岛、辽东半岛和朝鲜半岛之间的半封闭海域。北接辽东半岛，东临朝鲜半岛，西面经庙岛群岛与渤海相连，南侧以成山角到朝鲜长山串一线与南黄海分界。北黄海海底地势由北、西、西南向中部缓倾，并由中部向南倾入南黄海。山东半岛北侧岸线至水深25 m左右之间为宽阔的水下阶地，等深线平行海岸，坡度很小，仅为0.5/1 000。北黄海中部水深大于50 m的海域是比较平坦的浅海平原，其面积约占北黄海的40%。北黄海平均水深40 m左右，最大水深70 m（金翔龙等，1982）。近年来，国内外学者对南黄海进行了较多的研究，如通过中美合作对南黄海进行沉积强度的研究，南黄海的沉积速率为0.094 ~0.17cm/a（Li et al.，1996），黄河泥沙对黄海的贡献（Alexander et al.，1991）和南黄海东部沉积速率和物源的研究（Li et al.，1999）。然而，北黄海的物质来源，黄河、长江对北黄海的贡献，泥质沉积区沉积物沉积速率等知之甚少。1998年9月和1999年9月，利用科学调查船“金星二号”对北黄海进行了地球物理的调查和海洋地质的调查，并采得多个箱式岩心样品和表层沉积物样品（采样站位见图4 -9）。本节通过对这些岩心^{210}Pb的分析、表层化学元素的测定等方法，定量探讨北黄海泥质沉积区沉积物的沉积通量、物质来源和沉积环境。

一、^{210}Pb的垂直分布与沉积速率

岩心NYS - 1（37°41′46″N，121°14′59″E）、NYS - 2（37°31′36″N，122°00′E）和岩心C7（37°33′N，122°14′E）位于山东半岛北部海岸，从图4 - 10可以看出^{210}Pb放射性活度随岩心深度的衰变很有规律，呈现两段分布模式（即衰变段和放射性平衡

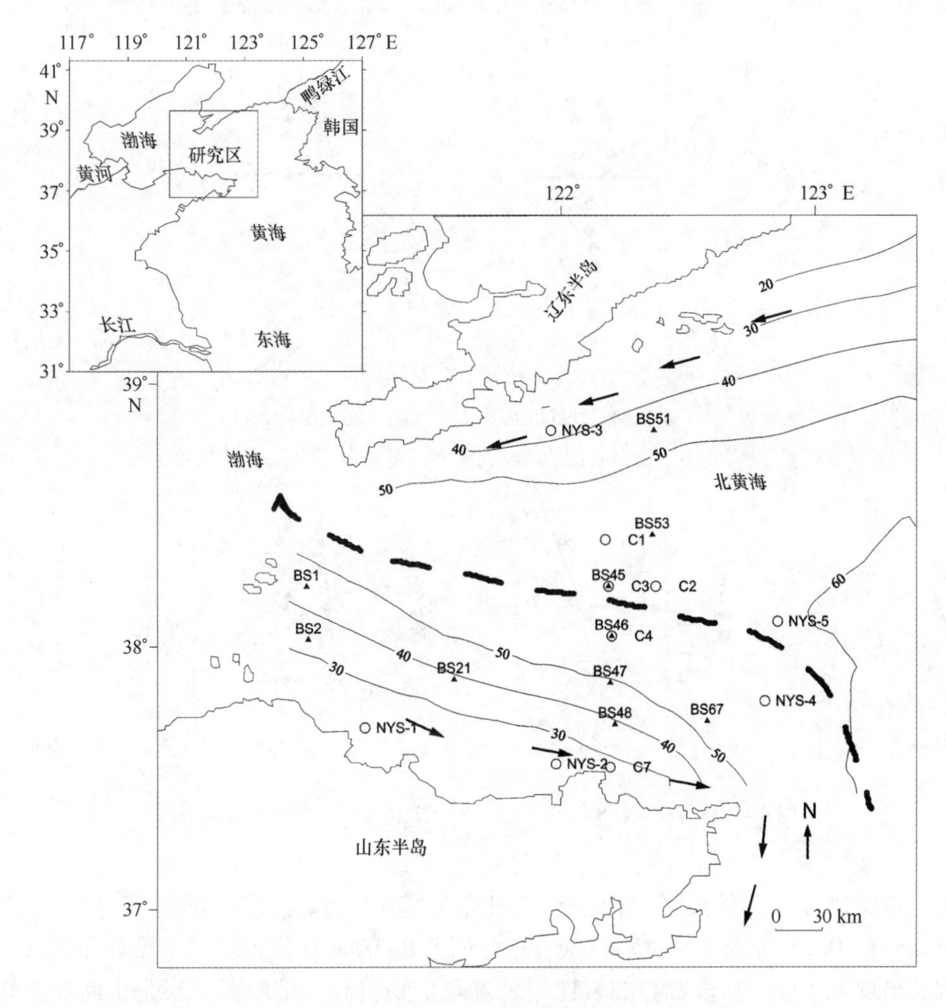

图4－9　北黄海采样站位

段）。^{210}Pb 的这种分布特征表明采样海区沉积环境较稳定。流经山东半岛的沿岸流对采样点有无明显影响尚须进一步研究。利用最小二乘法计算沉积速率，以上站位岩心的沉积速率分别为1.24 cm/a、0.64 cm/a和0.21 cm/a。根据地理位置，再结合沉积速率的数据，不难看出，黄河入海泥沙在渤海流系和山东沿岸流的携带下通过渤海海峡，沉积物的堆积呈现逐渐降低的趋势。岩心 NYS－3 位于辽东半岛南部海域（38°50′00″N，122°00′02″E），从图4－10可以看出，^{210}Pb 的垂直分布在岩心上部出现混合层，混合层以下^{210}Pb 随岩心深度衰减较有规律，^{210}Pb 的衰变深度为48 cm。岩心表层的混合层可能是受北黄海沿岸流的影响，海底表层沉积物受到扰动、混合所致。计算该采样点沉积速率为0.99 cm/a。

岩心 C1（38°26.5′N，122°12′E）、C2（38°15′N，122°24′E）、C3（38°15′N，122°12′E）和岩心 C4（38°3.2′N，122°12′E）采自北黄海中部细颗粒泥沉积区，从图4－11可以看出岩心 C1、C3 和 C4^{210}Pb 的放射性活度随岩心深度的衰减均成两段分布

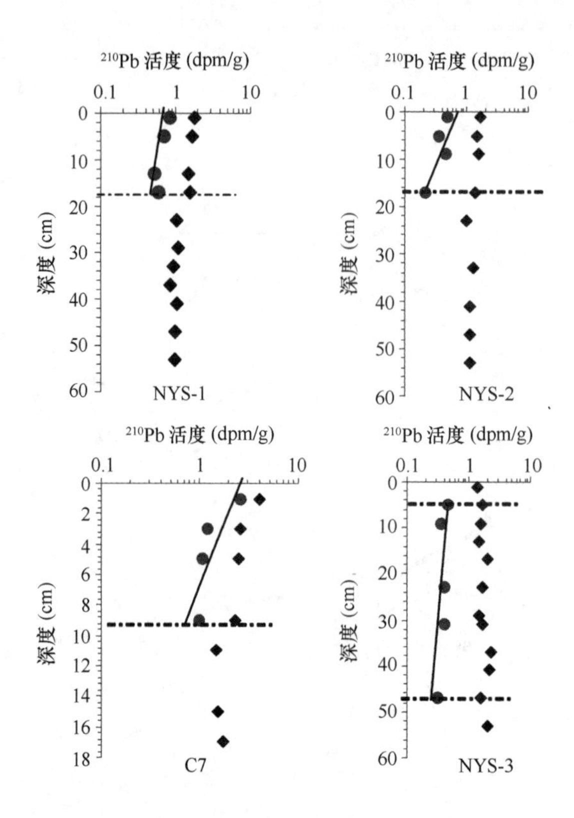

图 4－10　岩心 NYS－1、NYS－2、C7 和 NYS－3 ^{210}Pb 垂直分布

模式，这反映了北黄海，中部泥区沉积环境稳定。以上站位的沉积速率分别为 0.07 cm/a、0.25 cm/a 和 0.45 cm/a。岩心 C2 ^{210}Pb 的垂直分布呈现三段分布模式，岩心表层出现混合层，从该岩心的岩性记录发现生物贝壳，推断混合层是由海洋生物造成的。该采样点沉积速率为 0.09 cm/a。

岩心 NYS－5 采自北黄海中部泥区边缘（37°47′42″N，122°49′58″E），水深 62 m，从图 4－12 可以看出该岩心 ^{210}Pb 的放射性活度的衰变段仅为 9 cm，9 cm 以下为它的平衡段。计算该采样点沉积速率为 0.08 cm/a。根据 ^{210}Pb 的垂直分布和很小的沉积速率及很低的 ^{210}Pb 放射性活度，推断该采样点受到北上的黄海暖流的影响，在地理位置上它处于北黄海泥区边缘，黄海暖流通过该区进入渤海海峡，细颗粒物质受水动力的影响沉积下来的较少，所以采样点 ^{210}Pb 放射性活度低、衰变段短和沉积速率小。

二、^{210}Pb 的空间分布和悬浮体的关系

陆架区 ^{210}Pb 的富集主要有三个来源，它们是来自大气的沉降、河流的输入和母体的衰变。通过对岩心 ^{210}Pb 放射性活度的测定，希望了解北黄海调查区 ^{210}Pb 的空间分布（表 4－1）。从表 4－1 可以看出，围绕山东半岛沿岸附近的岩心 NYS－1 表层 ^{210}Pb 的放射性活度为 1.83 dpm/g，岩心 NYS－2 ^{210}Pb 放射性活度为 1.63 dpm/g 和岩心 C7 ^{210}Pb 放射性活度为 3.97 dpm/g。位于辽东半岛附近的岩心 NYS－3 表层 ^{210}Pb 的放射性活度为

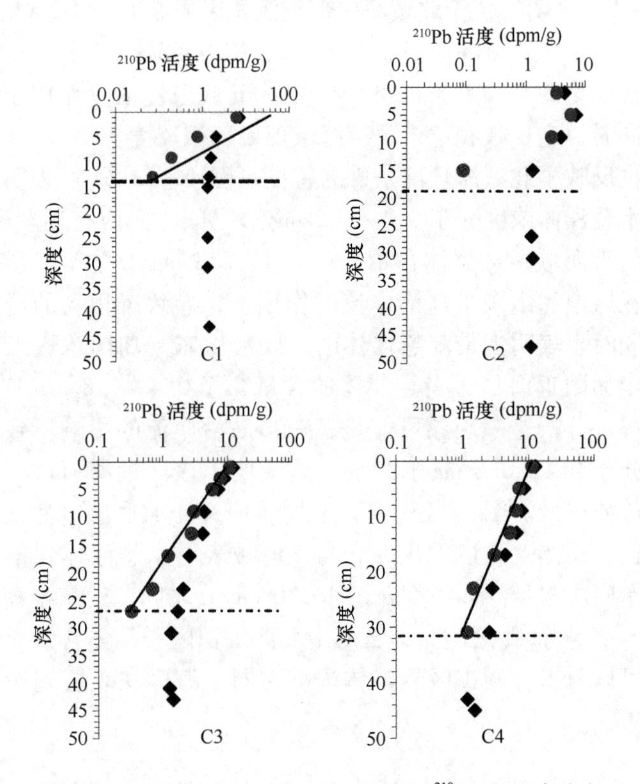

图4-11　岩心（C1、C2、C3和C4）^{210}Pb的垂直分布

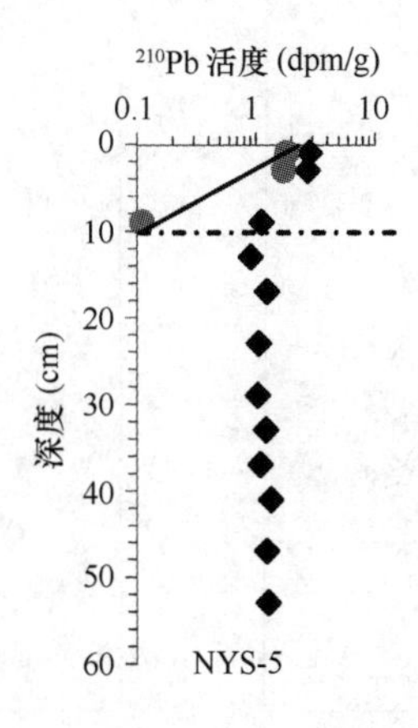

图4-12　岩心NYS-5^{210}Pb的垂直分布

（◆^{210}Pb总量　●^{210}Pb过剩）

1.37 dpm/g，位于北黄海泥区边缘的岩心NYS-5^{210}Pb的放射性活度为2.85 dpm/g。然而，位于北黄海中部泥沉积区的岩心C1、C2、C3和C4^{210}Pb的放射性活度分别为7.19 dpm/g、4.45 dpm/g、12.29 dpm/g和12.7 dpm/g。从以上（表4-1）可以发现，北黄海^{210}Pb放射性活度的空间分布和沉积速率具有明显差异。

结果（表4－1）表明，位于北黄海中部泥沉积区岩心C1、C2、C3和C4 ^{210}Pb的放射性活度明显高于岩心C7、NYS－1、NYS－2、NYS－3和NYS－5。这进一步说明，北黄海中部泥区在稳定的水动力条件下，高的 ^{210}Pb放射性活度作用于细颗粒物质吸附或富集的结果。同时，它反映和记录了该海域现代沉积环境。

悬浮体浓度也反映了北黄海环境条件的特征。图4－13（a）表明山东半岛沿岸渤海海峡海域表层水悬浮体浓度介于0.4～1.2 mg/L之间，向西有逐渐递增的分布趋势。山东半岛成山头附近海域，悬浮体含量介于0.4～2.8 mg/L之间。这是因为半岛东端海域海水较浅，在风浪和山东半岛沿岸流的作用下，导致沉积物的再悬浮而形成了高悬浮体含量区。同时也表明携带高悬浮体的水团沿山东半岛向东进入中部海区逐渐递减的趋势。辽东半岛附近海域，受悬浮体的含量介于0.4～0.8 mg/L之间，并呈现向海逐渐递减的趋势。分析这一现象可能是辽东半岛沿岸流的影响所致。北黄海中部泥区，悬浮体含量介于0.4～0.6 mg/L之间，这表明了该区远离河口，水动力条件相对稳定，所以悬浮体浓度低。图4－13（b）表明了研究海域底层（距底2 m）海水悬浮体浓度的变化特征，总体上可以看出，它与该海域表层水悬浮体含量有类似的分布特征。山东半岛沿岸底层水悬浮体浓度介于4～30 mg/L之间，辽东半岛附近海域底层水悬浮体含量介于8～15 mg/L之间，北黄海中部泥沉积区悬浮体含量介于3～4 mg/L之间。从以上数据可以看出，调查区悬浮体浓度在同一海区从表层到底层有逐渐递增的趋势。

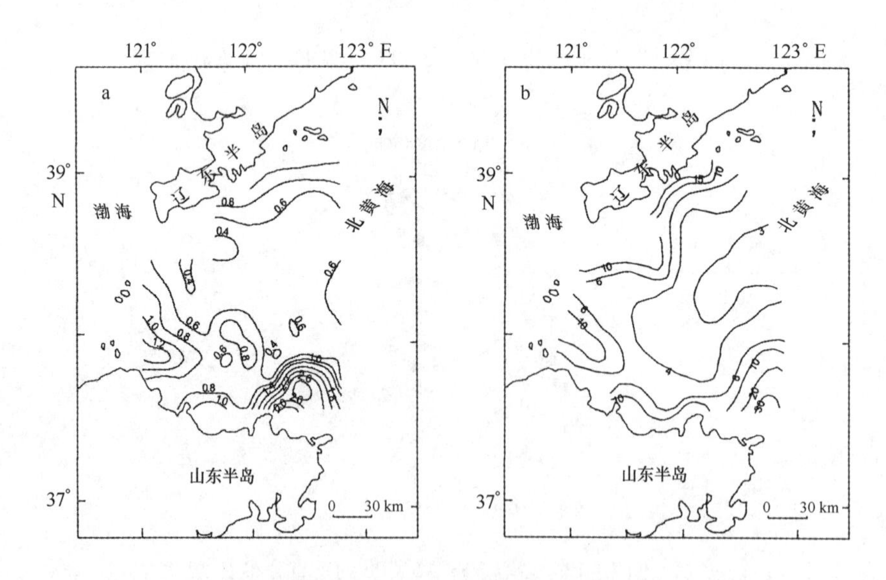

图4－13　北黄海表层海水和底层海水（距底2 m）悬浮体含量

综上所述，通过以上对北黄海悬浮体浓度的分布特征和 ^{210}Pb放射性活度空间分布的分析，不难看出，北黄海山东半岛附近悬浮体含量高区（NYS－1、NYS－2、NYS－3）^{210}Pb放射性活度低并伴随着较高的沉积速率，北黄海中部泥区（C1、C2、C3、NYS－5）悬浮体含量低，则 ^{210}Pb放射性活度高并伴有低速沉积速率的特征。这表明了 ^{210}Pb

在海水和沉积物中的分布与细颗粒物质所吸附有关，在近岸带，由于悬浮体浓度高，海水中^{210}Pb被吸附和进入海底沉积物。又由于水动力条件活跃，造成了海水中悬浮体含量高，那么细颗粒物质很难沉积保存下来，沉积物的形成多为粗颗粒级，在这样的海区，沉积物中^{210}Pb的活度则低，反之，沉积物中^{210}Pb活度则高。依此类推，^{210}Pb在北黄海的富集和空间分布特征，同样反映和记录了北黄海的沉积环境。

三、沉积物来源

研究已知，黄河沉积物以富含Ca、Sr为特征，长江沉积物以富含Cu、Fe、Zn为特征，鸭绿江沉积物以富含Fe、Ti、V为特征（韩桂荣等，1998）。表4－2表明，黄河、长江和鸭绿江沉积物中化学元素含量有很大的差异，其中Mn、Fe、Ti、Cr和V的含量在黄河沉积物中最低，在长江沉积物中居中，而在鸭绿江沉积物中最高。Zn、Pb、Ba和Cu的含量在长江沉积物中最高，在鸭绿江沉积物中较低，则在黄河沉积物中最低。黄河沉积物中Ca、Sr的含量明显高于长江。因此，可以根据沉积物中各元素含量的差异，来推断北黄海细颗粒物质的物质来源。

表4－2　黄河、长江和鸭绿江沉积物中化学元素含量

化学元素	黄河	长江	鸭绿江
K	2.28	2.46	2.26
Ca	6.79	3.52	1.38
Ti	0.386	0.521	0.698
Fe	3.64	4.25	4.66
Mn	749	1 170	1 530
Cr	97.5	108	127
V	126	133	143
Cu	29.5	51.3	40.0
Zn	88.0	108	106
Pb	16.5	30.7	26.0
Rb	114	129	113
Sr	207	165	207
Y	26.3	24.5	26.0
Ba	214	348	296

注：元素从K、Ca、Ti到Fe为10^{-2}，Mn到Ba为10^{-6}（资料引自韩桂荣等，1998）。

通过对北黄海10个站位表层沉积物化学元素的分析（表4－3），所测得的特征元素可划为两个区域，以位于北黄海中部的站位 BS45、BS46 和 BS53 为代表作为一区域，从表 4－3 可以看出该区沉积物贫 Ca 和 Sr，但是富含 Fe、Al、Ti、Rb、Cu、Co、Ni、V、Li、Mg 和 K。这表明了北黄海中部接受了较少的黄河物质。因为黄河物质出渤海后，在山东半岛沿岸流作用下，主要沿山东半岛向东运移，绕过成山头后继续沿岸南下，大部分的黄河输出泥沙沉积在山东半岛南部附近海区（李凤业等，1996）。根据长江沉积物富含 Cu、Fe 和鸭绿江沉积物富含 Fe、V 等特征，北黄海中部细颗粒物质可能部分来自鸭绿江，部分来自长江。长江年输沙量约 5×10^{8} t，在江苏沿岸流的作用下大部分输入到东海（Milliman et al.，1983），但是，在北上的黑潮（黄海暖流）的作用下部分进入黄海。

表 4－3　北黄海表层沉积物化学元素含量

站位	CaO	Fe_2O_3	Al_2O_3	TiO_2	MgO	K_2O	Na_2O	Sr	Rb	Cu	Ni	V	Li	Co
BS2	3.91	4.03	11.91	0.61	1.87	2.38	2.35	199	89.8	79.4	23.7	68.1	30.7	18.7
BS21	3.27	3.16	10.70	0.55	1.49	2.24	2.31	198	78.4	47.7	14.3	55.5	22.9	11.9
BS47	2.51	4.24	12.54	0.61	2.01	2.55	2.67	181	102	74.8	21.9	76.1	35.3	16
BS48	3.61	3.70	11.39	0.58	1.75	2.30	2.39	195	85.2	53.7	20.8	64.0	28.1	15.7
BS67	3.52	4.66	13.06	0.62	2.20	2.56	2.35	188	104	73.5	24.7	80.3	39	18.1
BS45	1.5	5.98	15.66	0.68	2.76	3.06	2.87	155	136	129	36.7	112	56.8	22.9
BS46	1.93	6.28	15.70	0.70	2.90	3.17	3.10	158	140	117	36.9	111	58.5	24.6
BS53	1.42	5.44	14.84	0.66	2.57	2.96	2.76	160	130	121	31.9	102	51.5	20.5
BS51	1.18	2.75	11.45	0.44	1.25	2.71	2.61	212	99.2	75.8	12.2	51.5	24.9	11.4
BS1	2.04	2.66	9.80	0.40	0.99	2.41	2.08	204	80.2	75.6	12.0	40.8	17.4	10.7

注：常量元素从 CaO 到 Na_2O 为 10^{-2}；微量元素从 Sr 到 Co 为 10^{-6}。

山东半岛沿岸为另一区域，包括表层样站位 BS1、BS2、BS21、BS47、BS48、BS53 和 BS67，从表 4－3 可以看出，这一海区沉积物富含 Ca，但是，沉积物中 Fe、Al、Ti、Rb、Cu、Co、Ni、V、Li、Mg、K 和 Na 的含量低于北黄海中部细颗粒泥沉积区。这表明，沿山东半岛沿岸海域在沿岸流的作用下接受了较多的黄河物质。位于辽东半岛附近的 BS51 站，沉积物贫 Ca，但是富 Sr，可能该采样点接受了较多的鸭绿江物质。

综上所述，北黄海沉积物的主要物质来源是来自黄河、长江（包括黑潮携带的外海物质）和鸭绿江，北黄海中部细颗粒级的泥是多源的现代沉积物。

四、沉积通量

在了解了北黄海沉积物的物质来源、沉积速率和沉积环境后，那么输入到北黄海的主要河流年贡献泥沙的量是要进一步探讨的问题。根据早先的研究和本航次的海上调查所获得的资料，北黄海细颗粒物质的泥沉积区面积约 6 250 km^2。结合所实测的 ^{210}Pb资料，黄河年输沙量通过渤海输入到北黄海的量能够计算出。利用测得北黄海的平均沉积通量0.1 ~0.16 g/（cm^2·a），经计算，输入到北黄海的年输沙量约为6 $\times 10^6$ ~10 $\times 10^6$ t，它约占黄河年输沙量的1%。Martin 等（1993）计算了通过渤海海峡扩散输入到北黄海的沉积物约6 $\times 10^6$ t/a，这一数值和利用^{210}Pb 法实测的低值相当，Martin 等的结果是否偏低，尚需今后进一步研究。Gao 等（1996）报道了利用海水悬浮体含量（悬浮体含量按年平均值3 mg/L），计算了黄海暖流携带的长江泥沙输入到北黄海的细颗粒沉积物每年约 10^6 t，约占长江年输沙量的0.2%。根据 Sheng（1990）报道，鸭绿江年输沙量约2.04 $\times 10^6$ t，但是，由于受北黄海沿岸流的制约，约占半数的泥沙堆积在河口西部附近海区，因此，鸭绿江输入到北黄海的泥沙小于1 $\times 10^6$ t。综上所述，就北黄海总的沉积物的输入而言，鸭绿江的贡献小于10% ~17%，长江的贡献约10% ~17%，黄河约占66% ~80%。

五、小结

（1）通过对北黄海7个箱式岩心^{210}Pb 放射性活度的测定，^{210}Pb 的垂直分布和空间分布有很大的差异，根据^{210}Pb 的富集和垂直分布图分析，北黄海中部细颗粒级的泥沉积区沉积环境稳定，沉积通量低于 0.33 g cm^2/a。北黄海的沉积通量介于 0.06 ~1.18 g cm^2/a之间。山东半岛北部附近海区为沉积速率高区，在该区沉积速率自西向东有逐渐递减的趋势。

（2）北黄海^{210}Pb 放射性活度与海水中悬浮体的含量密切相关，在北黄海中部细颗粒级的泥沉积区^{210}Pb 放射性活度高，则悬浮体含量低。在山东半岛和辽东半岛沿岸海域悬浮体含量高区，则^{210}Pb 放射性活度低。^{210}Pb 的富集、空间分布和海水中悬浮体的关系，从不同的角度反映了海区沉积物的沉积过程和沉积环境。

（3）北黄海中部的泥主要是由黄河物质、长江物质和鸭绿江物质形成的。根据调查资料和^{210}Pb 沉积通量的计算，北黄海中部的泥沉积区，黄河的贡献约66% ~80%，长江的贡献约10% ~17%，鸭绿江的贡献小于10% ~17%。

第三节　南黄海沉积速率与物质来源

放射性同位素^{210}Pb 法是研究陆架浅海沉积速率和沉积通量行之有效的方法之一，国内外已对其进行了较多的应用研究，并获得了满意的结果。1983 年我国与美国合作对黄海进行了海洋地质调查，在南黄海采集了多根柱状样，测定了其中的^{210}Pb，并据此研究了南黄海的沉积速率和沉积通量。其后在1992 年和1996 年先后进行了沉积物调查采样，并根据沉积物中的特征元素研究了南黄海沉积物的物质来源。多年来对南黄海调查采样的站位如图4 –14 所示，所获得的成果也组成了本节的主要内容。

一、^{210}pb 的垂直分布

南黄海沉积物岩心中^{210}Pb 放射性活度的垂直分布可归为两种类型。第一种类型，

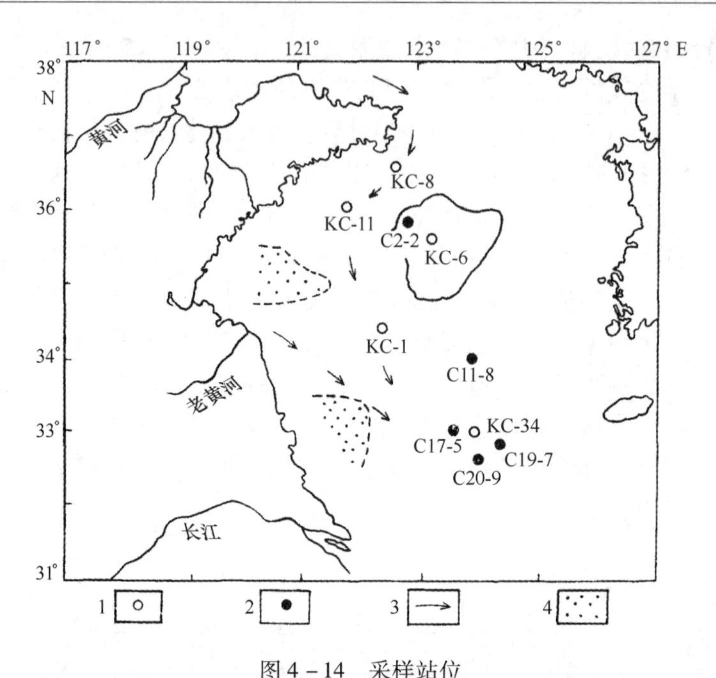

图 4-14　采样站位

1—1986 年采样站位；2—1992 年采样站位；3—黄河物质扩散趋势；4—残留沙

^{210}Pb 从岩心表层开始，随着地层深度向下，呈明显的指数降低，其分布呈一“斜线”；至一定深度再向下^{210}Pb 活度基本衡定，其分布呈一“垂线”。即上部斜线段为^{210}Pb 的衰变段，下部垂线段为与^{210}Pb 母体^{226}Ra 的平衡段，属“两段分布模式”。岩心 KC-6 中^{210}Pb 的分布可作为代表（图 4-15），类似的分布还见于岩心 C2-2（图 4-16）、CK-33（图 4-17）、GK-5（图 4-18）、CK-29（图 4-19）、C11-8（图 4-20a）C20-9（图 4-21a）以及 KC-1、KC-5、KC-8、KC-10、KC-48、KC-63、KC-85等；所不同的是，各岩心中^{210}Pb 的斜率和衰变深度各有差异，这体现了它们沉积速率的不同。

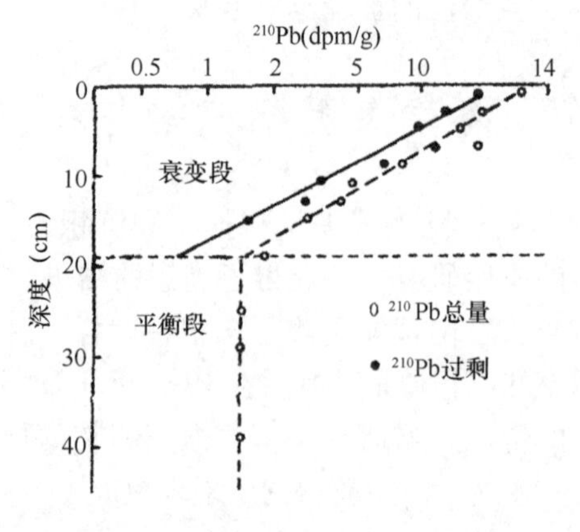

图 4-15　岩心 KC-6^{210}Pb 垂直分布

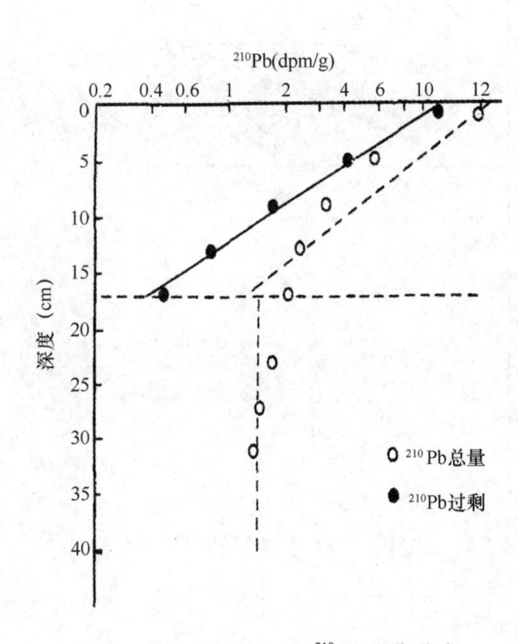

图 4－16　岩心 C2－2 ^{210}Pb 垂直分布

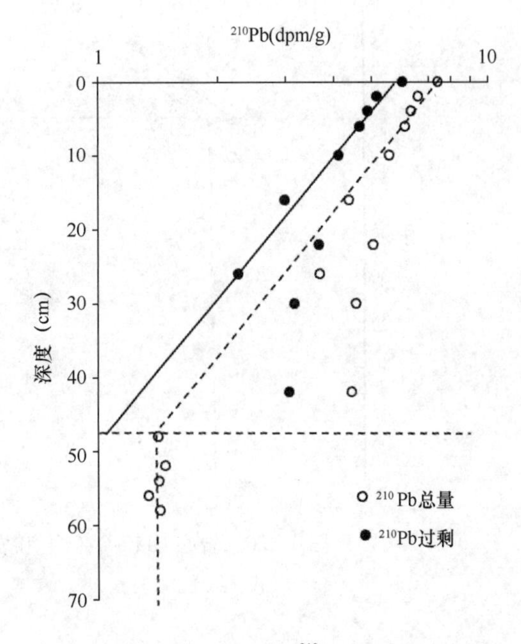

图 4－17　岩心 CK－33^{210}Pb 的垂直分布

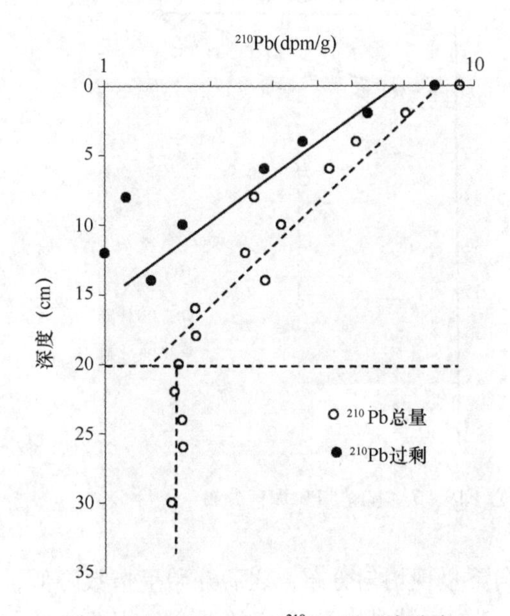

图 4－18　岩心 CK－5^{210}Pb 的垂直分布

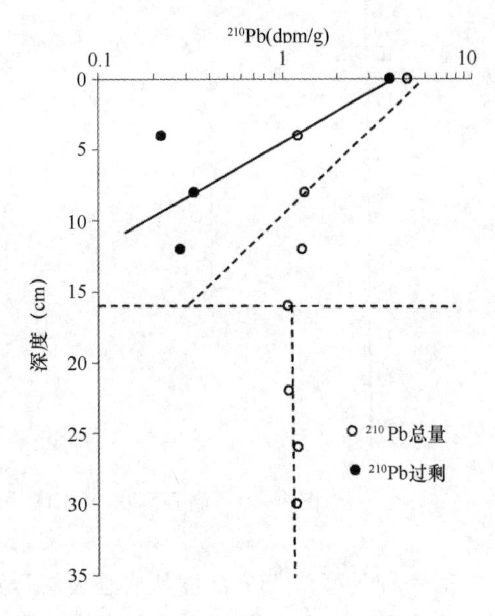

图 4－19　岩心 CK29 ^{210}Pb 的垂直分布

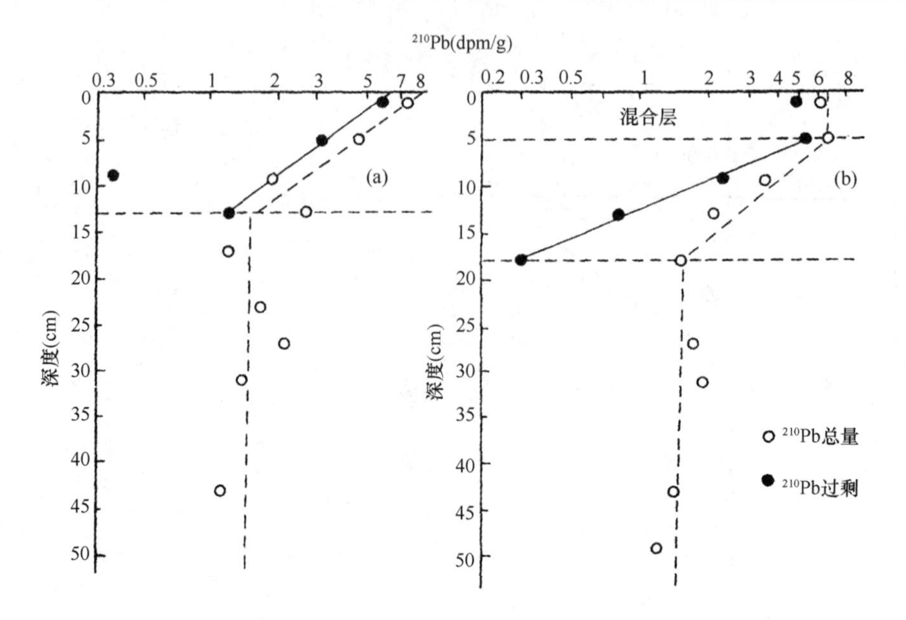

图 4－20　岩心 C11－8（a）和岩心 C17－5（b）^{210}Pb 垂直分布

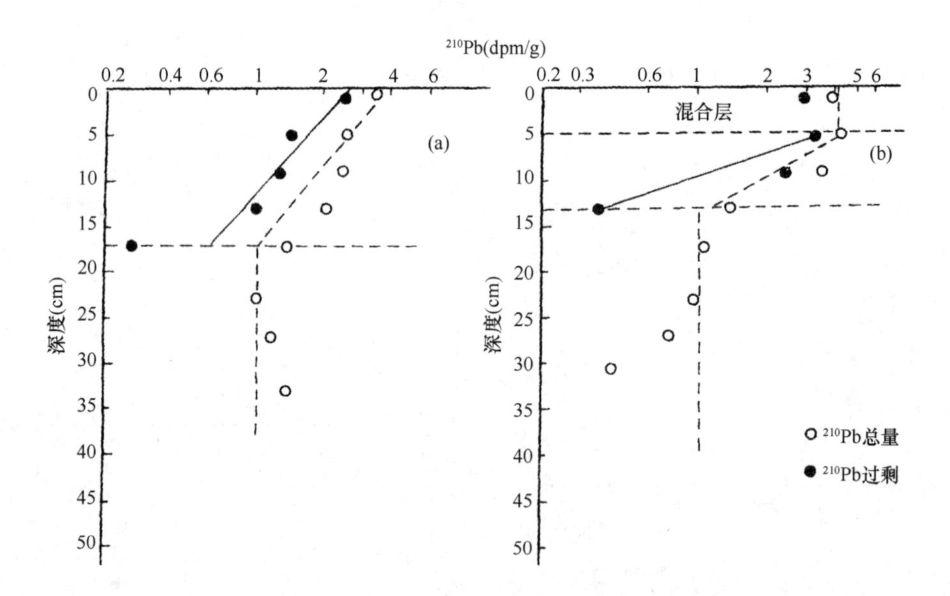

图 4－21　岩心 C20－9（a）和岩心 C19－7（b）^{210}Pb 垂直分布

另一种类型，^{210}Pb 活度从岩心表层开始向下呈现均匀分布，之后开始呈指数降低，最后出现平衡现象，即“三段分布模式”。上部的垂线段是由海底的混合作用造成的，称为^{210}Pb 的混合层。此种分布见于岩心 KC－11（图 4－22），类似分布的还有 C17－5（图 4－20b）、C19－7（图 4－21b）以及 KC－34、KC－55 和 KC－71 等。海底的混合作用通常是由强烈的水动力条件或生物活动造成的，从上述^{210}Pb 的分布模式不难看出，岩心 KC－34、岩心 KC－71 位于黑潮分支进入黄海通道之处，这里出现的混合层可能是较强的水动力条件造成的；C17－5、C19－7、KC－11 和 KC－55 地处近海，其混合层可能是由较强的沿岸流或生物活动所致。

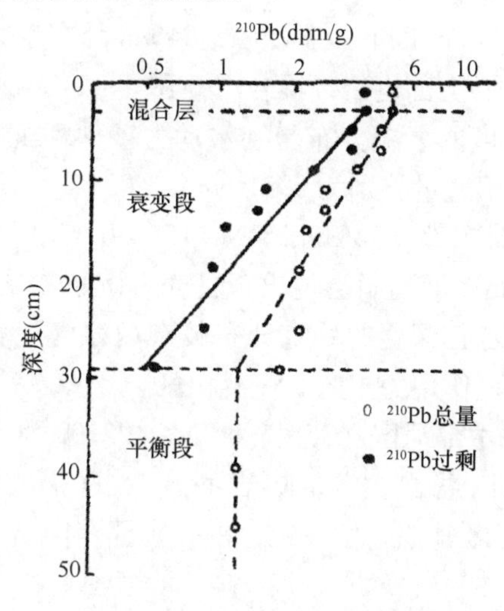

图 4－22 岩心 KC－11 ^{210}Pb 垂直分布

二、沉积速率和沉积通量

岩心 C2－2 位于 35°49. 2′N，122°42. 5′E，水深 67 m，岩心从上到下为灰褐色软泥，在 16 cm 处出现贝壳。^{210}Pb 的放射性强度随岩心深度有规律地衰减，计算其沉积速率和沉积通量分别为 0. 18 cm/a 和 0. 13 g/（cm^2·a）。与附近站位 KC－6 ^{210}Pb 放射性活度随深度的衰减存在相似趋势，较小的沉积速率表明，自 1898 年以来（岩心 17 cm处）位于南黄海中部“冷涡”泥沉积区沉积环境稳定。

岩心 C11－8 位于 34°15. 1′N，123°58. 9′E，水深 83. 2 m。样品为黄灰色砂质泥，往下颜色逐渐变灰，在 20 cm 处出现贝壳。^{210}Pb 放射性强度随岩心深度衰减分别在 9 cm和 27 cm 处呈现负、正异常平移［图 4－20（a）］，说明采样点的沉积环境不稳定。由于它处于黄海暖流通道上，黄海暖流携带的物质在复杂的水动力条件作用下，导致了复杂的沉积泥区。对照附近站位 KC－1 沉积速率（0. 32 cm/a）和追踪到黄河泥沙的高速沉积区 KC－11（0. 43 cm/a）及 KC－8（0. 67cm/a）资料，结合本采样点的沉积速率0. 24 cm/a和沉积通量 0. 29 g/（cm^2·a），表明黄河物质对采样点贡献较大。

岩心 C17－5 位于 33°12. 2′N，123°40. 7′E，水深52. 5 m。岩心为黄灰色软泥，往下逐渐变灰，6～8 cm 呈现沙团和贝壳。^{210}Pb 放射强度随岩心深度衰减，在岩心上部 5 cm 呈现混合层（图 4－20b），揭示了采样点较强的海流作用，由于大量的泥沙随海流被搬运和扩散，所以采样点的沉积速率和沉积通量较低，它们分别为 0. 13 cm/a，0. 11 g/（cm^2·a）。

岩心 C20－9 位于 32°40. 4′N，124°02. 4′E，水深 71. 6 m。样品为黄灰色泥质砂，10 cm 左右有生物洞穴被粉砂填充，20 cm 左右为灰色，伴有沙团。^{210}Pb 放射性活度随岩心深度衰减较有规律［图 4－21（a）］。该采样点沉积速率和沉积通量分别为 0. 26 cm/a，

0.29 g/（cm^2·a），说明了采样点陆源物质供应充足。

岩心 C19－7 位于 32°51.1′N，124°26.6′E，水深 59.6 m。岩心为黄灰色泥质砂，8 cm以下颜色逐渐变灰。18 cm 以下砂质变多，24 cm 处有生物洞穴被粉砂填充，28 cm 以下为粉砂层。^{210}Pb 在岩心上部也出现混合层［图 4－21（b）］，对照岩心沉积物粒级成分，显然^{210}Pb 随岩心深度的衰减分布受到水动力条件和沉积物粒级成分的制约。经计算该岩心沉积速率和沉积通量分别为 0.11 cm/a，0.14 g/（cm^2·a）。

岩心 CK33 位于南黄海东部（34°30.55′N，125°30.42′E）水深 48.6 m。该岩心从上到下均为灰色泥，30 cm 以下不同层位出现贝壳，沉积物平均含水率 51.81%。从图 4－17 可以看出，^{210}Pb 随岩心深度的垂直分布较有规律。计算沉积速率为 1.65 cm/a。不难看出，该泥区是以沉积作用为主的高速沉积区。

岩心 CK5 位于南黄海中部泥区（35°45.06′N，123°00.20′E）水深 65.5 m。岩心为灰色泥，从图 4－18 可以看出，^{210}Pb 随岩心深度的衰减很有规律，沉积速率为 0.16 cm/a，与南海中部泥区其他站位一致，再一次证实南黄海中部泥区沉积速率较低且沉积环境稳定。

岩心 CK29 位于南黄海东部（34°49.88′N，125°27.99′E）水深 74 m。岩心表层为灰黄色砂质泥，10 cm 以下砂质增多。在 26～28 cm 处出现生物洞穴被粉砂填充。从图 4－19 可以看出，^{210}Pb 随岩心深度的垂直分布在 10 cm 左右趋于衰减平衡，这反映了 ^{210}Pb随岩心深度的衰变受到沉积物粒度的制约。计算该采样点沉积速率为 0.12 cm/a。由于该采样点水较深，又处于泥沉积区边缘，作者推断该采样点可能受到黄海暖流的影响，致使细粒级的泥很难沉积下来，故沉积速率较低。

岩心 KC－10 位于山东半岛成山角附近，正是黄海沿岸流携带黄河物质急转南下之处，细颗粒物质很难沉积，其东部即“残留沙”区（刘敏厚等，1987）。该处沉积速率很小（0.026 cm/a），沉积通量极小 0.033 g/（cm^2·a）。岩心 KC－8 取自山东半岛南侧，属现代黄河物质显著影响区，经^{210}Pb 测年计算，沉积速率为 0.67 cm/a，沉积通量为 0.76 g/（cm^2·a），可见沉积作用较强，黄河南下物质较多地沉积于此。KC－11 岩心取自青岛以东的近海，处于现代黄河影响区的边缘地带，^{210}Pb 剖面出现混合段（0～3 cm），沉积速率为 0.43 cm/a，沉积通量为 0.45 g/（cm^2·a），显然沉积作用不及 KC－8站，黄河物质在此明显减弱。由此可见，以上 3 个岩心虽然同处现代黄河影响范围，但由于所处位置和水动力条件的不同，明显表现出沉积速率和沉积通量的差异。KC－10 站沿岸流急转南下，水动力相当活跃，使大量物质随流南下，必然导致沉积作用极弱。KC－8 区是水动力相对稳定区，沿岸流过成山角之后在此得到缓冲，使大量南下物质堆积，因而沉积速率增高和沉积通量加大。KG－11 站位于 KG－8 的西南，是黄河物质影响范围的边缘，所以沉积速率和沉积通量趋于下降。

KG－1 岩心取自苏北老黄河口以东海域，沉积速率为 0.32 cm/a，沉积通量为 0.36 g/（cm^2·a）。由于相对靠近主要物源区——老黄河口，所以较多的物质系来自老黄河口一带，属中速沉积。KC－5、KC－6 和 KG－48 岩心取自南黄海中部泥沉积区，沉积速率介于 0.094～0.17 cm/a 之间，沉积通量介于 0.067～0.12 g/（cm^2·a）之间。这里地处南黄海中间，离岸较远，物质供应不足，水较深，又是黄海流系“冷涡”所在，只有少量细粒物质沉积，所以沉积速率较慢和沉积通量不大。

KC－34、KC－63 和 KG－71 岩心均采自南黄海南部，该区恰处黑潮分支由东海进入黄海的通道上（该分支通称黄海暖流），较强的海流作用，使物质难以沉积，故沉积速率和沉积通量偏低，前者介于 0.11～0.16 cm/a 之间，后者介于 0.095～0.17 g/(cm^2·a）之间。此外，KC－85 站虽比较靠近朝鲜海岸，但估计仍受黄海暖流的影响，沉积物质不多，沉积速率和沉积通量亦较小，分别为 0.15 cm/a 和 0.17 g/（cm^2·a)。KC－55 站处于靠近朝鲜的泥区，为东岸物质相对集中的场所，沉积速率和沉积通量比其周围增大，分别为 0.39 cm/a 和 0.23 g/（cm^2·a），该区泥样含水量大，富含有机质，生物作用强，出现较厚的混合层（近 20 cm）。

三、南黄海物质来源

南黄海中部有一片泥区分布，该泥区是黄海几处泥区中面积最大的一个。对于这片泥区的存在，为各家所公认，但对该泥区的形成却有不同的看法：一般认为这里为气旋式涡流所在，促使大量细粒物质在此聚集，并成为现代“沉积中心”（刘敏厚等，1987；Hu，1984），然而，近年有人考虑到该泥在矿物、化学成分上与周围物质明显不同，尤其与黄海主要物源——黄河来的物质不同，因而提出“残留泥”的看法（业渝光等，1987），上述 KC－5、KC－6 和 KC－48 岩心均采自该泥区，由表 4－4 可知，这里沉积速率及沉积通量都不大，这显然不能认为该泥可代表大量细粒物质沉积的中心，之所以有人认为涡流处泥区为沉积中心，主要是缺乏沉积速率和沉积通量的数据。另外，从这些岩心中^{210}Pb 的分布模式来看，完全属正常分布，此种分布只有在现代沉积中才有可能。

表 4－4　南黄海沉积岩心沉积速率和沉积通量

站位	水深（m）	岩心长度（cm）	沉积物平均含水率（%）	沉积物平均干密度（g/cm^3）	沉积速率（cm/s）	沉积通量［g/（cm^2·a）］
KC－1	58	40	33.19	1.14	0.32	0.36
KC－5	78	75	49.37	0.75	0.094	0.071
KC－6	71	40	49.49	0.73	0.17	0.12
KC－8	30	78	33.97	1.13	0.67	0.76
KC－10	50	38	30.13	1.28	0.026	0.033
KC－11	38	53	36.81	1.04	0.43	0.45
KC－34	49	15	37.08	1.04	0.16	0.17
KC－48	75	28	53.15	0.67	0.10	0.067
KC－55	70	103	56.67	0.60	0.39	0.23
KC－63	77	20	44.36	0.86	0.11	0.095
KC－71	85	41	37.18	1.03	0.14	0.14
KC－85	66	57	34.58	1.12	0.15	0.17
C2－2	67	32	50.56	0.72	0.18	0.13
C11－8	83					

从理论上来说，输入南黄海的物质应当主要来源于沿岸流携带来的黄河现代物质和苏北废弃的老黄河口区域的沉积物受侵蚀扩散而来的物质，以及长江输送到黄海暖流区的物质。研究表明，黄河源物质以富含 Ca，Sr 为特征，而长江源物质以富含 Cu，Fe 为特征，长江物质与黄河物质源相比，相对富含 Fe，Ti，Rb。为探讨南黄海东部泥区的物质来源问题，选择了能示踪物源特色的表层样进行了化学成分 Ca、Fe、Cu、Sr、Ti 和 Rb 的分析，分析结果见表 4－5。从表 4－5 可以看出，岩心 C2－2 中 Ca，Sr，Cu 含量较低；Fe，Ti 含量较高。这说明该区沉积物在化学元素上未显示出长江或黄河物源的明显特征。由此，认为它属多源混合沉积。黄海中部虽有涡流利于沉积，然而距岸远，水较深，并且尽管沉积物是多源的，但是物质来源不足，所以沉积速率不大。

表 4－5　南黄海不同地区沉积物化学成分含量

站位	Ca（%）	Fe（%）	Sr（μg/g）	Rb（μg/g）	Cu（μg/g）	Ti（μg/g）
CK1	2.72	－	189.73	139.67	45.84	0.49
CK2	3.28	－	188.62	116.80	37.90	0.45
CK35	7.41	－	210.58	116.72	43.39	0.46
CK29	1.83	－	163.85	139.28	27.19	0.52
CK33	1.84	－	180.09	142.65	23.25	0.52
CK43	1.28	－	175.43	152.17	30.24	0.53
C2－2	1.10	4.73	133.00	－	57.0	0.50
C11－8	2.36	3.25	161	－	39	0.41
C17－5	3.70	3.80	171	－	55	0.42
C20－9	3.11	2.35	171	－	27	0.29
C19－7	3.09	3.14	156	=	34	0.38

岩心 C11－8 中 Ca，Sr 含量较高。这表明黄河物源对采样点贡献较大。而沉积物中 Fe，Ti 含量较高，说明该采样点又具有长江物源的特色，从而可以推断，较高的沉积速率和特征元素的含量揭示了采样点的泥区应归于多源现代沉积。

岩心 C17－5Ca、Sr 含量高，Fe、Ti、Cu 含量较高，沉积物具有黄河和长江物源的双重特色。

岩心 C20－9 沉积物具明显的高 Ca、Sr 和低 Fe、Ti、Cu 的特征，反映了废弃的老黄河口输入到黄海的泥沙在沿岸流、潮流的侵蚀作用下，运移扩散到采样点。

岩心 C19－7 沉积物中 Ca、Sr 含量偏高，而 Fe、Cu 含量偏低，反映了黄河物质在黄海水团作用下扩散到该采样点。结合附近站位 KC－34 沉积速率（0.16 cm/a）分析，南黄海南部处于黑潮分支由东海进入黄海通道区域，沉积速率偏低，介于 0.11 ~ 0.16 cm/a之间。同时，^{210}Pb 资料记录了该区的沉积环境很不稳定。

另外，南黄海西部表层样 CK1、CK2 和老黄河口海域 CK35 的 Ca 和 Sr 含量较高，反映了黄河物质对该海区贡献较大。南黄海东部泥区 CK29、CK33 和 CK43 站 Ca 和 Sr 的含量相对偏低，这同样反映了现代黄河物质和老黄河口受侵蚀的物质未能扩散搬运到南黄海东部的泥沉积区。南黄海东部泥区 Ti、Rb 的含量与南黄海西部沉积物 Ti、Rb 含量相比相对偏高，而 Cu 含量偏低，这反映了长江物质对南黄海东部泥区有某些贡献，但南黄海东部泥区又不完全体现长江物源的特色。

综上所述，南黄海东部大片泥沉积可能来源于部分长江物质、部分韩国河流输入的物质。也可能是来自在复杂的水动力条件下侵蚀、悬浮、重沉积的早先形成的沉积物，推断该区泥为多源现代沉积。

四、小结

（1）南黄海现代高速沉积区的沉积速率随黄海沿岸流流向递减，结合特征元素 Ca，Sr，Fe，Ti，Cu 资料，揭示了黄河泥沙进入南黄海的扩散趋势。

（2）黄海暖流流经的地带和“冷涡”区，为弱沉积作用区。有人曾把“冷涡”处的泥视为残留泥，但根据 ^{210}Pb 剖面分析可知，至少近百年来有沉积作用，只是通量不大而已。研究区的其他地方属中等沉积作用区。^{210}Pb 资料证明，控制沉积速率和沉积通量的主导因素是物质来源和海流体系。

（3）南黄海东部泥区最高沉积速率为 1.65 cm/a，与南黄海中部泥区相比其沉积速率快，反映了该区物质来源充足。化学元素分析结果表明黄河物源未扩散到南黄海东部，长江物源对东部泥区有较小的贡献，推断该区泥为多源现代沉积。

第四节　胶州湾现代沉积速率和沉积通量研究

胶州湾位于山东半岛南岸，是与黄海连通的半封闭海湾，平均水深 7 m，最大水深 64 m。输入到胶州湾的河流有大沽河、洋河、白沙河、李村河、南胶莱河等。沉积物来源除河流输入外，也应包括大气输入、外海输入、海岸侵蚀物等。沉积物类型较多，沉积环境复杂。近年来多个海洋研究机构对胶州湾及其邻近海岸进行了调查研究，诸如胶州湾的气象、水文、地质地貌、沉积等（国家海洋局第一海洋研究所，1984），胶州湾的沉积类型（周莉等，1983；李玉瑛等，1987），沉积物的运移趋势（李凡等，1994）和胶州湾悬浮体含量（张铭汉，2000）等，并有较多的成果发表。过去对胶州湾海域沉积速率的获得是利用 ^{14}C 和海图对比法（卞云华，汪品先，1980；边淑华，1999），由于采用测年方法时间尺度的不同，采样位置的不同，因此缺乏区域沉积速率的对比性和一致性。而确定近百年来确切的地层年龄是研究该海域沉积速率的基础。青岛市环绕胶州湾，近百年来人类活动日益增加，这就不可避免地对胶州湾的自然环境、生态环境产生一定的影响。如不合理的滩涂围垦、港口工程建设、河流上游修建水库和修建青岛连接黄岛的跨海大桥等，这都将改变胶州湾的水动力状况、沉积速率和堆积格局。本节根据 2003 年在胶州湾所采集的柱状沉积物（图 4－23），利用 ^{210}Pb 法，以百年的时间尺度，测定研究胶州湾海域跨海大桥施工前的沉积速率和沉积通量，探讨胶州湾沉积环境的变化和沉积物的输送扩散过程。这可为了解胶州湾的现状、开发及保护胶州湾的自然环境提供科学依据。

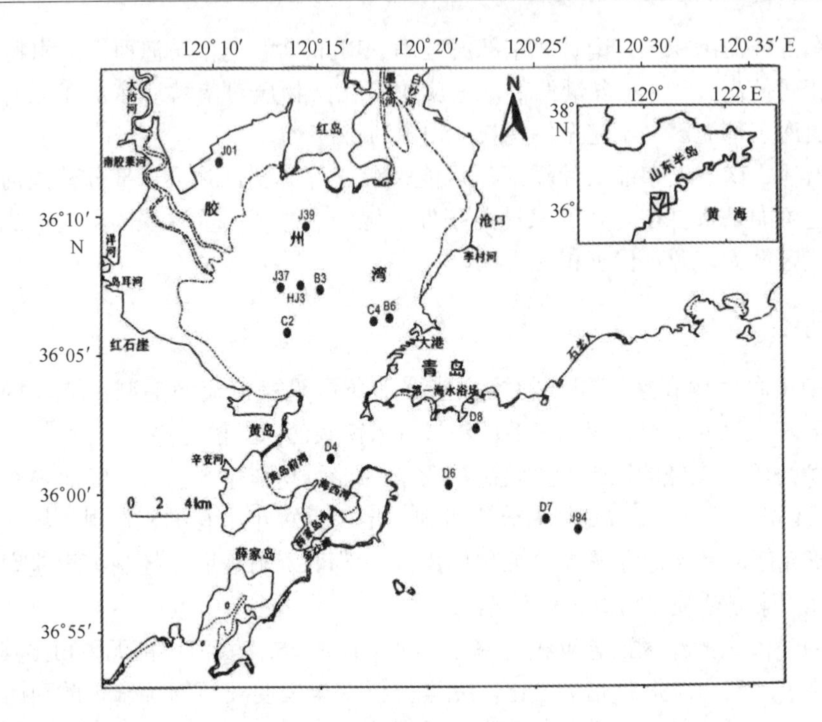

图 4－23　胶州湾沉积物采样站位

一、^{210}Pb 放射性活度时空分布

在对胶州湾及邻近海区 9 个站位^{210}Pb 测定中发现，无论在垂直方向还是在水平方向上，^{210}Pb 的分布都存在着一定的规律性。从这些分布规律中反映了该海区沉积环境的变化和沉积作用过程。

1. ^{210}Pb 放射性活度的垂直分布

理想状态下，现代沉积的^{210}Pb 的放射性活度随岩心深度明显衰减，到一定深度后基本稳定。由于物质供应、水动力、生物活动等条件的差异和变化，^{210}Pb 的垂向分布也会出现一定的差异（Goldberg E. D.，1963）。各柱状样品^{210}Pb 测定结果分别报告如下。

岩心 J39（36°09.34′N，124°14.16′E）采自胶州湾西北部海域，水深 6 m，岩心表层为灰黄色粉砂质黏土，2 cm 以下为灰褐色黏土，29 cm 处含少量贝壳，60 cm 以下沉积物为灰黄色黏土软泥。从图 4－23（a）可以看出，^{210}Pb 随岩心深度衰减在 0～6 cm 处没有规律，此处存在一个混合段。这与当地水动力条件强烈和生物活动频繁有关。J39 处水深较浅，水动力对表层沉积物的影响较大，此外，在底质采样时，沉积物表层多处发现活生物体，蛤蜊尤为多见，它们均可能对表层沉积物造成扰动。岩心 6～49 cm段^{210}Pb 随岩心深度呈指数衰减，并呈现出较有规律的分布特征，该层是^{210}Pb 的衰变段。仅在 28～30 cm 处^{210}Pb 活度出现了锐减现象，这种特别现象，我们分析可能是该层沉积物粒度成分的变化造成的。岩心 49～74 cm 段^{210}Pb 不再随岩心深度衰减，

^{210}Pb 的放射性活度随岩心深度的衰变基本上恒定，即是 ^{210}Pb 的衰变平衡段，也可称为 ^{210}Pb 的本底值。

岩心 J37（36°07.426′N，120°13.334′E）位于胶州湾中部偏西大沽河水道与湾中央水道之间，水深 10 m，沉积物为灰色黏土质粉砂，从图 4－23（b）可以看出，岩心中 ^{210}Pb 随深度的衰减较有规律，呈现了 ^{210}Pb 的衰减段和平衡段两段分布。岩心 0～39 cm段 ^{210}Pb 随岩心深度呈指数衰减，呈现出较有规律的分布特征，该层是 ^{210}Pb 的衰变段。岩心 49～81 cm 段 ^{210}Pb 不再随岩心深度衰减，^{210}Pb 的放射性活度随岩心深度的衰变基本上恒定，即是 ^{210}Pb 的衰变平衡段。

岩心 B3（36°07.113′N，120°15.061′E）位于胶州湾中央水道以南，该海域水深 16 m，沉积物多为粉砂类物质，柱状样品表层 0～2 cm 以内是黄灰色砂质泥，50 cm 以下，贝壳开始增多，砂含量增多，尤其在 70 cm 以下，贝壳明显增多。该柱样 ^{210}Pb 随沉积物深度变化见图 4－24（c）。^{210}Pb 剖面以 59 cm 为界明显分为两部分。在 0～59 cm 之间为 ^{210}Pb 的衰变区，^{210}Pb 在该区间呈指数衰减，在 59 cm 以下为该柱样的 ^{210}Pb 本底区，^{210}Pb 放射性活度在 0.77 dpm/g 左右波动。

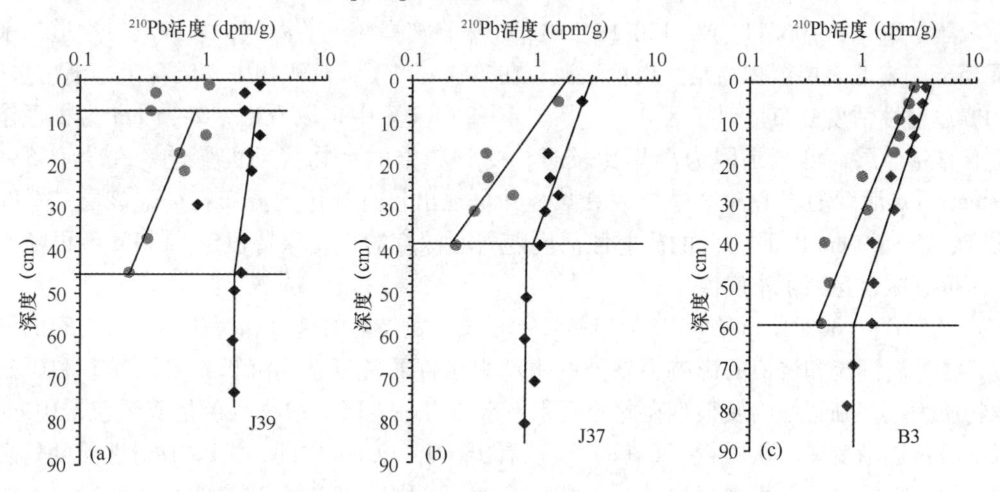

图 4－24　站位 J39、J37、B3 柱样中 ^{210}Pb 活度的垂直分布

岩心 C2（36°05.602′N，120°13.500′E）位于胶州湾大沽河水道以南的海域，水深 13 m，此柱样呈现出相对均匀的沉积结构直到 124 cm，黏土含量较高，反映出低能的沉积环境。岩心表层沉积物为黄灰色稀泥，3 cm 以下为灰色软泥。该柱样 ^{210}Pb 放射性活度分布见图 4－25（a），呈两区分布，0～17cm 为 ^{210}Pb 的衰变区，^{210}Pb 在该区随深度呈现很好的指数衰变规律，在 17 cm 以下 ^{210}Pb 活度值基本恒定，不再随岩心深度衰减，此区是 ^{210}Pb 本底区。

岩心 C4（36°06.000′N，120°17.500′E）采自沧口水道附近，该处水深为 10 m，岩心柱长仅为 30 cm，该柱样由砾砂质泥和泥质砂构成。沉积物颜色在 0～8 cm 为灰黑色，8 cm 以下颜色变为灰黄色，而且随着深度的增加，沉积物中生物贝壳逐渐增多，砂粒逐渐变粗。从图 4－25（b）中可以看出，在 0～13 cm 以内 ^{210}Pb 活度随岩心深度呈指数衰减而且呈现较有规律的分布特征，该区是^{210}Pb 的衰变段区。13 cm 以下为^{210}Pb的本底区。

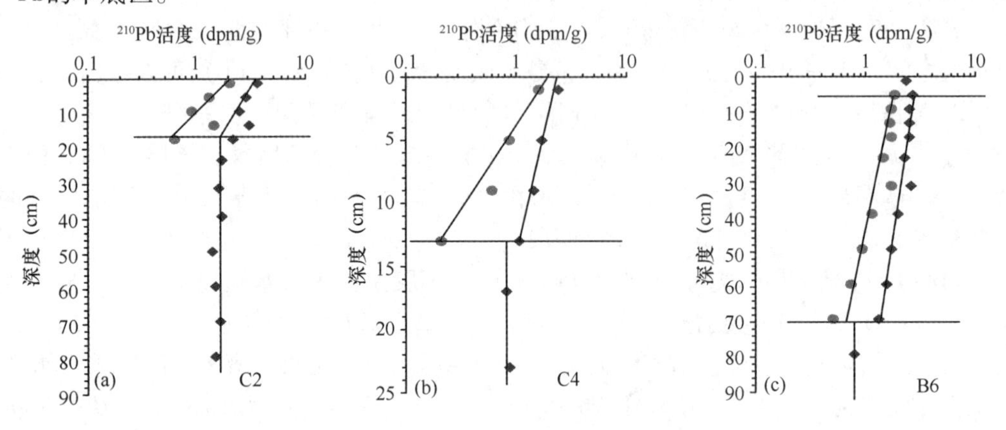

图 4－25　站位 C2、C4、B6 柱样中^{210}Pb 活度的垂直分布

岩心 B6（36°06. 114′N，120°18. 230′E）采自离岸较近的海域，靠近沧口水道，水深 15 m，岩心表层沉积物是灰黑色软泥，在 70 cm 以下，沉积物中砂质含量逐渐增多。^{210}Pb 放射性活度分布呈现三区分布，从图 4－25（c）中可以看出，0～5 cm 为物理作用下的混合层，可能是因为离岸比较近，受到频繁的生物扰动的影响。在岩心 5～69 cm^{210}Pb 活度随岩心深度呈指数衰减，并呈现出较有规律的分布特征，该层是^{210}Pb 的衰变区，69 cm 以下^{210}Pb 的放射性活度随岩心深度的衰变保持恒定，^{210}Pb 不再随岩心深度衰减，达到了本底值。

岩心 D4（36°01. 144′N，120°15. 552′E）位于黄岛前湾湾口和海西湾湾口之间的海域，受外海潮流和波浪的影响，该处的水动力条件非常复杂，沉积物多以粉砂和砾砂类物质为主，细颗粒物质很难在此处沉积下来。岩心表层沉积物颜色是灰黑色，10 cm 以下颜色逐渐变黑。从图 4－26（a）可以看出，0～17 cm 之间，^{210}Pb 放射性活度呈衰减趋势，在这之后，可观察到另一个^{210}Pb 衰变区。^{210}Pb 剖面反映出两个衰变段，表明这里的环境发生过变化。

岩心 D6（36°00. 201′N，120°21. 021′E）采自湾外海域，水深为 33 m，岩心表层沉积物在 0～2 cm 为黄灰色软泥，8～10 cm 是灰色软泥，30 cm 处为灰色砂质软泥，在 65 cm 以下，粉砂物质含量逐渐增多，在 88 cm 处开始出现生物贝壳。从图 4－26（b）可以看出，^{210}Pb 活度分布呈现三区分布，^{210}Pb 放射性活度在 0～9 cm 处没有规律，此处存在一个在物理作用下的混合层。这与当地水动力条件复杂有关。在 9～69 cm，^{210}Pb活度随岩心深度呈指数衰减，并呈现出较有规律的分布特征，该层是^{210}Pb 的衰变区。岩心在 69 cm 以下^{210}Pb 活度不再随岩心深度衰减，^{210}Pb 活度值基本上恒定，即是^{210}Pb 的本底区。

岩心 J94（35°58. 62′N，120°27. 13′E）位于胶州湾口门外深水区，水深 22 m，柱状样主要由为灰黄色粉砂构成，在岩心 16～18 cm 处沉积物细颗粒物质突然增加，并伴有贝壳出现，根据岩性分析，该岩心含砂的组分较多，约占 50% 以上，黏土组分仅

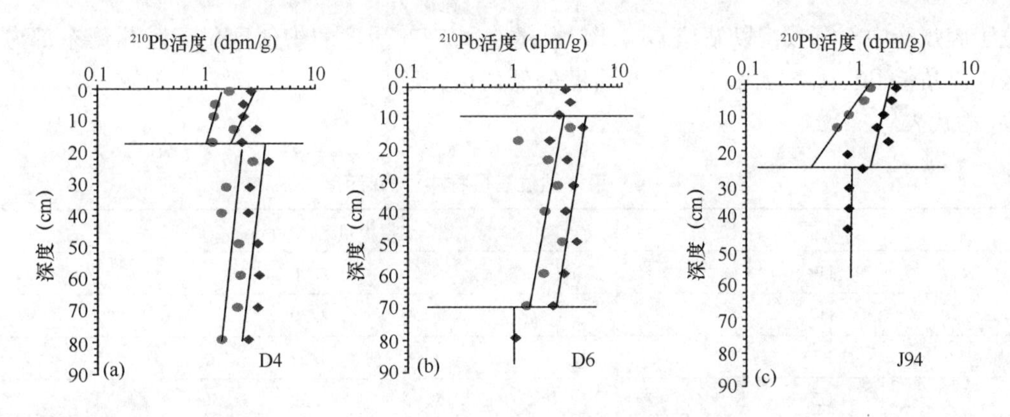

图4-26 站位D4、D6、J94柱样中^{210}Pb活度的垂直分布

(◆^{210}Pb总量 ●^{210}Pb过剩)

占3.01%~42.13%。从图4-26(c)可以看出，^{210}Pb放射性活度随岩心深度的衰减很有规律，岩心上部未出现混合层，呈现两区分布，即^{210}Pb的衰减区和本底区。

综合胶州湾及邻近海区^{210}Pb放射性活度在岩心中的垂直分布，大致可以归纳为以下3种分布类型。

(1) 三区式分布模式：其中J39、B6、D6均属于这种模式。其特点是^{210}Pb的垂向分布可以分为三个区：混合层、衰变区和本底区。在混合区中，由于生物活动及物理作用等对表层沉积物产生扰乱、混合作用，使得这一区域中的^{210}Pb活度呈不同程度的均一状态。如果混合很完全，则^{210}Pb剖面为垂线；如果混合不完全，则^{210}Pb分布有一斜率。混合层的厚度和该区中的^{210}Pb剖面的斜率反映了该区中混合作用的程度。在衰变区中，^{210}Pb放射性活度随深度的增加而呈指数衰变，因此，该区^{210}Pb剖面总是呈倾斜状。在本底区中，^{210}Pb的剖面又呈直线，因为^{210}Pb的本底是由沉积物中^{226}Ra衰变而来的。而^{226}Ra的半衰期为1 600 a，因此，在一定深度内，它的放射性活度可以认为是不变的。

(2) 两区式分布模式：包括B3、J37、C2、C4、J94站位。这种分布模式的特点是表层没有混合层，只有衰变层和本底区。不同的是各岩心中^{210}Pb“斜线”的斜率和“垂线”的起始深度有所不同。这种分布反映了该站的生物活动和物理作用对表层沉积物的扰动及再改造影响较小。

(3) 多阶分布模式：在外湾湾口处海域的D4站的^{210}Pb分布呈现紊乱的无规律状态，^{210}Pb放射性活度随岩心深度衰减出现多阶衰变层现象。这种分布产生的原因可能有以下两点：复杂的水动力条件和极不稳定的沉积环境；柱状样中沉积物粒度发生了变化。

以上3种模式基本概括了胶州湾及邻近海区^{210}Pb垂向分布的特点。

2. ^{210}Pb放射性活度的空间分布

胶州湾及邻近海区不同区域中表层沉积物的^{210}Pb活度分布情况见(表4-6)。从表中可见胶州湾^{210}Pb活度在水平方向的分布呈现出一定的规律性。^{210}Pb活度的高值区位于胶州湾中部海域，以站位C2、B3为代表；^{210}Pb活度的中值区位于胶州湾东部海区，以站位B6、C4为代表；^{210}Pb活度的低值区位于胶州湾外湾湾口处海域，以站位J94为代表。

表4－6　采样站位表层样中^{210}Pb活度

站位	表层^{210}Pb活度（dpm/g）
J39	2.90
J37	2.39
B3	3.52
C2	3.59
C4	2.44
B6	2.34
D4	2.63
D6	2.93
J94	2.02

在细颗粒物质组分较高且悬浮体含量较高的湾内中部海域，^{210}Pb活度值较高，如C2站位表层沉积物中^{210}Pb活度值达到3.6 dpm/g；在外湾海域，沉积物粒径较大，以粗颗粒物质为主，悬浮体含量较低，而^{210}Pb活度值较低，如J94站位表层沉积物中^{210}Pb活度值仅为2.02 dpm/g。因此，胶州湾及邻近海区^{210}Pb的富集、分布特征可能与研究海区细颗粒物质以及悬浮体含量相关：^{210}Pb易被细颗粒物质所吸附；同样，^{210}Pb活度的空间分布也能反映该海区沉积物沉积特征，在^{210}Pb活度值较高的海域，沉积物多以细颗粒物质为主而且悬浮体含量较高，反之，在^{210}Pb活度低值区，沉积物多以粗颗粒物质为主而且悬浮体含量较低。因此，^{210}Pb的富集、分布特征受到研究海区水动力条件和沉积物粒级的制约。但其详细的富集和分布特征，尚需今后较多站位和较多的样品以及更详细的水文资料来进行深入的研究。

二、胶州湾现代沉积速率及沉积通量

自20世纪70年代Krisknaswami等首次使用该方法测定湖泊沉积速率以来，^{210}Pb法已成为测定现代湖泊、海湾沉积速率的一种有效手段，并获得大量数据和结果。本节利用绘图法确定^{210}Pb本底值，用α谱仪测得的^{210}Pb总量减去^{210}Pb本底值，获得^{210}Pb过剩值。绘制^{210}Pb活度随深度变化的垂直分布图，利用最小二乘法求出其平均沉积速率和沉积通量。各站位柱状样测定结果见表4－7。从表中各站位的^{210}Pb分析结果看，因其所处地理环境的差异，形成了沉积速率各不相同的分布格局。

站位J39。从该站位沉积速率看，该站可能接受了大量的大沽河物质，据1952—1979年河流输沙量统计，西北部潮滩的沉积物供应量约1.3×10^4 t/a，该海域陆源供应比较充足，从而出现较高的沉积速率。这一沉积速率与大沽河口外海域岩心J01获得的沉积速率0.89 cm/a较接近（边淑华，1999），可能是因为这里距离胶州湾西北部潮滩不远，属于大沽河输沙影响的范围，沉积物的物源供应量相近所致。

表4-7　利用^{210}Pb方法测定的胶州湾及邻近海区的沉积速率和沉积通量

站位	水深（m）	含水率（%）	干密度（g/cm^3）	沉积速率（cm/a）	沉积通量［g/（cm^2·a）］
J39	6	38.73	0.99	0.77	0.77
J37	10	37.97	1.02	0.64	0.65
B3	16	69.12	0.39	0.85	0.33
C2	13	42.05	0.92	0.56	0.51
C4	10	27.56	1.34	0.19	0.25
B6	15	36.92	1.07	1.62	1.73
D4	21	64.14	0.47	1.63	0.77
		65.32	0.45	3.96	1.80
D6	33	35.63	1.097	2.27	2.49
J94	22	14.94	1.8	0.45	0.81

站位J37。从该站岩心沉积速率、较有规律的^{210}Pb分布以及其地理位置看，采样点因距离岸边河口较远，大量陆源输入物质业已在近岸沉积下来，从而受到陆源的影响较小。又因为位于大沽河水道和中央水道交汇处，水动力条件较为复杂，大量泥沙物质很难沉积下来，故表现出较低的沉积速率。

站位B3。从该采样点的地理位置看，其位于胶州湾湾内隆脊南部海域，隆脊的存在所形成的较大的形态阻力，或形成的水道与隆脊之间的横向环流，均有利于沉积物在隆脊上堆积，故而出现较高的沉积速率。

站位C2。从地理位置看，该站位处于胶州湾隆脊（即等深线的鞍部）以南5～10 m等深线范围内，是湾内沉积物的汇聚部位，水动力条件较为稳定，沉积过程是以泥质细颗粒物质沉积作用为主。较低的沉积速率以及较有规律的^{210}Pb分布与稳定的沉积环境完全吻合。

站位C4。采样点位于沧口水道和中央水道交汇处，通常涨落潮流速均大，因此，大量较细的泥沙颗粒很难落淤，表层较低的^{210}Pb活度值（2.44 dpm/g）也可以说明这一点，并且该站位距岸边河口较远，沉积作用受近岸陆源的影响较小，从而表现出较低的沉积速率。

站位B6。由于该站位位于沧口水道末端，是入海径流、潮流和沿岸流的汇合处，水动力在该处突然减弱，又因为距离岸边较近，物质来源丰富，所以此处沉积速率快，沉积通量大。^{210}Pb剖面图中出现一混合层，这是因为该站位离岸较近，表层沉积物受到自然界或人类活动的影响。该处沉积物的物源以近岸河流排污和城市垃圾堆放等的陆源输入为主。

站位D4。在该站位^{210}Pb剖面中，出现1.63 cm/a和3.96 cm/a两个沉积速率，反映出此地曾发生过重大变革。陆源物质供应量的改变是导致沉积环境发生变化的可能原因，在近10年来，随着陆源供应的减少，该处沉积速率也随之减小了很多。

站位D6。较高的沉积速率和具有混合层的分布模式反映了该区水动力条件较活跃和物质来源充足的沉积环境。从地理位置上看，该处沉积物物源供应包括黄海潮流携带的外海物质和胶州湾出湾物质等。另外，主航道外缘处形成的沙脊的影响也可能是导致该处沉积速率较高的原因之一，沙脊的存在会使更多的泥沙物质沉积下来。

站位J94。^{210}Pb的垂直分布表明，该区域水动力条件和生物活动不活跃，沉积环境稳定。计算岩心沉积速率为0.45 cm/a，沉积通量为0.81 g/（cm^2·a）。在胶州湾及邻近海域，河流物质主要输入胶州湾盆地，口外海域几乎没有直接时入海的河流。因此，在胶州湾口门外海域，沉积物的供应量较少，沉积物主要是落潮从胶州湾输出的物质和沿岸流搬运的泥沙，故该区域沉积速率较低。

综上所述，从^{210}Pb方法提供的信息来看，胶州湾及邻近海区的现代沉积速率反映出一定的规律性，沉积速率随物质供应和沉积环境的差异而有所不同。首先，在物质供应充分的海区，沉积速率最大，例如J39、B6、D4站位接受了大量的陆源物质的供应；D6站位的物质来源包括胶州湾出湾物质和外海物质。其次，沿细颗粒物质的输运路径，沉积速率也较高，如C2、J37站位。虽然离岸较远，但更多因为胶州湾湾内沉积物有向隆脊汇聚的趋势，从而该海区出现较高的沉积速率，而且也能使细颗粒物质更好地沉积下来。

三、多种沉积速率测定方法的对比

^{210}Pb测年法的应用差不多有40年的历史了，已经成为测定现代沉积速率的一种普遍的方法（斯瓦尔扎克等，1975）。前人的研究表明，^{210}Pb方法因其简单、具有可重复性而具有可行性，可测定的沉积速率的值域非常广。但是，^{210}Pb方法也有其局限性。排除实验过程中的人为误差，影响^{210}Pb测年法的因素主要是：①^{210}Pb测年法的应用是在沉积物按时间顺序堆积，并且沉积速率大致恒定的条件下。胶州湾近百年来沉积环境较为稳定，能够满足沉积物按时间顺序堆积的条件。②处于稳定的沉积环境中，地层不发生后期扰动。通常采用箱式取样器采集^{210}Pb样品会降低人为因素对地层造成后期扰动的影响，而本次调查使用的是重力取样器，可能带来的问题是：重力作用使样品发生一定程度的压缩；压缩又可能产生一定程度的液化现象，使相邻层位之间的^{210}Pb发生迁移。液化现象可能会导致测量的沉积速率比实际的数值偏小，其误差约有10%~15%（王桂芝，2001）。但是，在采样时按照较小的间距取样会减轻液化作用造成的影响。③被沉积物颗粒吸附^{210}Pb的不发生后期化学迁移。因此，本书中采用^{210}Pb法测定胶州湾现代沉积速率在原理上是可行的，可以使现代沉积速率的计算定量化，而对于前面所提到的三个方面的要求，我们只能综合考虑研究区域的地质与水动力状况等，选取稳定沉积环境中的岩心，以减小误差。

沉积速率有多种测试和计算方法，除^{210}Pb法以外，还有沉积物平衡法、海图对比法和^{14}C测年法等（苏纪兰，2000）。这些方法获得的沉积速率有一定差异，甚至是数量级的差异。

1. 根据沉积物平衡法估算的沉积速率

国家海洋局第一海洋研究所（1984）用河流输入的沉积物量来粗略估计沉积速率，

大沽河、洋河、辛安河和墨水河口附近海区的沉积速率分别是0.22 cm/a、0.37 cm/a、0.20 cm/a和0.03 cm/a。据中国海湾志（1993），利用沉积物平衡法计算出1949—1979年胶州湾沉积速率0.353～0.362 cm/a，沉积通量为0.458～0.471 g/（cm^2·a）。与本书利用^{210}Pb方法测得的沉积速率相比，二者数量级相当，但在数值上有所差异：利用沉积物平衡法估算的沉积速率偏小。首先，它们所表示的沉积速率是在不同空间尺度的速率：^{210}Pb法测定的沉积速率仅能代表取样站位附近的沉积速率，而沉积物平衡法测定的沉积速率代表的是整个海域盆地的空间平均沉积速率。其次，河流输沙由于不能确切估算河口海岸沉积物与外界交换的数量而存有误差；再次，胶州湾水动力条件复杂，河流沉积物进入海湾后堆积的具体位置难以确定，仅就沉积物平均分配在河口邻近海域比较牵强。因此，沉积物平衡法只能在一定情况下作定性的参考。

2. 海图对比方法获得的沉积速率

边淑华（1999）利用1983年、1966年、1985年和1992年的海图，获得了胶州湾在1963—1992年内不同时期的沉积速率。从表4-8中不难看出，在不同历史时期、不同海区的沉积速率的变化比较大。与^{210}Pb法及沉积物平衡法的测定结果相比，利用海图对比法获得的沉积速率的绝对数值明显偏大，而且在某些时段内还得出相反的定性结论。虽然从原理上来讲，利用海图对比法测定胶州湾的沉积速率是可行的，但如何对不同历史时期的海图采用的投影方式、比例尺、深度基准面和测量的地形精度进行校正还存在着相当大的难度。

表4-8　用海图对比获得的胶州湾海区的沉积速率（边淑华，1999）

时段（年）	沉积速率（mm/a）					
	沧口水道	大沽河口	内湾中部	湾口	红岛岸外	黄岛前湾海西湾
1863—1966	0～20	0～20	>20	-0.5	0～10	-0.5
1966—1985	30～90（南） 0～25（北）	～30	<-0.1	<-0.1	～10	0～25
1985—1992	<-70	～-70	～-70	～-70	0～25	0～25
平均	～30	10～20	～40	>-10	0～20	0～20

3. ^{14}C测年法估算的沉积速率

从较长时间尺度来看，假设沉积物在整个钻孔岩心中都是均匀沉积的，则可根据岩心的测年数据和沉积厚度确定平均沉积速率。1980—1981年国家海洋局第一海洋研究所在胶州湾取得多个钻孔岩心；卞云华和汪品先（1980）利用^{14}C测年获得了胶州湾海域的沉积速率，结果表明，在大沽河附近的岩心J01沉积速率较大，达到0.1 cm/a以上。此外，在海西湾薛家岛附近的HJ2也有较大的沉积速率。在湾内中部和胶州湾东北部墨水河口海区，沉积速率中等，为0.06～0.07 cm/a；而在湾内南部和黄岛前湾海域的沉积速率较低，仅为0.025 cm/a左右。岩心HJ3位于胶州湾中部海区，其沉积速率可代表胶州湾湾内的平均状况。该处沉积速率为0.074 cm/a，比用^{210}Pb法和沉积物平衡法获得的百年时间尺度内胶州湾的沉积速率小得多，几乎相差一个数量级。这主要是因为^{14}C测年法所获得的沉积速率反映的是万年时间尺度内的平均状态，是长期地质历史时期的产物，除考虑到下部沉积物受到上覆沉积物压实作用以外，在万年左右的地质变迁期间，沉积物的形成可能受到海平面升降、动力条件的变化及周围沉积环境的变迁的影响，海域沉积物的堆积可能时快时慢，甚至还有多处间断，或侵蚀而丢失部分层序。

从以上的简单对比可以看出，在胶州湾海域利用多种方法获得的沉积速率存在着一定的差异，其一是因为不同方法测定的沉积速率处于不同的时间、空间尺度；其二是采样位置不同及方法本身存在的局限性所致（李凤业等，2003）。^{210}Pb法所反映的是近百年时间尺度的沉积速率，胶州湾近百年来沉积环境较稳定，能够满足沉积物按时间顺序堆积的条件，采样时按2 cm间距采样，提高了地层年代精度，按^{210}Pb衰变公式，可求出各段沉积岩心确切的地层年龄，对探讨沉积环境的变化拥有可靠的依据。

四、小结

根据^{210}Pb测年法，分析了胶州湾该海区沉积物中^{210}Pb放射性活度的时空分布，^{210}Pb垂直分布有三种模式，其中以两区分布模式多见，因此，近百年来胶州湾的沉积环境是较为稳定的；并分析了^{210}Pb的空间分布特征，^{210}Pb活度的高值区位于胶州湾中部海域，^{210}Pb活度的中值区位于胶州湾东部海区，^{210}Pb活度的低值区位于胶州湾外湾湾口处海域，在此基础上初步探讨了^{210}Pb富集机制。

根据^{210}Pb沉积特征和随柱样深度的衰减规律，推导出平均沉积速率，胶州湾及其邻近海区的沉积速率范围在0.19～3.96 cm/a之间，沉积速率随物质供应和沉积环境的差异而有所不同。

第五节　胶州湾沉积物中常量元素在近百年来的聚集特征

沉积物中元素的含量、分布、迁移和富集特征是海洋沉积地球化学的重要研究内容之一。了解海区沉积岩心中化学元素的丰度、垂直分布、迁移和聚集特征，对探讨研究海区现在和过去沉积物的物质来源、沉积环境的变化等具有重要意义。本节根据2003年调查所采集的柱状沉积物柱岩心B3、C2、C4、B6、D4和D6，在利用^{210}Pb法确定沉积物年龄的基础上，研究了近百年来胶州湾沉积物中Ca、K、Li、Mg、Na、Rb、Sr、V等元素的分布与聚集特征。

一、胶州湾沉积岩心化学元素的垂直分布和聚集速率

根据海洋沉积岩心中化学元素在地质作用过程中的地球化学行为，特别是元素的迁移和堆积，可反演海区沉积物的物质来源和沉积环境的变化。如Li等（2006）根据黄海沉积物中Ca、Sr、Rb、Cu、Fe、V等元素的组合特征判断黄海沉积物有多种来源，其中以黄河物质来源为主。因此，测定胶州湾沉积岩心中化学元素的丰度，可揭示胶

州湾近百年来沉积岩心中化学元素聚集速率，探讨胶州湾沉积环境的变化和物质来源。

岩心C2。在岩心底部69～79 cm地层段，测得Ca、K、Mg、Na平均含量分别为6.70 mg/g、23.85 mg/g、12.15 mg/g、19.05 mg/g，Li、Rb、Sr、V的平均含量分别为69.3 μg/g、113 μg/g、142.5 μg/g、101.1 μg/g。根据该岩心沉积速率，计算岩心5 cm处为1994年，岩心17 cm处为1972年。由于该岩心17 cm段以下^{210}Pb随岩心深度衰减已达到平衡，不能确定确切的地层年龄，假定采样点近百年来物质来源没有间断，沉积速率没有太大的变化，那么岩心31 cm处计算地层年龄应为1948年，69 cm的地层年龄为1886年。岩心底部69～79 cm段测得的元素平均含量，可视作近百年来元素的背景值，计算岩心底部化学元素Ca、K、Li、Mg、Na、Rb、Sr、V的聚集速率分别为3.42 mg/（cm^2·a）、12.16 mg/（cm^2·a）、0.035 3 mg/（cm^2·a）、6.20 mg/（cm^2·a）、9.72 mg/（cm^2·a）、0.057 6 mg/（cm^2·a）、0.072 7 mg/（cm^2·a）、0.051 6 mg/（cm^2·a）。从图4－27可以看出，岩心31 cm处多数元素有较大的变化，计算Ca、K、Li、Mg、Na、Rb、Sr、V的聚集速率分别为3.76 mg/（cm^2·a）、12.85 mg/（cm^2·a）、0.041 9 mg/（cm^2·a）、6.99 mg/（cm^2·a）、10.76 mg/（cm^2·a）、0.066 3 mg/（cm^2·a）、0.083 6 mg/（cm^2·a）、0.057 6 mg/（cm^2·a）。岩心5 cm处Ca、K、Li、Mg、Na、Rb、Sr、V的聚集速率分别为3.62 mg/（cm^2·a）、13.46 mg/（cm^2·a）、0.038 7 mg/（cm^2·a）、6.32 mg/（cm^2·a）、9.59 mg/（cm^2·a）、0.057 6 mg/（cm^2·a）、0.073 4 mg/（cm^2·a）、0.049 1 mg/（cm^2·a）。岩心表层（2003年）Ca、K、Li、Mg、Na、Rb、Sr、V的聚集速率分别为4.59 mg/（cm^2·a）、13.11 mg/（cm^2·a）、0.032 9 mg/（cm^2·a）、5.46 mg/（cm^2·a）、9.46 mg/（cm^2·a）、0.058 1 mg/（cm^2·a）、0.088 2 mg/（cm^2·a）、0.043 0 mg/（cm^2·a）。从图4－27可以看出，岩心中化学元素Ca、Sr的聚集速率自1886年至1948年逐渐递增，1948年至1994年逐渐递减，1994年至今呈现递增的分布趋势。从岩心底部（1886年）至（31 cm）1848年，K、Li、Mg、Na、Rb、V的聚集速率递增的幅度较大。除K元素外，岩心的该沉积层上述化学元素均有明显的激增现象。自1948年至今化学元素Li、Mg、Na、Rb、V呈现逐渐递减的分布趋势。尤其K、Li、Mg、V聚集速率自1994年至今明显减少。这反映了采样点在该时期陆源物质的来源逐年减少，以Ca、Sr元素为代表的生源物质逐年增加。

岩心B3。在岩心底部69～79 cm地层段，测得Ca平均含量为62.75 mg/g，Sr和Rb平均含量分别为499 μg/g、153.5 μg/g（图4－28）。计算该岩心17 cm地层年龄为1983年，59 cm地层年龄为1933年，假定该岩心沉积速率没有大的变化，岩心79 cm的地层年龄为1910年。计算Ca、Sr、Rb的背景值平均聚集速率分别为20.71 mg/（cm^2·a）、0.016 5 mg/（cm^2·a）、0.050 7 mg/（cm^2·a），1910年Ca、Sr、Rb元素聚集速率分别为25.08 mg/（cm^2·a）、0.016 5 mg/（cm^2·a）、0.050 8 mg/（cm^2·a），1933年Ca、Sr、Rb元素聚集速率分别为8.51 mg/（cm^2·a）、0.108 mg/（cm^2·a）、0.042 9 mg/（cm^2·a），1983年聚集速率分别为3.30 mg/（cm^2·a）、0.061 1 mg/（cm^2·a）、0.040 9 mg/（cm^2·a），2003年聚集速率分别为2.90 mg/（cm^2·a）、0.060 4 mg/（cm^2·a）和0.033 3 mg/（cm^2·a）。测定的数据表明，1910年前后Ca、Sr、Rb元素

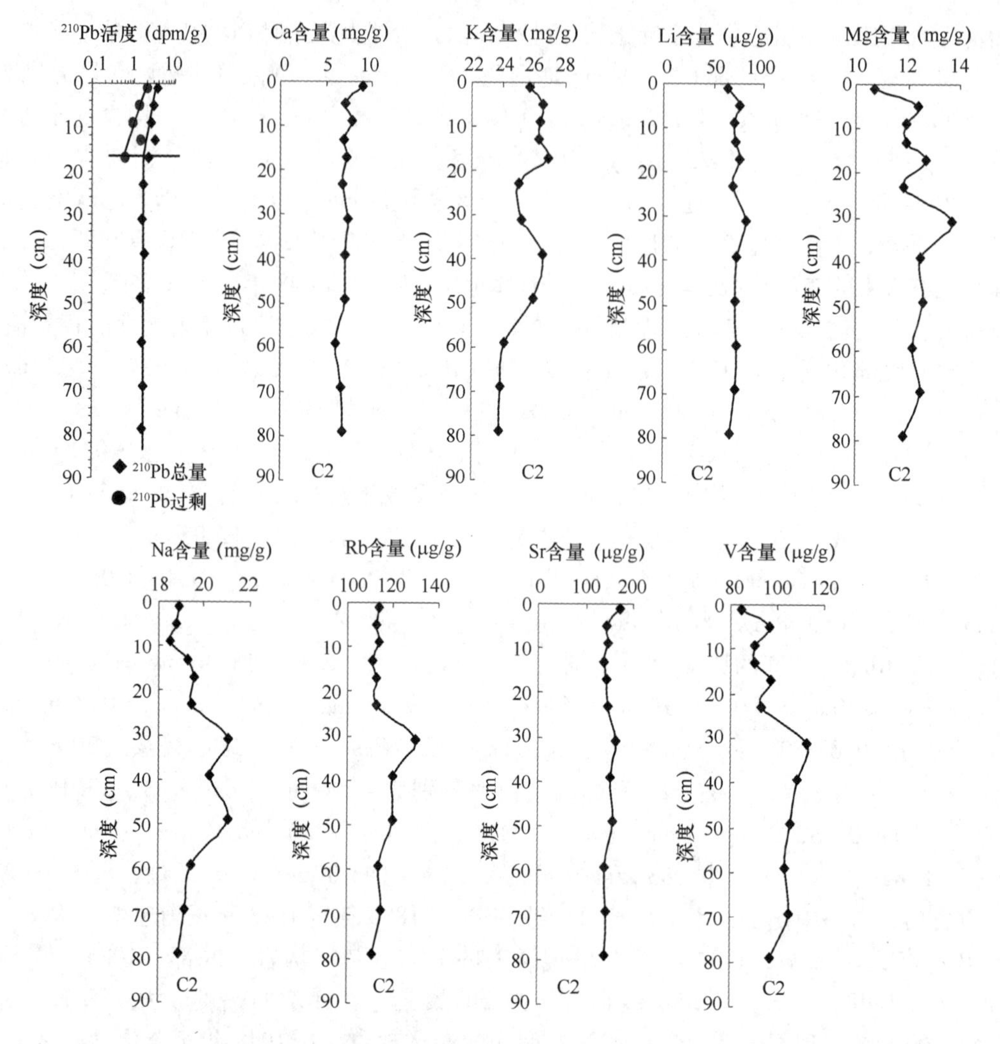

图 4－27　岩心 C2 化学元素垂直分布

注：^{210}Pb 活度垂直分布图中◆表示^{210}Pb 总量，●表示^{210}Pb 过剩

背景值很高。从图中可以看出，化学元素 Ca、Rb、Sr 自 1910 年至 1933 年 Ca、Rb、Sr 含量逐年明显递减，1933 年至今递减的趋势趋于平缓。该岩心底部 K、Mg、Na、元素的平均含量分别为 18.55 mg/g、5.6 mg/g、16.25 mg/g，Li、V 元素的平均含量分别为 24.00 μg/g、40.35 μg/g。计算 K、Mg、Na、Li、V 元素聚集速率背景值依次为 6.12 mg/（cm^2·a）、1.85 mg/（cm^2·a）、5.36 mg/（cm^2·a）、0.079 mg/（cm^2·a）和 0.0133 mg/（cm^2·a），岩心 79 cm（1910 年）聚集速率为 5.54 mg/（cm^2·a）、1.67 mg/（cm^2·a）、4.88 mg/（cm^2·a）、0.006 2 mg/（cm^2·a）和 0.011 6 mg/（cm^2·a），在 1933 年地层段 K、Mg、Na、Li、V 聚集速率分别为 6.70 mg/（cm^2·a）、2.61 mg/（cm^2·a）、6.93 mg/（cm^2·a）、0.013 3 mg/（cm^2·a）、0.018 5 mg/（cm^2·a），在 1983 年时期以上元素聚集速率最高，分别为 8.22 mg/（cm^2·a）、4.03 mg/（cm^2·a）、8.35 mg/（cm^2·a）、0.021 8 mg/（cm^2·a）和 0.026 7 mg/（cm^2·a），在岩心表层

（2003 年）它们的聚集速率分别为 7. 13 mg/（cm^2 · a）、2. 56 mg/（cm^2 · a）、7. 36 mg/（cm^2 · a）、0. 013 2 mg/（cm^2 · a）和 0. 018 0 mg/（cm^2 · a）。图 4 – 28 表明，岩心中 K、Li、Mg、Na 和 V 元素背景值很低，它们自岩心的底部（工业革命时期）至 1983 年有明显递增的趋势，而且多数化学元素在该岩心 17 cm 处有明显的变化，元素聚集速率最高，自 1983 年至今有逐渐递减的分布趋势。

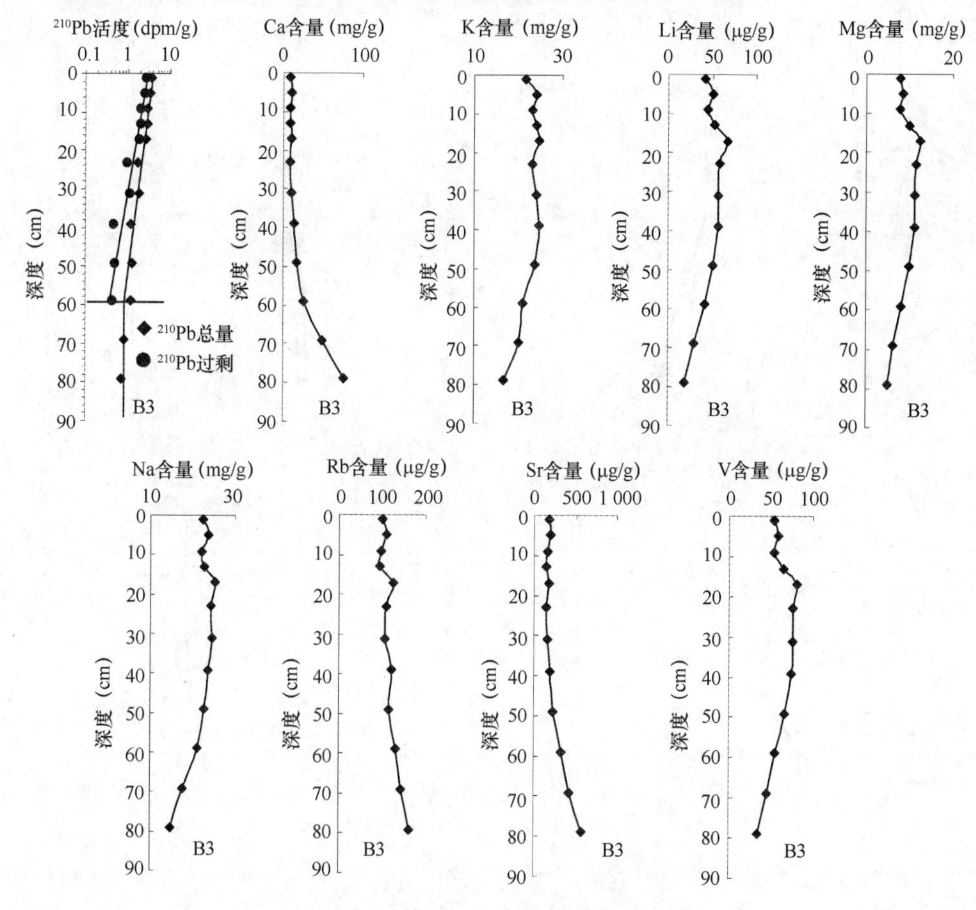

图 4 – 28　岩心 B3 化学元素垂直分布

注：^{210}Pb 活度垂直分布图中◆表示^{210}Pb 总量，●表示^{210}Pb 过剩

岩心 C4。岩心底部化学元素 Ca、K、Mg、Na 平均含量分别为 53. 65 mg/g、26. 45 mg/g、4. 63 mg/g、17. 6 mg/g，Li、Rb、Sr、V 平均含量分别为 25. 6 μg/g、162. 5 μg/g、465. 5 μg/g、39. 25 μg/g。该岩心化学元素的垂直分布也有明显的变化，计算岩心 13 cm 处的底层年龄为 1934 年，该时期采样点化学元素 Ca、K、Li、Mg、Na、Rb、Sr、V 的平均聚集速率分别为 3. 90 mg/（cm^2 · a）、6. 80 mg/（cm^2 · a）、0. 010 6 mg/（cm^2 · a）、1. 72 mg/（cm^2 · a）、5. 03 mg/（cm^2 · a）、0. 030 5 mg/（cm^2 · a）、0. 061 3 mg/（cm^2 · a）、0. 014 3 mg/（cm^2 · a），计算岩心表层（2003 年）化学元素 Ca、K、Li、Mg、Na、Rb、Sr、V 的聚集速率分别为 2. 78 mg/（cm^2 · a）、5. 25 mg/（cm^2 · a）、0. 012 1 mg/（cm^2 · a）、2. 02 mg/（cm^2 · a）、5. 40 mg/（cm^2 · a）、

0.029 3 mg/（cm^2·a）、0.051 3 mg/（cm^2·a）、0.015 8 mg/（cm^2·a）。图4－29表明，化学元素Ca、K、Rb、Sr聚集速率自1934年至今呈现逐渐递减的趋势，且在1934年以前上述元素背景值较高；Li、Mg、Na和V元素自1934年至今有明显递增的分布趋势，同时可以看出，在1934年以前的地层段，这些元素的背景值较低。

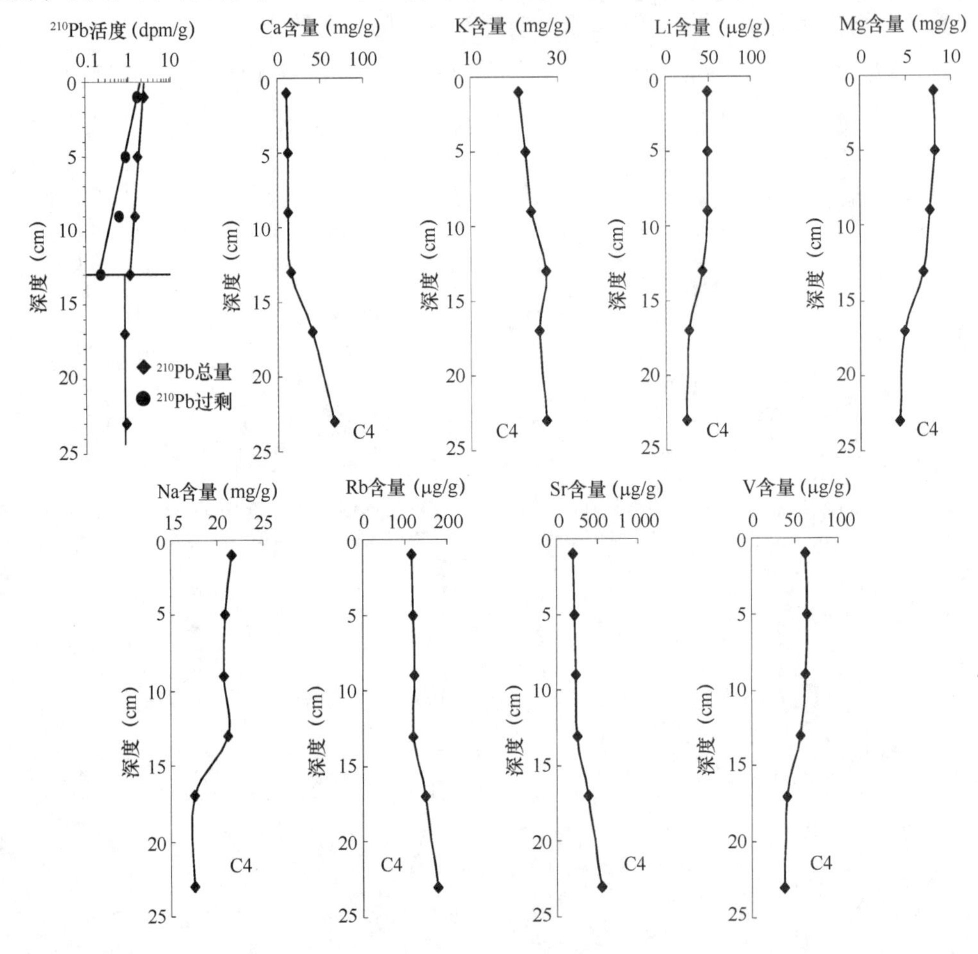

图4－29　岩心C4化学元素垂直分布

注：^{210}Pb活度垂直分布图中◆表示^{210}Pb总量，●表示^{210}Pb过剩

岩心B6。岩心中化学元素的垂直分布如图4－30所示，在岩心13 cm、39 cm和69 cm层段出现较大的差异，计算岩心13 cm和39 cm的地层年龄分别为1995年和1979年，岩心69 cm的地层年龄为1960年。计算岩心69～79 cm Ca、K、Mg、Na的平均背景值分别为7.27 mg/g、26.35 mg/g、5.25 mg/g、19.35 mg/g，Li、Rb、Sr、V的平均背景值分别为40 μg/g、102.5 μg/g、120 μg/g、50.75 μg/g。1960年Ca、K、Li、Mg、Na、Rb、Sr和V的聚集速率分别为10.92 mg/（cm^2·a）、48.61 mg/（cm^2·a）、0.077 2 mg/（cm^2·a）、9.81 mg/（cm^2·a）、34.95 mg/（cm^2·a）、0.206 mg/（cm^2·a）、0.277 mg/（cm^2·a）、0.094 5 mg/（cm^2·a）；1979年Ca、Li、Mg、Na、Sr、V的聚

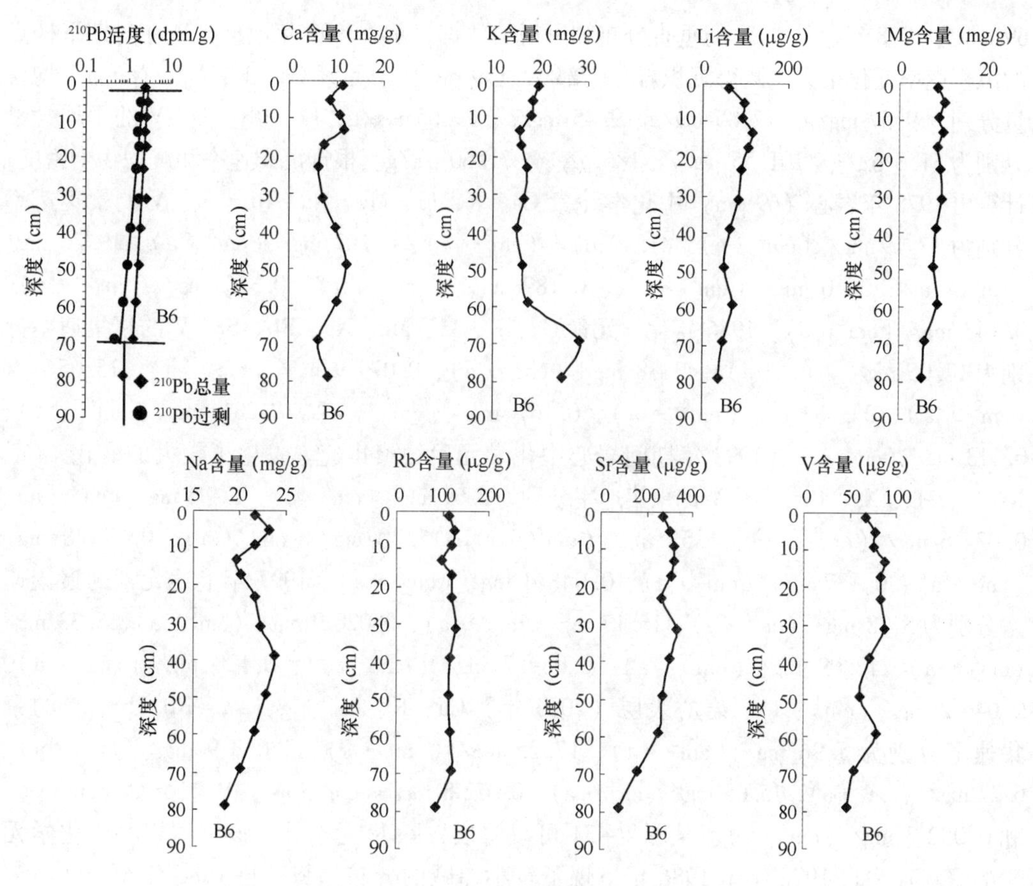

图 4-30　岩心 B6 化学元素垂直分布

注：^{210}Pb 活度垂直分布图中◆表示^{210}Pb 总量，●表示^{210}Pb 过剩

集速率分别增至 17.04 mg/ (cm^2 · a)、0.107 mg/ (cm^2 · a)、13.79 mg/ (cm^2 · a)、41.17 mg/ (cm^2 · a)、0.517 mg/ (cm^2 · a)、0.122 mg/ (cm^2 · a)，K、Rb 的聚集速率先后降至 26.12 mg/ (cm^2 · a)、0.204 mg/ (cm^2 · a)。1995 年 Ca、k、Li、Mg、Na、Rb、Sr 和 V 的聚集速率分别为 19.90 mg/ (cm^2 · a)、27.33 mg/ (cm^2 · a)、0.199 mg/ (cm^2 · a)、16.69 mg/ (cm^2 · a)、34.08 mg/ (cm^2 · a)、0.171 mg/ (cm^2 · a)、0.557 mg/ (cm^2 · a)、0.153 mg/ (cm^2 · a)。2003 年上述化学元素的聚集速率分别为 19.55 mg/ (cm^2 · a)、34.08 mg/ (cm^2 · a)、0.105 mg/ (cm^2 · a)、14.57 mg/ (cm^2 · a)、37.54 mg/ (cm^2 · a)、0.199 mg/ (cm^2 · a)、0.467 mg/ (cm^2 · a) 和 0.116 mg/ (cm^2 · a)。可以看出，岩心中化学元素 Ca、Li、Li、Mg、Na、Rb、Sr 和 V 自 1960 年至 1979 年呈现出逐渐递增的分布趋势，K、Rb 元素呈现出递减的趋势。1979 年至 1995 年时间段，Ca、Na 元素呈现逐渐递减的现象，K、Li、Mg、Rb、Sr、V 元素呈现出明显递增现象。自 1995 年至今，K、Mg、Na 和 Rb 元素的聚集速率呈现了逐渐递增的分布趋势，而 Ca、Li、Sr 和 V 元素的聚集速率呈现了逐年递减的分布趋势。

岩心 D4。计算岩心 9 cm 的地层年龄为 1997 年，17cm 为 1992 年，39 cm 为 1986 年，

69 cm 为 1978 年。从 ^{210}Pb 的垂直分布和测得的数据显示，1992 年前期与现在时期采样点的沉积速率变化很大。测得沉积岩心底部 69 ~ 79 cm 化学元素 Ca、K、Mg、Na 的平均含量分别为 9.57 mg/g、22.85 mg/g、9.45 mg/g、19.65 mg/g，Li、Rb、Sr、V 的平均含量分别为 51.3 μg/g、101.55 μg/g、186 μg/g、71.60 μg/g。根据沉积速率和沉积物干密度，计算出 1978 年岩心（69 cm）中化学元素 Ca、K、Li、Mg、Na、Rb、Sr、V 的聚集速率分别为 17.19 mg/（cm^2·a）、41.40 mg/（cm^2·a）、0.107 mg/（cm^2·a）、19.26 mg/（cm^2·a）、36.0 mg/（cm^2·a）、0.189 mg/（cm^2·a）、0.315 mg/（cm^2·a）、0.143 mg/（cm^2·a）。1986 年化学元素 Ca、K、Li、Mg、Na、Rb、Sr、V 的聚集速率分别为 17.05 mg/（cm^2·a）、43.38 mg/（cm^2·a）、0.079 9 mg/（cm^2·a）、15.05 mg/（cm^2·a）、34.38 mg/（cm^2·a）、0.167 mg/（cm^2·a）、0.281 mg/（cm^2·a）、0.113 mg/（cm^2·a）。1992 年期间岩心中化学元素的聚集速率发生了较大的变化，Ca、K、Li、Mg、Na、Rb、Sr、V 的聚集速率分别为 6.69 mg/（cm^2·a）、17.94 mg/（cm^2·a）、0.034 6 mg/（cm^2·a）、6.55 mg/（cm^2·a）、15.40 mg/（cm^2·a）、0.077 8 mg/（cm^2·a）、0.137 mg/（cm^2·a）、0.048 4 mg/（cm^2·a）。1997 年上述元素的聚集速率分别为 5.78 mg/（cm^2·a）、16.17 mg/（cm^2·a）、0.028 9 mg/（cm^2·a）、5.33 mg/（cm^2·a）、13.09 mg/（cm^2·a）、0.069 7 mg/（cm^2·a）、0.128 mg/（cm^2·a）、0.044 2 mg/（cm^2·a）。岩心表层（2003 年）Ca、K、Li、Mg、Na、Rb、Sr、V 的聚集速率分别为 5.96 mg/（cm^2·a）、17.25 mg/（cm^2·a）、0.033 9 mg/（cm^2·a）、6.27 mg/（cm^2·a）、15.63 mg/（cm^2·a）、0.072 8 mg/（cm^2·a）、0.127 mg/（cm^2·a）和 0.052 3 mg/（cm^2·a）。从图 4－31 可以看出，除 K 元素外，该沉积岩心中化学元素的聚集速率自 1978 年至 1986 年呈现了较小递减的分布趋势。自 1986 年至 1992 年，K、Li、Mg、Na、Rb、V 的聚集速率明显递增，Ca、Sr 聚集速率递增的幅度不大。自 1992 年至 1997 年，上述元素的聚集速率呈现明显的递减现象，K、Na 元素递减的幅度较大。自 1997 年至今上述元素又出现了逐渐递增的分布趋势。

岩心 D6。根据沉积速率计算，岩心 13 cm 为 1997 年，69 cm 为 1973 年。测得岩心底部 Ca、K、Mg、Na 的含量分别为 18.9 mg/g、26.00 mg/g、6.18 mg/g、16.20 mg/g，Li、Rb、Sr、V 的含量分别为 31.70 μg/g、118 μg/g、280 μg/g、49 μg/g。计算岩心 79 cm（1968 年）Ca、K、Li、Mg、Na、Rb、Sr、V 元素的聚集速率分别为 47.06 mg/（cm^2·a）、64.74 mg/（cm^2·a）、0.789 mg/（cm^2·a）、15.39 mg/（cm^2·a）、40.34 mg/（cm^2·a）、0.294 mg/（cm^2·a）、0.697 mg/（cm^2·a）、0.122 mg/（cm^2·a），岩心 13 cm 处（1997 年）Ca、K、Li、Mg、Na、Rb、Sr、V 元素的聚集速率分别为 25.90 mg/（cm^2·a）、62.50 mg/（cm^2·a）、0.134 mg/（cm^2·a）、26.39 mg/（cm^2·a）、57.27 mg/（cm^2·a）、0.276 mg/（cm^2·a）、0.491 mg/（cm^2·a）、0.194 mg/（cm^2·a），岩心表层（2003 年）Ca、K、Li、Mg、Na、Rb、Sr、V 元素的聚集速率分别为 33.46 mg/（cm^2·a）、57.07 mg/（cm^2·a）、0.095 6 mg/（cm^2·a）、19.32 mg/（cm^2·a）、49.30 mg/（cm^2·a）、0.264 mg/（cm^2·a）、0.545 mg/（cm^2·a）和 0.150 mg/（cm^2·a）。从图 4－32 同时可以看出，该岩心中 Ca、Sr 元素的聚集速率从 1968 年至 1997 年呈现了逐渐递减的分布趋势，1997 年至今有递增的分布趋势；K 和

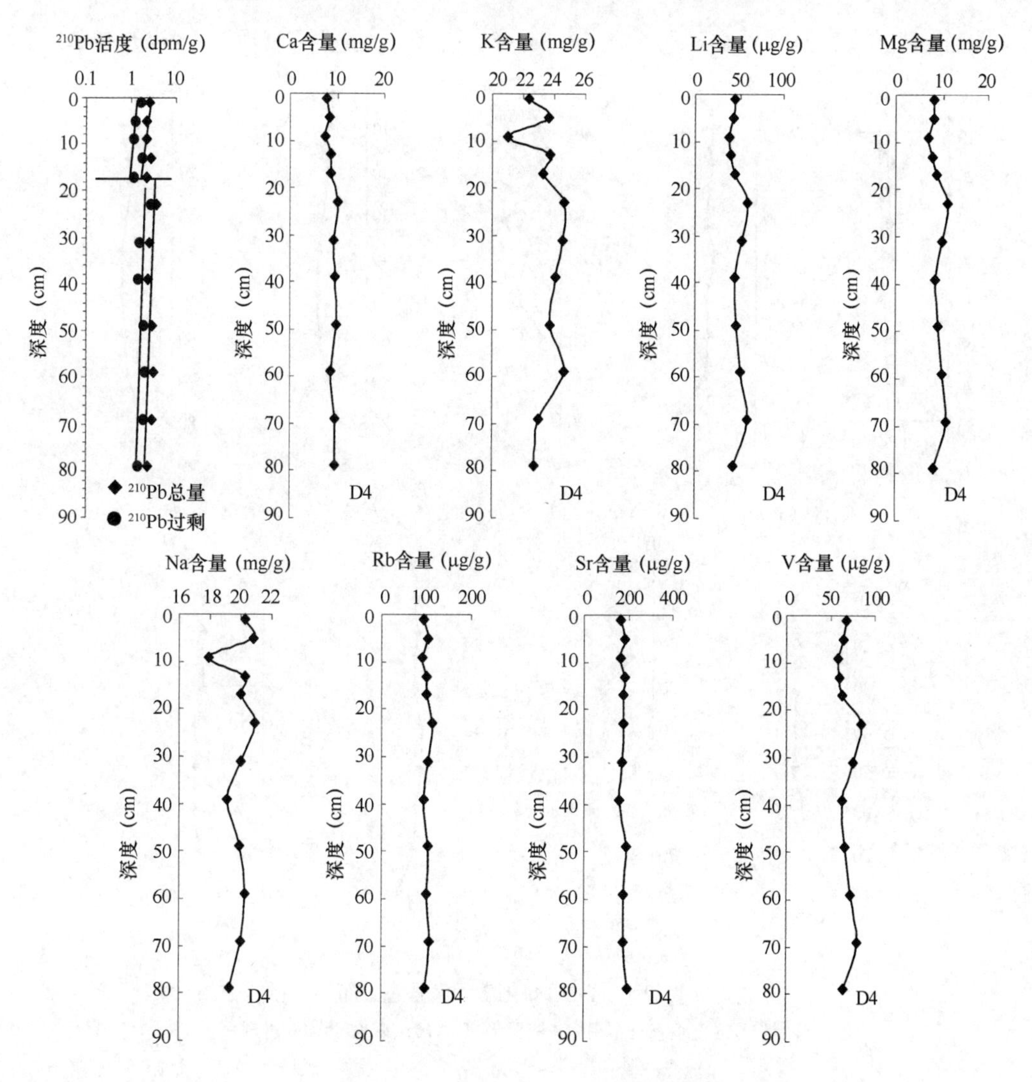

图 4-31　岩心 D4 化学元素垂直分布

注：^{210}Pb 活度垂直分布图中◆表示^{210}Pb 总量，●表示^{210}Pb 过剩

Rb 元素的聚集速率自 1968 年至今呈现了减、增交替变化的趋势，但总体来看是逐渐递减的分布趋势；自 1968 年至 1997 年 Li、Mg、Na 和 V 元素的聚集速率有逐渐递增的分布趋势，1997 年至今则呈现了明显递减的分布趋势。

二、胶州湾沉积岩心中化学元素的聚集特征与沉积环境

Na、Mg 、Ca、K 是海洋沉积的主要元素，它们主要来自大陆岩石的风化作用，其次来自海洋生物及自生作用产物。Sr 是典型的分散元素，它的离子半径与 Ca 的相似，常以类质同相方式取代矿物中的 Ca，所以常与 Ca 一起讨论。微量元素 Li、K、Rb 是典型的亲石元素，在海水中常以吸附和离子交换的形式被海底细粒沉积物所聚集，硅酸盐态沉积物中含量最高。V 为铁族元素，明显受沉积物粒级所控制，在河口海区广

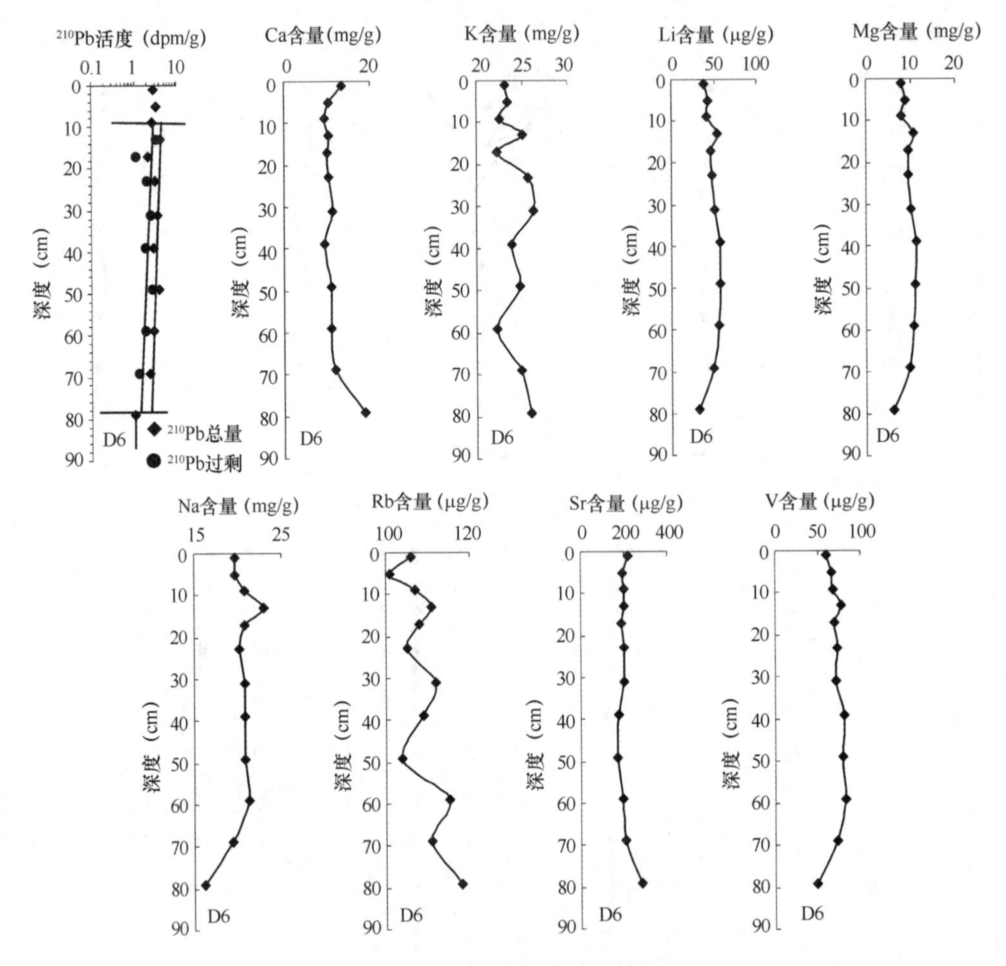

图4-32　岩心D6化学元素垂直分布

注：^{210}Pb活度垂直分布图中◆表示^{210}Pb总量，●表示^{210}Pb过剩

泛聚集，常被作为陆源物质的标志。国内外众多学者对沉积物中这些元素的变化进行了研究（刘广虎等，2006；Roussiez et al.，2006；Karageorgis，2005；Vazquez and Sharma，2004）。

胶州湾沉积岩心中化学元素在过去沉积过程中（100年左右）的背景值、随着时间的推移其元素的聚集速率、聚集速率的变化与物质来源的关系等，是我们讨论的重点。如以上所述，胶州湾中部附近海区岩心B3，在岩心底部69~79 cm地层段，可以看出1910年前后Ca、Sr、Rb元素背景值很高，Ca、Sr、Rb的聚集速率从1933年至1983年呈现了逐渐递减的分布特征，而K、Mg、Na、Li、V元素背景值较低，从1933年至1983年呈现了逐渐递增的分布特征。这说明，在过去沉积过程时期（100年左右）位于胶州湾中部的B3采样点的沉积物含有较多的钙质生物碎屑物质，这表现在沉积物以高Ca、Sr为特征。随着人类工农业活动和河流泥沙的输入，胶州湾沉积物发生了较大的改变，这表现在代表陆源物质标志的元素K、Mg、Na、Li、V有逐年增加的现象。

近年来对于胶州湾的环境保护有所加强，这表现为作为典型陆源标志的元素 V 等的聚集速率自 1983 年至今呈现了逐渐递减的分布特征。

在胶州湾中部偏南海域的岩心 C2，岩心中^{210}Pb的垂直分布属于典型的^{210}Pb的两段分布模式，该分布模式在浅海陆架区多见，它代表了稳定的沉积环境，且沉积物的堆积速率较低。从岩心中化学元素聚集速率分析，Ca 元素背景值聚集速率为 3.42 mg/(cm^2·a)，岩心表层 Ca 的聚集速率为 4.59 mg/(cm^2·a)；Sr 背景值为 0.072 7 mg/(cm^2·a)，岩心表层其聚集速率为 0.088 2 mg/(cm^2·a)，从图 4－26 可以看出，Ca、Sr 元素的聚集速率从 1886 年到 1994 年变化的幅度不大，从 1994 年至今则有明显的增长。岩心中 K、Mg、Na、Li、V 元素的聚集速率从岩心底部（1886 年）到 1948 年明显递增，这表明了虽然采样点距岸边较远，仍然接受了较多的细颗粒陆源物质，1948 年至今，上述元素聚集速率呈现明显递减的分布特征，同样反映了采样点接受的陆源物质逐年减少，且多数元素的聚集速率基本上恢复到其各自的原始值。

胶州湾东部沿岸附近海域，岩心 C4 中化学元素的垂直分布在过去和现代沉积过程中有比较明显的变化特征。在 1934 年以前的沉积过程中，Ca、K、Rb、Sr 元素的聚集速率很高，且它们的背景值也很高。自 1934 年至今呈现了逐渐递减的分布趋势。在过去沉积过程中，Li、Mg、Na、V 元素的聚集速率和背景值很低，自 1934 年至今呈现了逐渐递增的分布趋势。从该岩心岩性分析，该岩心 8cm 以下随着深度的增加，生物贝壳逐渐增多，砾粒逐渐变粗。由于 Ca、Sr 元素与生物贝壳密切相关，故岩心底部的过去沉积物中 Ca、Sr 聚集速率和背景值呈现较高的沉积特征。自 1934 年至今，采样点在胶州湾沿岸流的作用下逐年接受了部分细颗粒泥沙，所以 Li、Mg、Na、V 元素的聚集速率呈现了逐步递增的分布特征。在浅海陆架大多数元素，特别是微量元素，如 K、Na、Li、Rb、V 等的高值区主要分布在泥沉积区，低值区主要分布于砂沉积区，其含量随着沉积物粒度变细而增加，Ca、Sr 等元素的含量随着沉积物粒度的变细而降低，在胶州湾该岩心中 K、Rb 元素在过去沉积过程中没有遵守元素粒度控制效应的规则，因 K、Rb 元素在岩心底部较粗颗粒的沉积物中含量和聚集速率较高，采样点过去沉积物中 K、Rb 元素的高背景值可能来源于陆地岩石和土壤风化。

位于胶州湾东部，靠近海泊河口附近海域的岩心 B6，^{210}Pb的垂直分布表明，采样点水动力条件活跃，这表现在岩心上部^{210}Pb的垂直分布出现混合层。由于采样点距海泊河口较近，海泊河输出的物质较多堆积到该采样点，沉积物堆积速率很快。该岩心中化学元素的分布有别于浅海陆架沉积中元素的分布规律。自 1960 年至 1979 年，Ca、Li、Mg、Na、Sr、V 元素聚集速率呈现出逐渐递增的分布趋势，K、Rb 元素呈现出递减的分布趋势，在稳定的沉积环境条件下，理论上与陆源密切相关的元素含量高时，则与生源相关的元素如 Ca、Sr 相应的含量将降低，该岩心化学元素的聚集速率在该沉积期没有发现这种特征，推断在 1960 年至 1979 年期间，采样点同时接受了海泊河输入的泥沙和胶州湾沿岸流所携带来泥沙的混合沉积。1979 年至 1995 年时间段，Ca、Na 元素呈现逐渐递减趋势，K、Li、Mg、Rb、Sr、V 元素呈现出明显递增现象，表明了该时期海泊河输入到采样点的泥沙增加。自 1995 年至今，K、Mg、Na 和 Rb 元素的聚集速率呈现了逐渐递增的分布趋势，Li、Sr 和 V 元素的聚集速率呈现了逐年递减的分布特征，而 Ca 元素的聚集速率则呈现出先递减后递增的分布趋势。海泊河的改造已断流近十年，只有每年洪峰季节海泊河的河流入海，所以，岩心中化学元素的聚集速率的变化和分布特征，基本上记录了研究海区采样点物质来源和沉积环境的变化。

位于胶州湾口外西部、黄岛湾口附近的 D4 岩心，^{210}Pb 的垂直分布呈现了两个沉积段，采样点沉积物的堆积速率在不同历史时期差异很大，反映了采样点沉积环境很复杂。在地理位置上，采样点距岸边较近，它不仅接受了沿岸入海的陆源物质，而且接受了较多的被胶州湾沿岸流携带扩散至此的泥沙，计算采样点在 1978 年至 1992 年期间沉积物堆积速率为 3.96 cm/a。该沉积期化学元素的聚集速率较大，Ca、Rb、Sr 元素的垂直分布没有发现明显变化，K、Li、Mg、Na、V 元素的聚集速率呈现了不同程度的递增趋势，这反映了采样点逐年接受了大量的陆源物质。1992 年至今采样点沉积物堆积速率减小，岩心沉积物中化学元素的聚集速率呈现了不同程度的下降趋势。

胶州湾外海域岩心 D6 从 ^{210}Pb 的垂直分布可以看出，岩心表层 9 cm 出现混合层，该岩心沉积速率为 2.27 cm/a。这表明采样点水动力条件很活跃，较高的沉积物堆积速率表明，采样点可能沉积了黄海沿岸流携带的物质和胶州湾输出的泥沙。化学元素堆积速率表明，采样点在 1968 年沉积期多数元素聚集速率很高，Ca、Sr、K、Rb 元素的聚集速率随着岩性的改变至 1997 年呈现了明显降低的分布趋势。Li、Mg、Na、V 元素的聚集速率则呈现递增的分布趋势。1997 年至今的沉积期，Ca、Sr 元素的聚集速率明显递增，V 和其他元素的聚集速率明显递减，反映了采样点近年来陆源物质相对减少，故生源元素明显增高。

三、小结

（1）胶州湾沉积岩心中化学元素 Ca、K、Li、Mg、Na、Rb、Sr 和 V 的垂直分布有很大的差异，在不同的区域和不同的地层年代都有明显的变化。

（2）胶州湾现在和过去沉积过程中化学元素的聚集速率发生了明显的变化，揭示了采样站位物质来源和沉积环境，反映了近百年来人类工农业活动对胶州湾环境的影响。

（3）胶州湾沉积岩心中化学元素的垂直分布、聚集速率受到沉积物粒度、生源要素和水动力条件的制约。

第六节　胶州湾重金属的聚集速率

近海沉积物是地球化学元素重要的源和汇，而沉积物是环境演变的产物，在其形成和变化过程中，不同时间和空间尺度上的环境变化都会在沉积物中留下烙印，使沉积物成为环境演变信息载体，所以通过研究沉积物中元素的组成及其变化，可以获得保存在沉积物中重要的环境和物源信息。环境演变不仅是自然因素影响的结果，并且也受到人类活动的驱动和影响。近年来，在由于人类活动和生产活动已造成近海沉积物中重金属含量明显增加，因而近海沉积物柱状样中重金属的变化也在一定程度上记录了其周边地区人类活动和环境演变历史。

对胶州湾沉积物中重金属的研究发现，重金属在胶州湾表层沉积物中的分布极不均衡，高浓度值主要分布在河口区，重金属主要来源于工业排污和生活污水，已经造成了 Cu、Cd、As、Hg 等重金属的污染（李玉等，2005；殷效彩等，2001）。对胶州湾柱状沉积物中重金属的研究发现，沉积物中重金属的含量与青岛市工农业发展的水平关系密切，可以用沉积物中重金属的变化特征来反演胶州湾环境质量的演化（Dai et al.，2007；戴纪翠等，2006；张丽洁等，2003），但对其研究并不深入。这主要是因为对胶州湾海域欠缺地层年代和重金属元素聚集速率的分析研究。本节根据 2003 年调查所采集的柱状沉积物柱岩心 B3、C2、C4、B6、D4 和 D6，在利用 ^{210}pb 法确定沉积物年龄的基础上，确定了胶州湾沉积岩心中的 Zn、Cr、Cu、Pb、Cd、Co、Ni 等重金属在工业革命前的背景值，分析了其在近百年来的分布与聚集特征。

一、胶州湾沉积岩心重金属的垂直分布和聚集速率

胶州湾沉积岩心中重金属的分布如图 4－33 所示，其在典型年代的聚集速率如表 4－9所示。在不同的岩心其特征明显不同。

岩心 C2。根据沉积速率计算，岩心 5 cm 处为 1994 年，岩心 17 cm 处为 1972 年，由于该岩心 17 cm 段以下 ^{210}Pb 随岩心深度衰变已达到平衡，不能确定确切的地层年龄，假定采样点近百年来物质来源没有间断，沉积速率没有太大的变化，那么岩心 31 cm 处计算地层年龄应为 1948 年，69 cm 的地层年龄为 1886 年。岩心底部 69 ~ 79 cm 段测得重金属 Zn、Cr、Cu、Pb、Cd、Co 和 Ni 的平均含量分别为 104. 5 μg/g、84. 75 μg/g、80. 1 μg/g、33. 9 μg/g、0. 56 μg/g、18. 2 μg/g、47. 6 μg/g，可视作近百年来元素的背景值。计算岩心底部重金属 Zn、Cr、Cu、Pb、Cd、Co 和 Ni 的聚集速率分别为 53. 04 μg/（cm^2 · a）、40. 85 μg/（cm^2 · a）、17. 29 μg/（cm^2 · a）、0. 29 μg/（cm^2 · a）、9. 28 μg/（cm^2 · a）、24. 28 μg/（cm^2 · a）。岩心 17 cm 处、5 cm 处和表层 Zn、Cr、Cu、Pb、Cd、Co 和 Ni 的聚集速率见表 4－9。从图 4－33 和表 4－9 可以看出，岩心中重金属从岩心底部（1886 年）至（31 cm）1848 年的聚集速率递增的幅度较大。自 1948 年至今，Cd 和 Cu 在沉积物中的聚集速率有上升的趋势，Pb、Co、Zn、Ni 和 Cr 反而有逐渐降低的趋势。从时间尺度上看，自 20 世纪 70 年代至今，重金属元素 Cd 和 Cu 在沉积物中的污染越来越严重，而元素 Pb、Co、Zn、Ni 和 Cr 的污染呈现降低的趋势，但变化不大。

岩心 B3。在岩心底部 69 ~ 79 cm 地层段，测得重金属 Zn、Cr、Cu、Pb、Cd、Co 和 Ni 的平均含量分别为 56. 0 μg/g、42. 4 μg/g、58. 1 μg/g、20. 6 μg/g、0. 66 μg/g、9. 50 μg/g、20. 3 μg/g，计算它们的背景值平均聚集速率分别为 18. 48 μg/（cm^2 · a）、13. 99 μg/（cm^2 · a）、19. 17 μg/（cm^2 · a）、6. 80 μg/（cm^2 · a）、0. 22 μg/（cm^2 · a）、3. 14 μg/（cm^2 · a）、6. 70 μg/（cm^2 · a）。测定的数据表明，1910 年前后重金属 Zn、Cr、Cu、Pb、Cd、Co 和 Ni 元素背景值较低。从图 4－33 和表 4－9 中可以看出，自 1910 年至 1983 年重金属 Zn、Cr、Cu、Pb、Cd、Co 和 Ni 的聚集速率逐年明显递增，1983 年，即 17 cm 处，元素聚集速率最高。1983 年至今，除了 Cu 含量一直增加外，其他元素在沉积物中的含量呈现降低的分布趋势。在岩心表层（2003 年）它们的聚集速

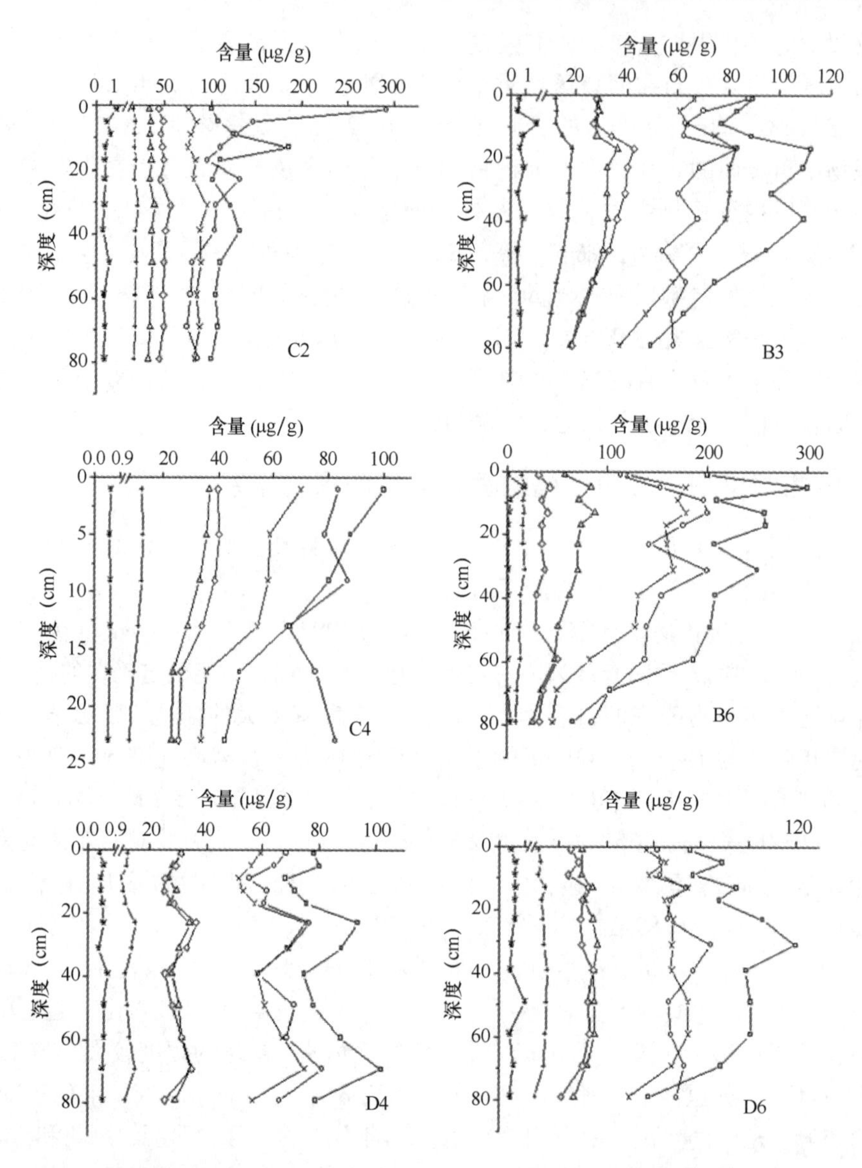

图4-33　站位C2，B3，C4，B6，D4，D6柱样中重金属的垂直分布

注：Cu（○）；Pb（△）；Zn（□）；Cd（*）；Cr（×）；Co（+）；Ni（◇）

率分别为29.47 μg/（cm^2·a）、21.95 μg/（cm^2·a）、28.97 μg/（cm^2·a）、9.50 μg/（cm^2·a）、0.20 μg/（cm^2·a）、3.99 μg/（cm^2·a）、9.24 μg/（cm^2·a）。从^{210}Pb测年法获得的年代序列看，20世纪80年代以来，该海区沉积物中的大多数的重金属污染得到了较显著的治理。

岩心C4。岩心底部重金属元素的平均背景值分别为45.1 μg/g、34.4 μg/g、79 μg/g、23.3 μg/g、0.51 μg/g、8.5 μg/g、25.8 μg/g，元素聚集速率分别为11.28 μg/（cm^2·a）、8.6 μg/（cm^2·a）、19.75 μg/（cm^2·a）、5.83 μg/（cm^2·a）、0.13 μg/（cm^2·a）、2.13 μg/（cm^2·a）、6.45 μg/（cm^2·a）。该岩心重金属Zn、

Cr、Cu、Pb、Cd、Co 和 Ni 的垂直分布也有明显的变化，岩心 13 cm 处的底层年龄为 1934 年，该时期采样点重金属聚集速率分别为 16.58 μg/（cm^2·a）、13.65 μg/（cm^2·a）、16.38 μg/（cm^2·a）、7.13 μg/（cm^2·a）、0.14 μg/（cm^2·a）、0.28 μg/（cm^2·a）、8.43 μg/（cm^2·a），岩心表层重金属元素 Zn、Cr、Cu、Pb、Cd、Co 和 Ni 的聚集速率分别为 25.03 μg/（cm^2·a）、17.45 μg/（cm^2·a）、20.9 μg/（cm^2·a）、9.08 μg/（cm^2·a）、0.14 μg/（cm^2·a）、3.03 μg/（cm^2·a）、9.88 μg/（cm^2·a）。图 4-33 和表 4-9 说明，重金属元素 Zn、Cr、Cu、Pb、Cd、Co 和 Ni 的聚集速率自 1934 年至今呈现逐渐递增的趋势，且在 1934 年以前上述元素背景值较高。

表 4-9　胶州湾沉积岩心重金属元素聚集速率　　单位：μg/（cm^2·a）

站位	深度（cm）	Zn	Cr	Cu	Pb	Cd	Co	Ni	地层年龄（年）
C2	1	51.51	38.40	148.4	18.67	0.72	8.52	22.49	2003
	5	55.08	43.04	74.97	17.95	0.36	9.44	24.99	1994
	17	56.10	42.18	48.65	18.31	0.28	9.44	25.40	1972
	31	62.22	48.86	53.55	20.15	0.28	10.91	29.17	1948
	59	53.55	43.20	39.78	17.80	0.27	9.69	24.99	1898
	69～79	53.04	43.25	40.85	17.29	0.29	9.28	24.28	
B3	1	29.47	21.95	28.97	9.50	0.20	3.99	9.24	2003
	9	25.38	21.09	20.79	9.14	0.59	3.99	8.58	1992
	17	36.96	27.26	27.36	11.98	0.21	6.17	14.09	1983
	59	24.62	19.24	20.89	8.91	0.19	4.19	8.81	1933
	79	16.37	12.24	19.34	6.01	0.20	2.77	6.24	1910
	69～79	18.48	13.99	19.17	6.80	0.22	3.14	6.70	
C4	1	25.03	17.45	20.9	9.08	0.14	3.03	9.88	2003
	13	16.58	13.65	16.38	7.13	0.14	2.75	8.43	1934
	17～23	11.28	8.60	19.75	5.83	0.13	2.13	6.45	
B6	1	346	207	195	99.6	1.89	25.6	5.41	2003
	13	445	309	346	151	2.66	28.4	69.4	1995
	39	360	226	268	108	1.72	24.2	51.0	1979
	69	178	86.7	178	60.2	1.16	17.1	62.8	1960
	69～79	147	82.5	163	52.4	1.16	15.1	59.5	
D4	1	60.1	45.7	52.7	23.6	0.32	9.4	23.8	2003
	9	52.7	39.7	42.7	20.5	0.34	7.7	19.6	1997
	17	58.1	44.1	46.7	20.9	0.39	8.9	21.9	1992
	39	134	105	106	50.0	1.26	20.5	45.9	1986
	69	184	134	146	61.9	0.92	26.8	62.5	1978
	69～79	163	118	133	57.1	0.94	24.3	54.4	

续表

站位	深度（cm）	Zn	Cr	Cu	Pb	Cd	Co	Ni	地层年龄（年）
D6	1	188	142	153	74.2	1.00	28.6	62.5	2003
	13	237	185	184	84.9	1.37	35.1	80.7	1997
	69～79	183	147	178	73.0	1.09	29.1	63.9	

岩心B6。图4－33显示，岩心中重金属的垂直分布在岩心13 cm、39 cm和69 cm层段出现较大的差异，岩心13 cm和39 cm的地层年龄分别为1995年和1979年，岩心69 cm的地层年龄为1960年。岩心69～79 cm重金属Zn、Cr、Cu、Pb、Cd、Co和Ni的平均背景值分别为84.8 μg/g、47.7 μg/g、94.2 μg/g、30.3 μg/g、0.67 μg/g、8.75 μg/g、34.4 μg/g，重金属聚集速率分别为147 μg/（cm^2·a）、82.5 μg/（cm^2·a）、163 μg/（cm^2·a）、52.4 μg/（cm^2·a）、1.16 μg/（cm^2·a）、15.1 μg/（cm^2·a）、59.5 μg/（cm^2·a）。1995年Zn、Cr、Cu、Pb、Cd、Co和Ni的聚集速率分别增至445 μg/（cm^2·a）、309 μg/（cm^2·a）、346 μg/（cm^2·a）、151 μg/（cm^2·a）、2.66 μg/（cm^2·a）、28.4 μg/（cm^2·a）和69.4 μg/（cm^2·a）。2003年上述化学元素的聚集速率分别为346 μg/（cm^2·a）、207 μg/（cm^2·a）、195 μg/（cm^2·a）、99.6 μg/（cm^2·a）、1.89 μg/（cm^2·a）、25.6 μg/（cm^2·a）和54.1 μg/（cm^2·a）。可以看出，岩心中重金属Zn、Cr、Cu、Pb、Cd、Co和Ni自1960年至1995年呈现出逐渐递增的分布趋势，其中，Ni元素自1960年至1979年呈现出递减的趋势。1995年至今，上述元素的聚集速率呈现了明显递减的分布趋势。

岩心D4。根据沉积速率计算，岩心在9 cm处、17 cm处、39 cm处和69 cm处的地层年龄分别为1997年、1992年、1986年和1978年。在岩心底部69～79 cm处重金属元素Zn、Cr、Cu、Pb、Cd、Co和Ni的平均含量分别为90.45 μg/g、65.7 μg/g、73.8 μg/g、31.7 μg/g、0.52 μg/g、13.15 μg/g和30.2 μg/g，计算出聚集速率分别为163 μg/（cm^2·a）、118 μg/（cm^2·a）、133 μg/（cm^2·a）、57.1 μg/（cm^2·a）、0.94 μg/（cm^2·a）、24.3 μg/（cm^2·a）和54.4 μg/（cm^2·a）。从^{210}Pb的垂直分布和测得的数据显示，1992年前期和现在时期采样点沉积速率变化很大。其中，1992年期间岩心中重金属的聚集速率发生了较大的变化，Zn、Cr、Cu、Pb、Cd、Co和Ni的聚集速率分别为58.1 μg/（cm^2·a）、44.1 μg/（cm^2·a）、46.7 μg/（cm^2·a）、20.9 μg/（cm^2·a）、0.39 μg/（cm^2·a）、8.9 μg/（cm^2·a）、21.9 μg/（cm^2·a）。岩心表层Zn、Cr、Cu、Pb、Cd、Co和Ni的聚集速率分别为60.1 μg/（cm^2·a）、45.7 μg/（cm^2·a）、52.7 μg/（cm^2·a）、23.6 μg/（cm^2·a）、0.32 μg/（cm^2·a）、9.39 μg/（cm^2·a）、23.8 μg/（cm^2·a）。从图4－33和表4－9可以看出，该沉积岩心中重金属的聚集速率自1978年至1986年呈现了较小递减的分布趋势。1986年至1992年，Zn、Cr、Cu、Pb、Cd、Co和Ni的聚集速率明显递增；1992年至1997年，上述元素的聚集速率呈现明显的递减现象；1997年至今，上述元素又出现了逐渐递增的分布趋势。

岩心D6。根据沉积速率计算，岩心13 cm处为1997年，69 cm处为1973年。测得岩心底部Zn、Cr、Cu、Pb、Cd、Co和Ni的平均含量分别为73.3 μg/g、58.9 μg/g、71.6 μg/g、29.3 μg/g、0.44 μg/g、11.7 μg/g、25.7 μg/g，其元素的聚集速率分别为183 μg/（cm^2·a）、147 μg/（cm^2·a）、178 μg/（cm^2·a）、73 μg/（cm^2·a）、1.09 μg/（cm^2·a）、29.1 μg/（cm^2·a）、63.9 μg/（cm^2·a）。岩心在表层和13 cm处重金属的聚集速率如表4－9所示。从图4－33和表4－9可以看出，该岩心中重金属的聚集速率从1968年至1997年呈现了逐渐递增的分布趋势，1997年至今则呈现了明显递减的分布趋势。

二、胶州湾沉积岩心中化学元素的聚集特征与沉积环境

重金属元素在沉积物中的含量、分布特征和聚集研究是目前环境科学领域中很重要的研究内容。国内外众多学者对沉积物中元素的变化进行了研究（刘广虎等，2006；Karageorgis et al.，2005；Roussiez et al.，2006；Vazquez et al.，2004）。对沉积物中重金属的评估，目前尚没有成熟的方法和统一的标准。对于标准值的选择，可以用当地沉积物的重金属背景值，也可以用全球沉积物的重金属背景值，还有的采用全球现代工业化前沉积物重金属的最高背景值等。显然，由于地域的不同，沉积物中重金属的背景值有较大的差异，模式化地用一定海区的重金属含量与其他海区的背景值进行比较，脱离了当地的沉积环境。所以，本书利用^{210}Pb测年手段，首先测得沉积物柱状岩心确切的地层年龄，确定胶州湾现代工业化前（100年左右）沉积物中重金属的背景值。探讨胶州湾沉积物中重金属聚集速率的变化和变化特征。

如以上所述，胶州湾中部附近海区岩心B3，在岩心底部69～79 cm地层段，可以看出1910年前后重金属Zn、Cr、Cu、Pb、Cd、Co、Ni元素背景值较低，1933年至1983年呈现了逐渐递增的分布特征。这说明，在过去沉积过程时期，位于胶州湾中部的B3采样点的沉积物含有较多的钙质生物碎屑物质。随着人类工农业活动和河流泥沙的输入，胶州湾沉积物发生了较大的改变，这表现在重金属Zn、Cr、Cu、Pb、Cd、Co、Ni有逐年增加的现象。近年来对于胶州湾的环境保护有所加强，上述重金属的聚集速率自1983年至今呈现了逐渐递减的分布特征。

在胶州湾中部偏南海域的岩心C2岩心中^{210}Pb的垂直分布属于典型的^{210}Pb的两段分布模式，该分布模式在浅海陆架区多见，它代表了稳定的沉积环境，且沉积物的堆积速率较低。测得结果表明，该采样点重金属Zn、Cr、Cu、Pb、Cd、Co、Ni背景值很高。从图4－33可以看出，岩心中Zn、Cr、Cu、Pb、Cd、Co、Ni元素的聚集速率从岩心底部（1886年）到1948年明显递增，这表明了虽然采样点距岸边较远，仍然接受了较多的细颗粒陆源物质，1948年至今Cu和Cd元素呈现了逐年递增的分布趋势，Zn、Cr、Pb、Co、Ni元素聚集速率呈现明显递减的分布特征，同样反映了采样点接受的陆源物质逐年减少，且多数元素的聚集速率基本上恢复到其各自的原始背景值。从C2岩心中重金属背景值高和聚集速率高的特征分析，在地理位置上，该采样点是在胶州湾湾内沉积物的汇聚处，伴随着细颗粒泥沙物质的大量堆积，沉积物中重金属元素明显趋于富集。这一现象遵守元素的粒控效应。通常来说，细颗粒物质由于其表面积大、有机质含量高因而较易富集重金属，而粗颗粒物质则相对含量较少。因此，一方面，

沉积物中颗粒的粒度组成是影响沉积物中重金属含量及分布的重要因素；另一方面，沉积物中富集的重金属取决于自然搬运和人为排放、污染源强度、河流纳污与输沙、水动力作用等多种因素。

胶州湾东部沿岸附近海域，岩心 C4 中重金属元素的垂直分布在过去和现代沉积过程中有比较明显的变化特征，在 1934 年以前的沉积过程中，Zn、Cr、Cu、Pb、Cd、Co、Ni 元素的背景值很低和聚集速率较低，自 1934 年至今呈现了逐渐递增的分布趋势。从该岩心岩性分析，该岩心 8 cm 以下随着深度的增加，生物贝壳逐渐增多，砾粒逐渐变粗。自 1934 年至今，采样点在胶州湾沿岸流的作用下逐年接受了部分细颗粒泥沙，所以 Zn、Cr、Cu、Pb、Cd、Co、Ni 元素的聚集速率呈现了逐步递增的分布特征。同样，重金属元素在沉积物中的含量的变化反映了该海区的污染程度在逐年加剧。

位于胶州湾东部，靠近海泊河口附近海域的岩心 B6，岩心中^{210}Pb 的垂直分布表明，采样点水动力条件活跃，这表现在岩心上部^{210}Pb 的垂直分布出现混合层。由于采样点距海泊河口较近，海泊河输出的物质较多堆积到该采样点，沉积物堆积速率很快。该岩心中重金属 Zn、Cr、Cu、元素的背景值较高，Pb、Cd、Co、Ni 元素的背景值较低。自 1960 年至 1995 年 Zn、Cr、Cu、Pb、Cd、Co、Ni 元素的聚集速率呈现出逐渐递增的分布趋势。这反映了在 1960 年至 1995 年期间，采样点同时接受了海泊河输入的泥沙和胶州湾沿岸流所携带来泥沙的混合沉积。自 1995 年至今 Zn、Cr、Cu、Pb、Cd、Co、Ni 元素的聚集速率呈现了逐渐递减的分布趋势。海泊河因改造已断流近 10 年，只有每年洪峰季节海泊河的河流入海，所以，岩心中重金属元素的聚集速率的变化和分布特征，基本上记录了研究海区采样点物质来源和沉积环境的变化。

位于胶州湾口外西部、黄岛湾口附近 D4 岩心，^{210}Pb 的垂直分布呈现了两个沉积段，采样点沉积物的堆积速率在不同历史时期差异很大，反映了采样点沉积环境很复杂。在地理位置上，采样点距岸边较近，它不仅接受了沿岸入海的陆源物质，而且接受了较多的被胶州湾沿岸流携带扩散至此的泥沙。该沉积岩心重金属的背景值较高，从 1978 年到 1986 年，重金属 Zn、Cr、Cu、Pb、Cd、Co、Ni 元素的聚集速率呈现了不同程度的递减趋势。从 1992 年至今，采样点沉积物堆积速率减小，岩心沉积物中重金属元素的聚集速率呈现了不同程度的上升趋势。

胶州湾外海域岩心 D6 从^{210}Pb 的垂直分布可以看出，岩心表层 9 cm 出现混合层，该岩心沉积速率为 2.27 cm/a。这表明采样点水动力条件很活跃，较高的沉积物堆积速率表明，采样点可能沉积了黄海沿岸流携带的物质和胶州湾输出的泥沙。该沉积岩心重金属的背景值较高，重金属元素的堆积速率表明，采样点在 1968 年沉积期元素的聚集速率很高，1997 年至今的沉积期，重金属 Zn、Cr、Cu、Pb、Cd、Co、Ni 元素的聚集速率明显递减，反映了采样点近年来陆源物质相对减少。

综上分析，沉积物中富集的重金属元素含量主要受陆地排污、水动力作用、沉积物粒度的影响和控制；胶州湾沉积物中重金属含量随柱样深度的变化，基本反映了胶州湾接纳青岛市区所排出重金属污染物的历史过程和变化趋势，重建了胶州湾污染环境变化的历史记录，较好地反映了其重金属污染的累积过程，也较好地解释了人类活动对胶州湾沉积物中重金属污染的影响过程与程度。

重金属元素 Cr、Pb、Co、Zn、Ni 和 Cu 随深度的变化均表现出一定的规律性，首先 B6、B3、C2、D4 和 D6 站位中元素 Pb、Ni、Cr 的含量自 20 世纪 80 年代至今有不同程度的减少，而站位 C4 却没有这种趋向，可能是该处较弱的水动力条件更有利于重金属在此累积起来；所有柱样中重金属元素 Cd 的变化却非常复杂，表明胶州湾沉积物中 Cd 含量分布不均，且普遍超出其元素过去累积的背景值，说明 Cd 污染较重。其中部分沉积物中 Cd 含量较少的原因可能是因为沉积物中的 Cd 有相当一部分以可交换态存在，当沉积物与海水接触后，由于水相盐度的变化，沉积物中的部分 Cd 发生解析而进入水相，使沉积物中的 Cd 的浓度降低；而 Cd 能够在较弱的水动力环境中富集起来，具有较弱的颗粒迁移能力；且重金属 Cd 元素主要为海洋中的吸附 - 清扫型元素，在河口、海湾等沿海低能海洋中，由吸附或清扫作用能迅速随各种颗粒物质沉积、聚集到海底沉积物中，所以部分沉积物中 Cd 含量较高。而另一组重金属元素 Zn 和 Co 亦有类似规律，但重金属元素 Cu 整体上呈现出上升趋势，导致 Cu 在沉积物中含量较高的原因，是今后需要深入探讨的问题。

三、小结

（1）岩心根据 ^{210}Pb 测定的确切的地层年龄，确定了胶州湾沉积岩心重金属 Zn、Cr、Cu、Pb、Cd、Co 和 Ni 的背景值，重金属 Zn、Cu、Cr、Ni 和 Pb 的聚集速率较高，而 Cd 和 Co 的聚集速率较低。与胶州湾工业革命前沉积物重金属背景值比较，胶州湾沉积过程中已明显受到重金属的污染。自 20 世纪 80 年代至今，岩心 B6、B3、C2、D4、D6 中重金属 Pb、Ni、Cd、Zn 和 Co 的聚集速率有不同程度的递减趋势，而岩心 C4 却没有这种分布趋向，可能是该采样点的水动力条件较弱，有利于重金属在此累积。所有岩心中重金属 Cd 的变化却非常复杂。重金属 Cu 整体上呈现出上升趋势，这一现场尚需进一步深入研究。

（2）胶州湾沉积岩心中 ^{210}Pb 和重金属 Zn、Cr、Cu、Pb、Cd、Co、Ni 的垂直分布和累积过程受到沉积物粒度、污染源的排放和水动力条件等的制约，同时，沉积岩心中重金属的分布特征、聚集速率的变化反映了研究海区沉积环境的变化。

第七节　黄海和渤海泥质沉积区现代沉积速率

陆架泥质沉积在全球海洋物质循环过程中起着重要作用。黄、渤海接受了黄河与长江的细颗粒沉积物，在黄河口外、渤海海峡、南黄海中部、朝鲜半岛西侧等处形成了大片泥质沉积区（Qin et al.，1990；Alexander et al.，1991）。这些泥区的成因是海洋沉积动力学的研究内容（Chough et al.，1981；Milliman et al.，1986；董礼先等，1989；Dronkers & Miltenburg，1996），而泥质沉积物对营养盐循环的影响则是海洋生物地球化学和生态系统动力学所关注的（Mann & Lazier，1996）。在这些方面，泥区沉积速率和垂向通量都是不可缺少的基本数据。过去对泥区沉积速率只有一些局部区域的报道，测定方法主要是 ^{14}C 法和 ^{210}Pb 法，因此缺乏区域的完整性和时间尺度的一致性（赵一阳等，1999；李凤业等，1996）。1986 年至 1998 年，中国科学院海洋研究所利用所执行的多个科研项目，利用科学调查船“科学一号”和“金星二号”在黄海与渤海成功采集了58个沉积岩心，采样地点见图4－34。本节利用10多年来在渤海和黄海采集的沉积物岩心的放射性同位素^{210}Pb测定资料，获得黄海和渤海泥区的现代沉积速率（时间尺度为10^1～10^2 a）和垂向通量，并对区域性的沉积格局和控制因素进行初步探讨。

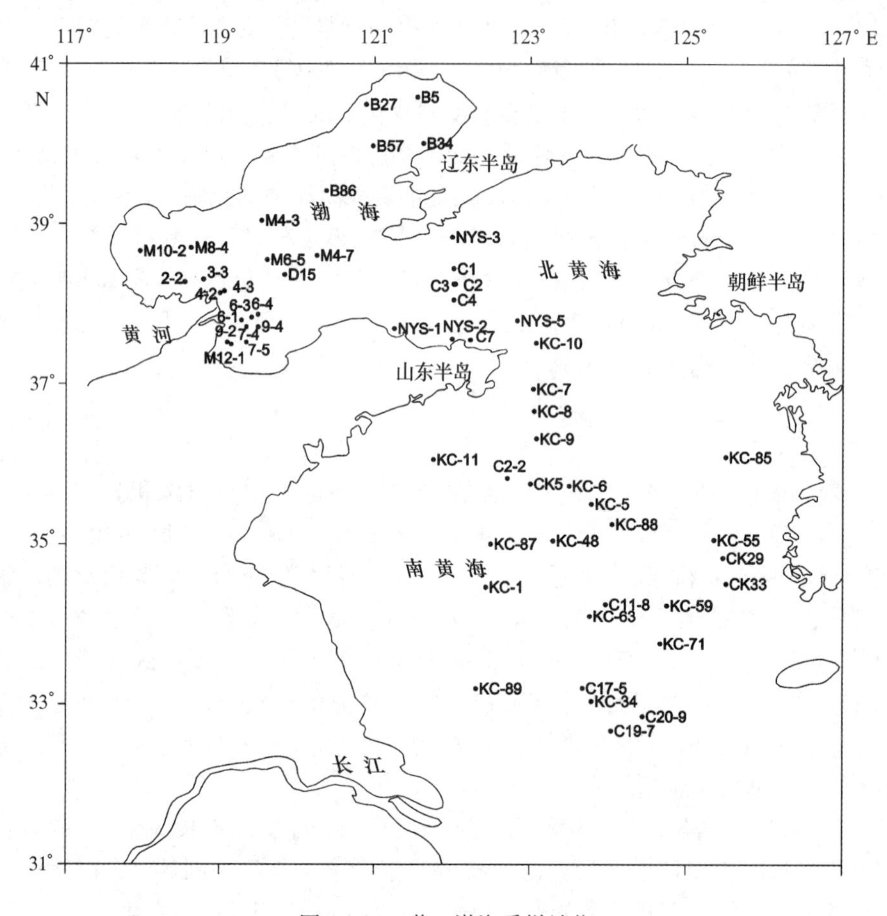

图4－34　黄、渤海采样站位

一、^{210}Pb放射性活度的垂直分布模式

理想状态下，现代沉积的^{210}Pb的放射性活度随岩心深度明显衰减，到一定深度后基本稳定。由于物质供应、水动力、生物活动等条件的差异和变化，^{210}Pb的垂向分布也会出现一定的差异。在所研究的黄、渤海沉积岩心中，^{210}Pb放射性活度在岩心中的垂直分布可归纳为以下5种分布类型。

（1）^{210}Pb放射性活度随岩心深度衰减从表层到底层呈现均一值，无混合层和衰变层，我们称为^{210}Pb的“一段分布模式”［图4－35（a）］。属这种^{210}Pb分布模式的岩心较少，见于山东半岛成山头以东海域和黄海南部废弃的老黄河口附近海域的少数站位。^{210}Pb的这种垂直分布反映了近百年来很少沉积的海洋环境。

（2）^{210}Pb的放射性活度随岩心深度明显衰减，衰减到一定深度其放射性活度基本

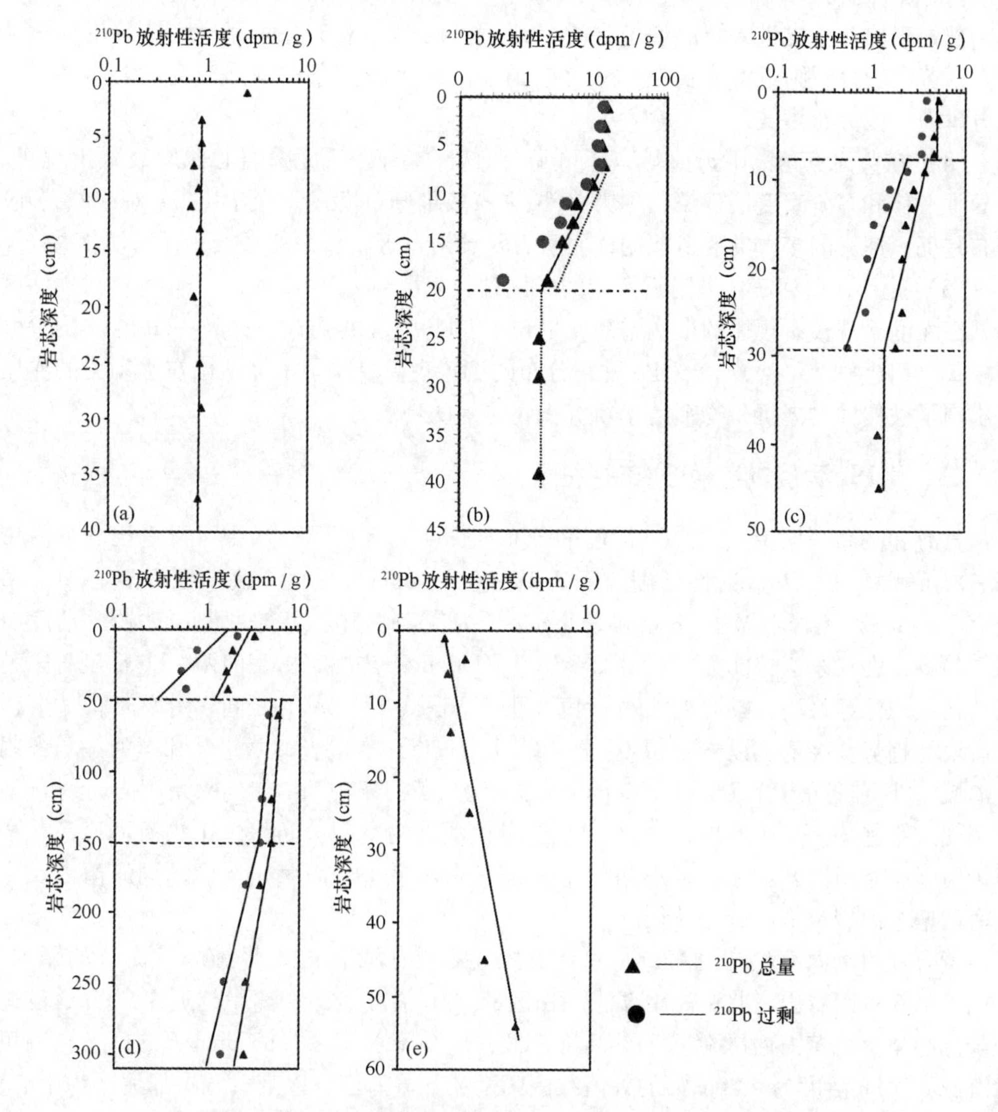

图 4-35　^{210}Pb 放射性活度在岩心中的 5 种垂直分布模式

（a）一段分布模式（KC-10）；（b）二段分布模式（KC-6）；（c）三段分布模式（KC-11）；（d）多阶分布模式（3-3）；（e）倒置分布模式（4-3）

达到恒定值（^{210}Pb 的分布呈垂直线），上部斜线段为^{210}Pb 的衰变段，下部垂直线为与^{210}Pb 母体^{226}Ra 的平衡段或本底段，这种分布可称为^{210}Pb 的“二段分布模式”［图 4-35（b）］。^{210}Pb 的二段分布模式多见于现代陆架泥沉积区，如南黄海西、中、东部泥区、北黄海中部泥区和渤海中部泥区，这些海域近百年来沉积环境、物质来源和沉积作用都处于稳定状态。

（3）^{210}Pb 的放射性活度在岩心上部随深度基本不变，之后随深度明显衰减，最后达到恒定值，即呈现混合层-衰减层-平衡层，可称为^{210}Pb 的“三段分布模式”［图 4-35（c）］。海底的混合作用通常是由较强的水动力条件或生物活动所造成的。南黄海南部处于黑潮分支进入黄海通道之处，北黄海西部和南黄海西部某些站位生物活动较强，黄河三角洲附近海域黄河口频繁改道、沿岸水动力条件剧烈改变，因而在这些地方呈现三段分布模式。

（4）在黄河三角洲附近海域，还可见到^{210}Pb 放射性活度随岩心深度衰减出现正、负异常平移和多阶衰变层现象，称为^{210}Pb 的“多阶分布模式”［图 4-35（d）］。多阶分布是沉积速率的多次突变造成的，而后者与黄河口近百年来的频繁变迁密切相关。

（5）此外，黄河三角洲附近海域的个别站位表层 0～20 cm 处，^{210}Pb 的放射性活度随岩心深度呈现较有规律的依次增高，呈现了^{210}Pb 强度的倒置，称为^{210}Pb 的“倒置分布模式”［图 4-35（e）］。^{210}Pb 垂直分布的倒置现象反映了采样站位在水动力的作用下出现了被侵蚀的老沉积物覆盖于新沉积物之上的现象。

二、^{210}Pb 活度的空间分布特征

黄海和渤海表层沉积中^{210}Pb 活度的分布如图 4-36 所示，从中可以看出，渤海中部表层沉积物中^{210}Pb 放射性活度介于 2.19～6.31 dpm/g 之间，高值区以岩心 M6-5（5.56 dpm/g）和岩心 M4-3（6.31 dpm/g）为代表，由东南向西北方向^{210}Pb 活度有增高趋势；在辽东湾^{210}Pb 活度介于 2.43～3.71 dpm/g 之间，由东向西^{210}Pb 活度越来越高，在辽东洼地最高；渤海湾^{210}Pb 活度介于 2.56～3.75 dpm/g 之间，由南向北^{210}Pb 活度有增高趋势，高值区以岩心 M10-2（3.75 dpm/g）为代表；莱州湾和黄河三角洲附近海域^{210}Pb 活度介于 1.73～4.83 dpm/g 之间，从黄河三角洲沿岸向莱州湾内，^{210}Pb 活度呈现减小趋势。不难看出，渤海^{210}Pb 放射性活度的空间分布呈现中央海区最高，渤海湾西岸、莱州湾西岸和黄河三角洲附近及辽东湾适中，而莱州湾内、渤海湾内及中央海区偏东海域最低的分布特征。

黄海经由渤海海峡与渤海进行水体交换，接受了黄河的大量细颗粒泥沙的输入，从图 4-36 可以看出，北黄海中部泥沉积区的^{210}Pb 活度较高，离岸越近，^{210}Pb 活度呈现降低趋势，北黄海西岸附近^{210}Pb 活度较低，仅介于 1.37～1.83 dpm/g 之间，在南黄海海域，^{210}Pb 活度为 4 dpm/g 的等值线圈闭了大部分海区，以南黄海中部泥区为中心，^{210}Pb 活度向四周呈现降低的趋势，山东半岛成山角附近海域^{210}Pb 放射性活度偏低，以岩心 KC-10（2.45 dpm/g）为代表，其余海域^{210}Pb 活度较高，南黄海冷涡区^{210}Pb 活度最高，最高值以岩心 KC-6 为代表，达到了 13.02 dpm/g。不难看出，黄海^{210}Pb 放射性活度的空间分布呈现北黄海中部泥区和南黄海中部泥区最高，北黄海西部沿岸附近海区最低，而其余海域较高的分布特征。

由以上分析的^{210}Pb 活度的空间分布及其空间分布特征，不难看出，在黄、渤海整个海域的^{210}Pb 活度的整体分布特征：^{210}Pb 活度高值区位于渤海中部、北黄海中部泥区和南黄海中部泥区，而低值区位于渤海湾内、莱州湾内、中央海区偏东海域及北黄海西部沿岸附近。黄海和渤海地区^{210}Pb 活度的空间分布特征与其物质来源有关。

黄海和渤海陆架区^{210}Pb 的来源一方面是大气的沉降（Hong et al.，1999），^{210}Pb 从大气沉降到海面，在海水中滞留一段时间［浅海一般为 1～2 个月（Nozaki et al.，1991）］，被悬浮颗粒物质所吸附（Nittrouer et al.，1979），然后随颗粒物沉积到海底；

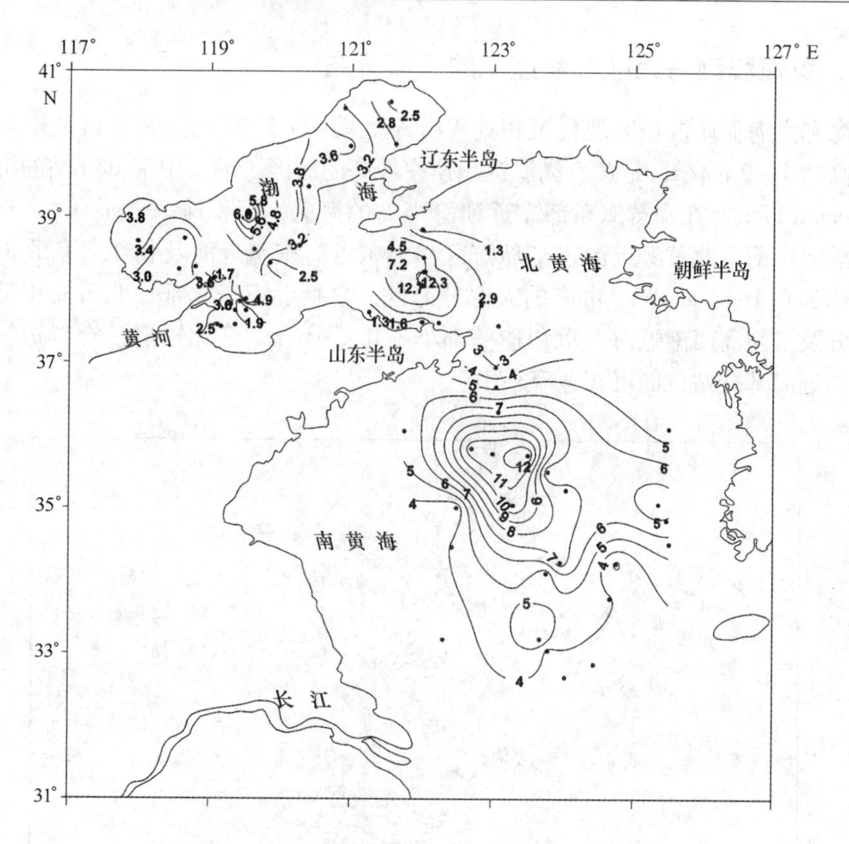

图 4-36　黄海和渤海^{210}Pb 放射性活度的空间分布

另一方面^{210}Pb 的来源是河流的输入，黄河物质流入渤海后，在水动力条件影响下，较粗颗粒物就近沉积形成了黄河三角洲，而在中央盆地形成了细颗粒泥质沉积区，该区悬浮体含量较低，由图 4-36 可以看出^{210}Pb 活度较高，这表明^{210}Pb 在此明显富集。黄河约有 15% 的泥沙经由渤海海峡流入黄海（Park et al.，2000），在成山角附近，由于受到沿岸流影响，水动力相当活跃，导致粗颗粒物堆积在山东半岛北部沿岸附近海域，表现出^{210}Pb 活度较低，如岩心 NYS-2^{210}Pb 活度仅为 1.63 dpm/g。黄河物质绕过成山角后继续沿岸南下（Martin et al.，1993），由于水动力条件的减弱，大量粗颗粒物质沉积在山东半岛南部沿岸海域，形成了以粗颗粒物质为主的高速沉积区。而在远离陆源输送的南黄海中部细颗粒物质的泥质沉积区，悬浮体含量最低，实验表明该区^{210}Pb 活度最高。部分黄河物质扩散到北黄海，在北黄海中部也形成了一片泥沉积区，该区悬浮体含量较低，^{210}Pb 活度也较高。结合^{210}Pb 活度的分布特征，不难看出，悬浮体含量高区，^{210}Pb 活度却呈现低值；悬浮体含量低区，^{210}Pb 活度反而呈现高值。由此推断，在水动力稳定条件下，细颗粒物质明显富集了^{210}Pb。

研究表明，南黄海中部泥区为多源现代沉积格局，包括了黄河、鸭绿江和黄海暖流携带的部分外海物质，Joseph（1996）报道了亚马孙河沉积物中^{210}Pb 多来自外海的输送（约占 67%），本书认为，南黄海中部泥区和北黄海中部泥区的^{210}Pb 除来自大气沉降、河流的输入以外，也应包括黄海暖流携带的部分外海物质的输送。

三、黄海和渤海地区沉积速率的平面分布

黄海和渤海泥质沉积区现代沉积速率分布如图4－37所示。黄河口近岸海区的沉积速率高达1～9 cm/a，是黄、渤海沉积速率最高的海区。渤海中部B86站的沉积速率达到1 cm/a以上。在南黄海东部靠近朝鲜半岛的海区，沉积速率介于0.4～1.0 cm/a之间。渤海中部、北黄海近山东半岛海区、山东半岛东南近海及长江口东北近海的沉积速率达到0.4 cm/a。黄、渤海的大部分海区，包括渤海东北部、北黄海中部、南黄海大部分及济州岛西南近海，沉积速率都小于0.2 cm/a。苏北辐射沙脊群边缘、山东半岛东端近海部分站位的沉积速率很小。

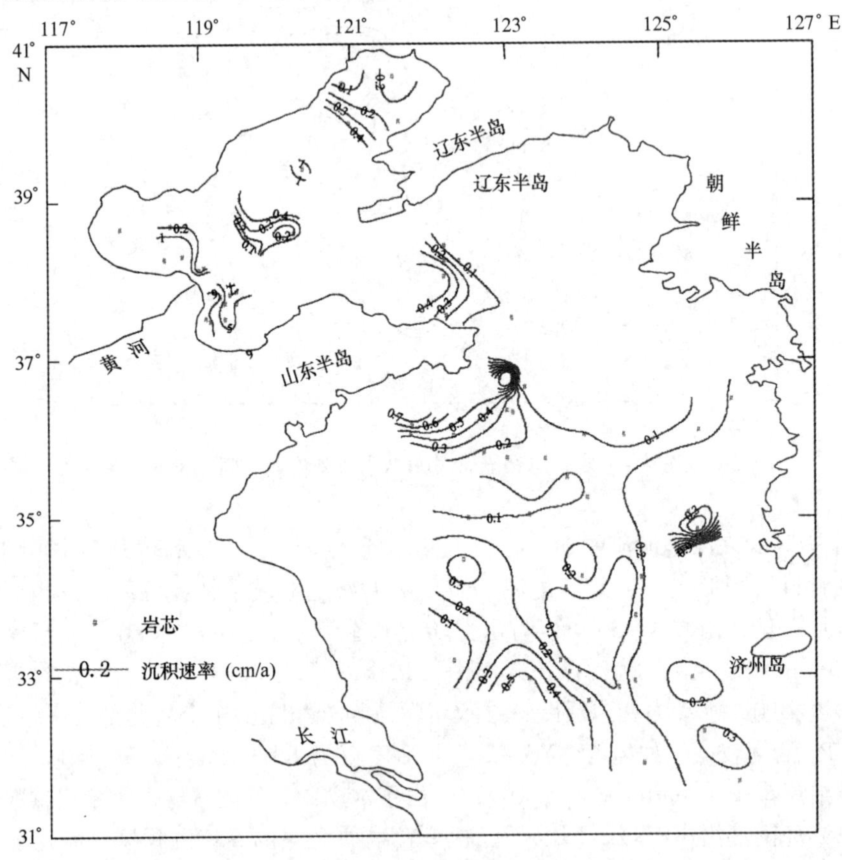

图4－37　黄海和渤海泥质沉积区现代沉积速率（cm/a）

从^{210}Pb方法提供的信息来看，黄海和渤海海域泥质沉积区的现代沉积速率及其空间分布反映出一定的规律性，随物质供应和沉积环境的差异而有所不同。首先，在物质供应充分的海区，沉积速率最大，如黄河口、南黄海东部近朝鲜半岛的海区，都有沉积速率大于1 cm/a的岩心。黄河口9－2站的沉积速率甚至高达9.5 cm/a。位于黄河口东南的莱州湾的沉积速率大于黄河口西北的渤海湾，这可能表明黄河入海物质主要向东南运移。其次，黄河物质出渤海后，主要沿山东半岛向东运移，绕过成山头后继

续沿岸而下（Martin et al.，1993），因而沿黄河细颗粒物质的输运路径，沉积速率也较高，如山东半岛南北部近岸海域都有岩心的沉积速率达到0.4～0.7 cm/a。山东半岛北侧的沉积速率等值线呈舌状向东突出，似乎是黄河物质向东输送的证据。反之，在远离陆源输送的黄、渤海中央泥区，沉积速率一般小于0.2 cm/a，而渤海中央泥区的沉积速率又略大于南黄海中部泥区。考虑到陆源物质供应与海区面积之比，这样的差异是可以预见的。个别沉积速率为0的岩心，基本上位于侵蚀环境，如苏北废黄河口、南黄海辐射沙脊群外缘等海区。

在弄清本区域沉积速率空间分布的基础上，可进而获得沉降通量和营养盐垂向通量，这将有助于本区营养盐循环和生态系统动力学的研究；同时，将测年方法与海洋沉积动力学模型相结合，可更好地恢复黄、渤海区全新世泥质沉积的历史原貌。关于黄、渤海泥质沉积区现代沉积速率，对北黄海及朝鲜半岛沿岸泥区尚有许多工作需要深入进行。

四、小结

（1）渤海^{210}Pb活度的空间分布呈现中央海区最高，渤海湾西岸、莱州湾西岸和黄河三角洲附近及辽东湾适中，而在莱州湾内、渤海湾内及中央海区偏东海域最低的分布特征，黄海^{210}Pb活度的空间分布呈现北黄海中部和南黄海中部最高，北黄海西部沿岸附近海区最低，其余海域较高的分布特征。

（2）黄海和渤海泥质沉积区沉积岩心^{210}Pb放射性活度的垂直分布呈现5种模式，以二段分布模式最为普遍，反映了研究区大部分泥区的现代沉积环境、物质来源和沉积作用都处于较稳定状态。

（3）渤海中部泥区、南黄海中部、东部泥区和北黄海中部泥区均为低速沉积区，渤海黄河三角洲沿岸海域和莱州湾西部为高速沉积区，南黄海西部山东半岛沿岸海域为高速沉积区，山东半岛成山头附近海域和南黄海南部废黄河口附近海域的一些站位沉积速率很小。

参考文献

边淑华，夏东兴，陈义兰，等. 2006. 胶州湾口海底沙波的类型、特征及发育影响因素. 中国海洋大学学报，36(2)：327－330.

边淑华，夏东兴，李朝新. 2005. 胶州湾潮汐通道地貌体系. 海洋科学进展，Advance in Marine Science，23(2)：144－151.

边淑华. 1999. 胶州湾环境演变与冲淤变化. 硕士论文.

卞云华，汪品先. 1980. 胶州湾第四纪晚期的微体化石群及其意义. 海洋微体古生物论文集. 北京：海洋出版社.

程鹏，高抒. 2000. 北黄海西部海底沉积物粒度特征和净输运趋势. 海洋与湖沼，31：604－615.

程鹏. 2000. 北黄海细颗粒物质的沉积特征与输运过程. 中国科学院海洋研究所博士学位论文.

戴纪翠，宋金明，李学刚，等. 2006. 人类活动影响下的胶州湾近百年来环境演变的沉积记录. 地质学报，80(11)：1770－1778.

戴纪翠,宋金明,郑国侠. 2006. 胶州湾沉积环境演变的分析. 海洋科学进展,24(3):397 – 406.

董礼先,苏纪兰,王康墡. 1989. 黄渤海潮流场及其与沉积物搬运的关系. 海洋学报,11(1):102 – 114.

国家海洋局. 1975. 海洋调查规范(第四分册:海洋地质调查). 北京:海洋出版社:9 – 88.

国家海洋局第一海洋研究所. 1984. 胶州湾自然环境. 北京:海洋出版社:1 – 226.

金翔龙. 1992. 东海海洋地质. 北京:海洋出版社:1 – 524.

康兴伦,顾德隆,朱校斌,等. 2001. 沉积物中钍同位素分析样品的处理方法比较研究. 海洋与湖沼,32(4):387 – 393.

孔令双,刘德辅,李炎保,等. 2004. 胶州湾海域中随机因素对流场模拟结果的影响. 水动力学研究与进展,19(2):225 – 230.

李凡,林宝荣,吴永成,等. 1994. 薛家岛湾沉积动力学特征及海港开发研究. 海洋与湖沼,25(4):452 – 457.

李凤业,高抒,贾建军,等. 2002b. 黄、渤海泥质沉积区现代沉积速率. 海洋与湖沼,33(4):364 – 369.

李凤业,高抒,贾建军. 2002a. 冲绳海槽北部晚第四纪沉积速率. 中国边缘海的形成演化. 北京:海洋出版社,1:140 – 146.

李凤业,史玉兰,申顺喜,等. 1996. 同位素记录南黄海现代沉积环境. 海洋与湖沼,27 (6):584 – 589.

李凤业,史玉兰,申顺喜,等. 1996. 同位素记录南黄海现代沉积环境. 海洋与湖沼,27(6):584 – 589.

李凤业. 1988. 用^{210}Pb 法测定南海陆架浅海沉积速率. 海洋科学,3:64 – 66.

李玉,俞志明,曹西华,等. 2005. 重金属在胶州湾表层沉积物中的分布与富集. 海洋与湖沼,36(6):580 – 589.

李玉瑛,沈渭铨,章伟. 1997. 鲁南沿海沉积物分布及规律的研究. 青岛海洋大学学报,27(4):546 – 552.

刘广虎,李军,陈道华,等. 2006. 台西南海域表层沉积物元素地球化学特征及其物源指示意义. 海洋地质与第四纪地质,26(5):61 – 68.

刘敏厚,吴世迎,王永吉. 1987. 黄海晚第四纪沉积. 北京:海洋出版社:1 – 433.

秦蕴珊,李凡. 1982. 渤海海水中悬浮体的研究. 海洋学报,4:191 – 200.

秦蕴珊,李凡. 1986. 黄河入海泥沙对渤海和黄海等沉积作用的影响. 海洋科学集刊,27:125 – 135.

秦蕴珊,赵一阳,陈丽蓉,等. 1989. 黄海地质. 北京:科学出版社:8 – 10.

秦蕴珊,郑铁民. 1982. 东海大陆架沉积物分布特征的初步探讨. 黄东海地质. 北京:科学出版社:39 – 51.

苏贤泽,马文通,徐胜利,等. 1984. 海洋沉积物中的铅 – 210 地质学方法. 台湾海峡,3(1):50 – 57.

杨世伦,孟翊,张经,等. 2003. 胶州湾悬浮体特性及其对水动力和排污的响应. 科学通报,48(23):2493 – 2498.

业渝光,薛春汀,刁少波. 1987. 现代黄河三角洲叶瓣模式的^{210}Pb 证据. 海洋地质与第四纪地质,7(增刊):75 – 80.

殷效彩,杨永亮,余季金,等. 2001,胶州湾表层沉积物重金属分布研究. 青岛大学学报,14(1):76 – 80

张丽洁,王贵,姚德. 2003. 胶州湾李村河口沉积物重金属污染特征研究. 山东理工大学学报(自然科学版),17(1):9 – 14.

张铭汉. 2000. 胶州湾海水中悬浮体的分布及其季节变化. 海洋科学集刊,42:49 – 54.

赵亮,魏皓,赵建中. 2002. 胶州湾水交换的数值研究. 海洋与湖沼,33(1):23 – 29.

赵一阳,李凤业,Demaster D J,等. 1991. 南黄海沉积速率和沉积通量的初步研究. 海洋与湖沼,22(1),38 – 42.

赵一阳,钱江初. 1981. 美国^{210}Pb 同位素地质年代学方法. 海洋科学,3:44 – 47.

赵一阳. 1987. 海洋沉积物同位素年代测定. 中国大百科全书(大气科学海洋科学水文科学). 北京:中国大百科全书出版社:308 – 310.

中国海湾志编委会. 1993. 中国海湾志(第四分册)——山东半岛南部和江苏省海湾. 北京:海洋出版社:157-258.

周莉,赵其渊,李巍然. 1983. 山东半岛南部表层沉积物粒度分布与泥沙动态. 山东海洋学院学报,13(3):45-58.

朱诚,马春梅,黄林燕,等. 2005. 南京江北地区 9490 ~4840 a BP 环境演变的地层记录研究. 地质论评,51(3):347-352.

Alexander C R, DeMaster D J, Nittrouer C A. 1991. Sediment accumulation in a modern epicontinental - shelf setting: the Yellow Sea. Marine Geology, 98:51-72.

Chough S K, Kim D C. 1981. Disposal of fine - grained sediments in the southern Yellow Sea: a steady - state model. Journal of Sedimentary Petrology, 51:721-728.

Dai Jicui, Song Jinming, Li Xuegang, et al., 2007. Environmental changes reflected by sedimentary geochemistry in recent hundred years of Jiaozhou Bay, North China. Environmental Pollution, 145(3):656-667.

Demaster D J. 1985. Rates of sediment reworking at the Hebble site based on measurements of Th-234, Cs-137 and Pb-210. Marine Geology, 66:133-148.

Dronkers J, Miltenburg A G. 1996. Fine sediment deposits in shelf seas. Journal of Marine Systems, 7:119-131.

Gouleau D, Jouanneau J M, Weber O, et al., 2000. Short - and Long - term Sedimentation on Montportail - Brouage intertidal mudflat, Marennes - Oleron Bay, France. Continental Shelf Research, 20(12):1513-1530.

Han G R, Xu X S, Xin C Y. 1998. Geochemical characteristics of the sediment in buried paleoriver channel area in the Huanghai Sea and Bohai Sea. Studia marina sinica, 40:79-87.

Hong C H, Park S K, Baskaran M, et al., 1999. Lead-210 and polonium-210 in the winter well - mixed turbid waters in the mouth of the Yellow Sea. Continental Shelf Research, 19:1049-1064.

Hu Dunxin. 1984. Upwelling and sedimentation dynamics. Chinese Journal of Oceanology & Limnology, 2(1):12-19.

Jiang Weng - sheng, Mayer B. 1997. A study on the transport of suspended particulate matter from the Yellow River by using a 3-D particulate model. Journal of Ocean University of Qingdao, 27:439-445.

Karageorgis A P, Kaberia H, Price N B, et al., 2005. Chemical composition of short sediment cores from Thermaikos Gulf (Eastern Mediterranean): Sediment accumulation rates, trawling and winnowing effects. Continental Shelf Research, 25:2456-2475.

Kuehl S A, Levy B M, Moore W S, et a1., 1997. Subaqueous delta of the Ganes - Brahmaputra River system. Marine Geology, 144:81-96.

Li F Y, Li X G, Song J M, et al., 2006. Sediment flux and source in northern Yellow Sea by ^{210}Pb technique. Chinese journal of Oceanology and Limnology, 24(3):255-263.

Li F Y. 1993. Modern sedimentation rates and sedimentation feature in the Huanghe River Estuary based on ^{210}Pb technique. Chinese journal of Oceanology and Limnology, 11(4):333-342.

Li Feng Ye, Shi Yu Lan. 1996. Study of Okinawa Trough Sedimentation Rates and Paleoenvironment Based on Uranium Series Isotope. Chinese Journal of Oceanology and Limnology, 14(4):373-377.

Lu X Q, Eiji M. 2006. LEADAT: a MATLAB - based program for lead-210 data analysis of sediment cores. Acta Oceanologica Sinica, 25(6):128-137.

Mann K H, Lazier J R N. 1996. Dynamics of Marine Ecosystems (Second Edition). Blackwell, Oxford, 394pp.

Martin J M, Zhang J, Shi M C et al., 1993. Actual flux of the Huanghe(Yellow River) sediment to the western Pacific Ocean. Netherlands Journal of Sea Research, 31(3):243-254.

Mcmanus J. 1988. Grain size determination and interpretation. Tucker M. Techniques in Sedimentology. Oxford: Blackwell, 63 – 85.

Milliman J D, Emery K O. 1968. Sea levels during the past 35 000 years. Science, 162: 1121 – 1123.

Milliman J D, Li F Y, Zhao Y Y, et al., 1986. Suspended matter regime in the Yellow Sea. Progress in Oceanography, 17, 215 – 228.

Milliman J D, Qin Yun – shan, Pard Y A. 1989. Se diments and sedimentary processes in the Yellow and East China Seas. Taira A, Masuda F. Sedimentary Facies in the Active Plate Margin. Tokyo: Terra Scientific Publishing Company, 233 – 249.

Nitrouer C A, Kuehl S A, Figuueriredo A G, et al., 1996. The geological record preserved by Amazon shelf sedimentation. Continental Shelf Research, 16: 817 – 841.

Nittrouer C A, Sternberg R W, Carpenter R, et al., 1979. The use of ^{210}Pb geochronology as a sedimentological tool: Application to the Washington continental shelf. Marine Geology, 1979, 31: 297 – 316.

Nozaki Y, Tsubota H, Kasemsupaya V, et al., 1991. Residence times of surface water and particle reactive ^{210}Pb and ^{210}Po in the East China and Yellow Seas. Geochimica et Cosmochimica Acta, 55: 1265 – 1272.

Park Soo – Chul, Lee Hyun – Hee, Han Hyuk – Soo. 2000. Evolution of late Quaternary mud deposits and recent sediment budget in the southeastern Yellow Sea. Marine Geology, 170: 271 – 288.

Park Y A, Khim B M. 1990. Clay minerals of the recent fine – grained sediment on the Korean continental shelves. Continental Shelf Research, 10: 1179 – 1191.

Roussiez V, Ludwig W, Monaco A, et al., 2006. Sources and sinks of sediment – bound contaminants in the Gulf of Lions (NW Mediterranean Sea): A multi – tracer approach. Continental Shelf Research, 26: 1843 – 1857.

Smoak J M, Demaster D J, Kuehl S A, et al., 1996. The behavior of particle – reactive tracers in a high turbidity environment: ^{234}Th and ^{210}Pb on the Amazon continental shelf. Geochimica et Cosmochimica Acta, 60 (12): 2123 – 2137.

Vazquez F G, Sharma V K. 2004. Major and trace elements in sediments of the Campeche Sound, southeast Gulf of Mexico. Marine Pollution Bulletin, 48: 87 – 90.

第五章　东海陆架与冲绳海槽沉积速率及元素地球化学特征

东海位于我国东部，西部依中国大陆海岸，西北部与黄海连通。北部从长江口北岸与朝鲜济州岛连线为界，东部至日本的琉球群岛，南部至台湾南部与南海相连。

东海海域开阔，面积约 77×10^4 km^2，平均水深 349 m（金翔龙，喻普之，1987）东海主要由大陆架和冲绳海槽组成。海洋地质学家通常把东海陆架 50 ~ 60 m 水深区称为内陆架，内陆架的沉积物多为细颗粒级的砂质泥或泥质砂。外陆架水较深，沉积物多为粗粒级的粉砂和砂组成。陆坡外是冲绳海槽，冲绳海槽是以北北东—南南西向延伸的水下槽地，海槽两侧槽坡浅，槽底深。海槽北部水深约 600 ~ 800 m，南部水深约 2 500 m。输入东海的河流主要有长江、钱塘江、闽江和韩江等，输入到东海的大量泥沙，在向东偏南沿岸流和北上的高温高盐潮流的作用下，在东海内陆架形成了大片泥质沉积区，外陆架形成了以粉砂和砂为主的沉积区（秦蕴珊，1987）。

第一节　东海内陆架泥质沉积区沉积速率

在东海陆架浅水区长江口附近海域，形成了以泥和粉砂为主的细颗粒物质沉积带（秦蕴珊等，1987），该海域地形地貌和水动力条件复杂，长江入海泥沙、黄海沿岸流携带来的细颗粒物质和台湾暖流携带来的外海物质大量沉积于该海区。近年来，随着 LOICZ 计划和 IMBER 计划的开展，该海区因其独特的地理位置和复杂的沉积环境，备受各学科专家的关注。诸如对长江口泥质区沉积物环境敏感粒度组分（肖尚斌，李安春，2005）、季节性沉积效应（郭志刚等，2002）和悬浮物的分布特征（庞重光等，2001）等进行了研究，这些研究多对表层沉积物和水团进行的，这为研究该海区的沉积环境提供了宝贵的资料。我国自 20 世纪 80 年代运用了同位素年代学 ^{210}Pb 的测量技术，在我国南海（李凤业，1998）、渤海（李凤业，袁巍，1992）和黄海（李凤业等，1996）做了大量的分析研究工作，然而，对东海内陆架海域沉积环境、沉积速率和沉积过程的研究少见报道。本书对东海内陆架泥质沉积区 Chjkol 和 E4 岩心（图 5 - 1）进行了 ^{210}Pb 分析测定，计算该泥区的沉积速率，探讨该海区采样点细颗粒物质的沉积过程和沉积环境。

一、^{210}Pb 的垂直分布与沉积速率

岩心 Chjkol 位于东海泥质沉积区（30°50.00′N，122°45.035′E）偏东南海域，水深 28 m。岩心上部 0 ~ 90 cm 为青灰色粉砂质黏土，含有贝壳碎片，伴有虫孔洞穴，其中在 17 ~ 40 cm 和 80 ~ 94 cm 出现灰色、浅灰色互层；94.0 ~ 187.5 cm 为褐灰色粉砂质黏土，含贝壳碎片，伴有虫孔发育迹象；187.5 ~ 366.0 cm 沉积物为浅灰色黏土质粉

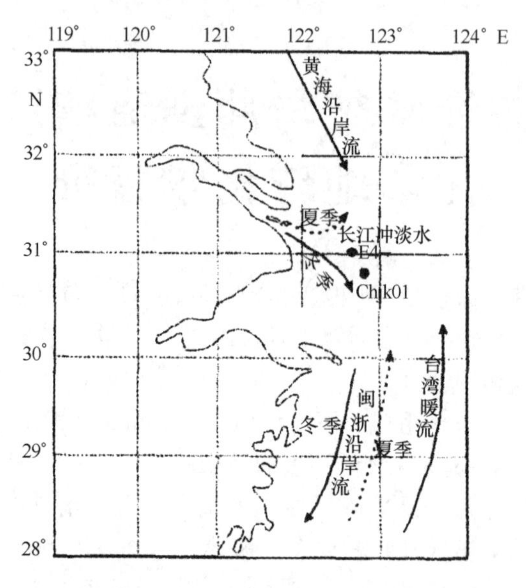

图 5-1　东海内陆架采样站位

砂，含贝壳。从图 5-2 可以看出，该岩心 ^{210}Pb 活度在 0~11 cm 地层段出现混合层，在 11~150 cm 段 ^{210}Pb 随深度的衰减较有规律，为 ^{210}Pb 的衰变期，150 cm 以下 ^{210}Pb 随深度的衰减基本趋于平衡，为 ^{210}Pb 的本底值。该岩心 ^{210}Pb 活度的垂直分布属于典型的三区分布模式，即混合区—衰变区—本底区，^{210}Pb 的这种分布模式曾出现在河口水动力条件较活跃的海区（李凤业，袁巍，1992），反映了该采样点存在海洋底栖生物和较强的水动力扰动，沉积环境很活跃。计算该岩心平均沉积速率为 2.8 cm/a，同时表明，长江口外这片泥属于现代高速沉积区。

岩心 E4-2 位于东海内陆架泥质沉积区（31°00.325′N，122°37.311′E）海域，水深 21 m，该岩心 0~19 cm 为浅黄灰色黏土，黏土成分较单一且黏性强，19~31 cm 岩层段为灰色粉砂质黏土，31~116 cm 为浅黄色黏土，其中在 68.5 cm 和 101 cm 处分别呈现 3 mm 和 3 cm 粉砂夹层，116~144 cm 地层段为灰色和浅灰色互层泥。从图 5-3 可以看出，该岩心 ^{210}Pb 随深度的衰减较有规律，岩心表层未出现混合层，但受岩心长度所限，^{210}Pb 的衰变未达到平衡，采用海区平均本底，计算该岩心平均沉积速率为 3.5 cm/a。从 ^{210}Pb 的垂直分布和沉积速率分析，该采样点沉积环境稳定，属物源充足的高速沉积区。

二、^{210}Pb 活度的变化与沉积过程

天然放射性同位素 ^{210}Pb 是铀系子体 ^{226}Ra 衰变的产物，在海洋环境中，如果没有生物扰动，沉积物中 ^{210}Pb 活度的分布将呈指数衰减。由于生物扰动作用，表现在沉积物柱样顶部若干厘米范围内的混合（赵其渊，1989）。考虑到沉积物组分对 ^{210}Pb 活度的影响，对所研究岩心进行了粒度分析，岩心 Chjkol 黏土含量介于 10.99%~36.73% 之间，粉砂介于 62.88%~79.20% 之间，砂的含量介于 0.05%~13.72% 之间。在岩心 0~68 cm 段，砂与黏土含量变化较大，没有明显变化趋势。从图 5-2 可以看出，岩心

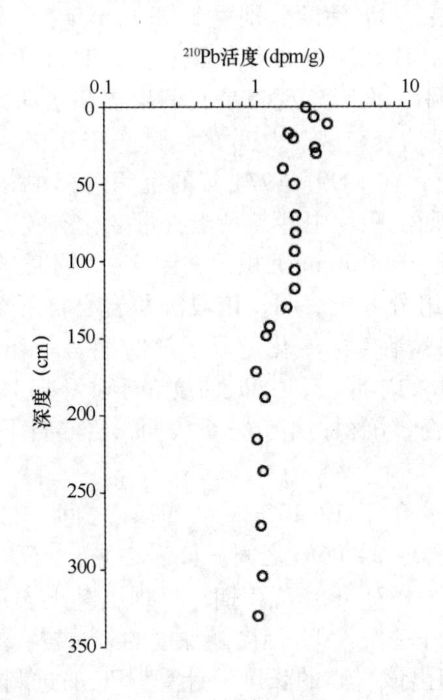

图 5-2　Chjkol 岩心^{210}Pb 活度的垂直分布

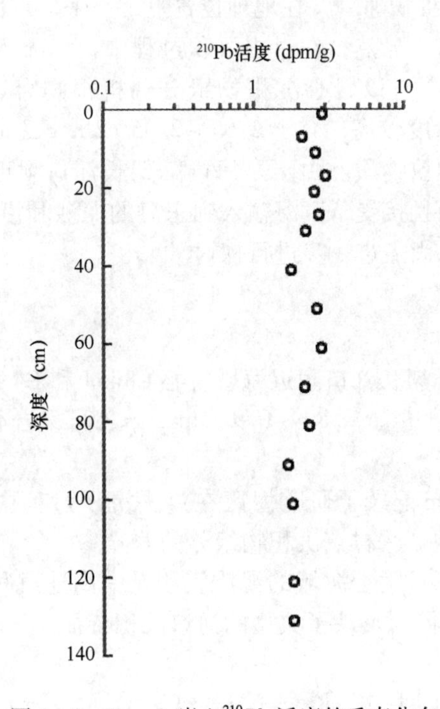

图 5-3　E4-2 岩心^{210}Pb 活度的垂直分布

上部 0 ~ 11 cm 呈现混合层，^{210}Pb 活度分别为 2.08 dpm/g、2.37 dpm/g 和 2.89 dpm/g。根据该岩心 2.8 cm/a 的沉积速率，推断该沉积、混合期为 1999—2003 年，由于采样过程中造成混合的可能性较小，推断该现象是底栖生物和水动力扰动作用所致。该岩心 11.5 ~ 148.5 cm 段为^{210}Pb 的衰变区，^{210}Pb 的活度介于 0.99 ~ 2.89 dpm/g 之间，计算该沉积期为 1999—1952 年，在 1999—1974 年的沉积过程中^{210}Pb 活度随深度的衰减变化较大，推断这与该沉积期沉积物中砂与黏土含量变化有关，因^{210}Pb 往往易被细颗粒物质所吸附。在岩心 70.5 ~ 148.5 cm 沉积段，图 5 - 2 同时显示，^{210}Pb 随岩心深度有规律的迅速衰减，沉积物组分分析表明，该段沉积岩心自下至上黏土含量递增，砂含量呈递减的趋势，同时^{210}Pb 活度的变化记录了该时期是一环境稳定且快速的沉积期。岩心 148.5 cm 以下为^{210}Pb 的本底段，^{210}Pb 活度介于 0.99 ~ 1.13 dpm/g 之间，^{210}Pb 随深度的衰减已基本趋于平衡，沉积物组分分析表明，岩心自下至上黏土含量逐渐减少，砂含量逐渐增加。

岩心 E4 - 2 黏土含量介于 19.40% ~ 40.92% 之间，粉砂含量介于 45.02% ~ 77.08% 之间，砂含量介于 0 ~ 34.06% 之间。该岩心黏土与砂含量没有明显变化趋势，在岩心 76 ~ 112 cm（1981—1971 年）沉积期，呈现出黏土含量增加，砂含量减少的趋势。从图 5 - 3 可以看出，该岩心^{210}Pb 活度随深度的衰减较有规律，岩心表层未出现混合层，^{210}Pb 的本底值已超出该岩心的长度，计算^{210}Pb 的过剩时采用海区平均本底值。测定分析表明，该岩心 ^{210}Pb 活度介于 3.05 ~ 1.70 dpm/g 之间，在 2003 年至 1991 年（0 ~ 41 cm）沉积期，^{210}Pb 活度介于 2.91 ~ 1.79 dpm/g 之间，看起来似乎为第一沉积速率，41 cm 以下为第二沉积速率，在地理位置上，该采样点位于长江口外海域，近百年来物质来源不可能中断。显然，在过去沉积过程中，^{210}Pb 活度的变化反映了采样点接受泥沙成分的差异，这与该岩心沉积物组分分析很吻合。同样，岩心 51 ~ 81 cm（1989—1980 年）^{210}Pb 活度较高，介于 2.65 ~ 2.35 dpm/g 之间。这也反映了该沉积期采样点接受了大量的细颗粒物质。由于东海内陆架长江口附近海域的泥质沉积不仅接受了长江输入的物质，而且接受了黄海输入到东海的泥沙和沿岸流携带来得外海物质，对于它们各自的贡献量，尚需进一步进行探讨。

三、小结

（1）通过对东海内陆架长江口附近海域岩心 Chjkol 和 E4 - 2 ^{210}Pb 的测定，结果表明，岩心 Chjkol ^{210}Pb 活度介于 2.89 ~ 0.99 dpm/g 之间，岩心 E4 - 2 ^{210}Pb 活度介于 3.05 ~ 1.70 dpm/g 之间。

（2）^{210}Pb 的垂直分布记录了研究海区在过去沉积过程中的沉积、混合和沉积环境，^{210}Pb 的活度变化反映了采样点沉积物组分的差异。

（3）东海内陆架长江口附近海域的泥质沉积是一高速沉积区，该泥区沉积速率介于 2.8 ~ 3.5 cm/a 之间，同时反映了典型的河口沉积特征。

第二节　东海陆架 K、Na、Ca、Mg 元素的空间分布

东海的北部与黄海相通，南部与南海相连接，东部与太平洋水道相沟通，是一典

型的边缘海，可分为内陆架（水深0～60 m）、外陆架（水深60～200 m）和冲绳海槽（水深＞200 m）（范时清等，1959）3个区域，中国科学院海洋研究所在1973年、1976年、1977年利用“金星一号”和1981年11月利用“科学一号”调查船对东海和冲绳海槽进行了地球物理和海底地质取样调查，采样站位见图5－4。本节对K、Na、Ca、Mg等海洋沉积物中的常量元素进行了系统研究，以期揭示东海陆架区常量元素的沉积物地球化学特征。

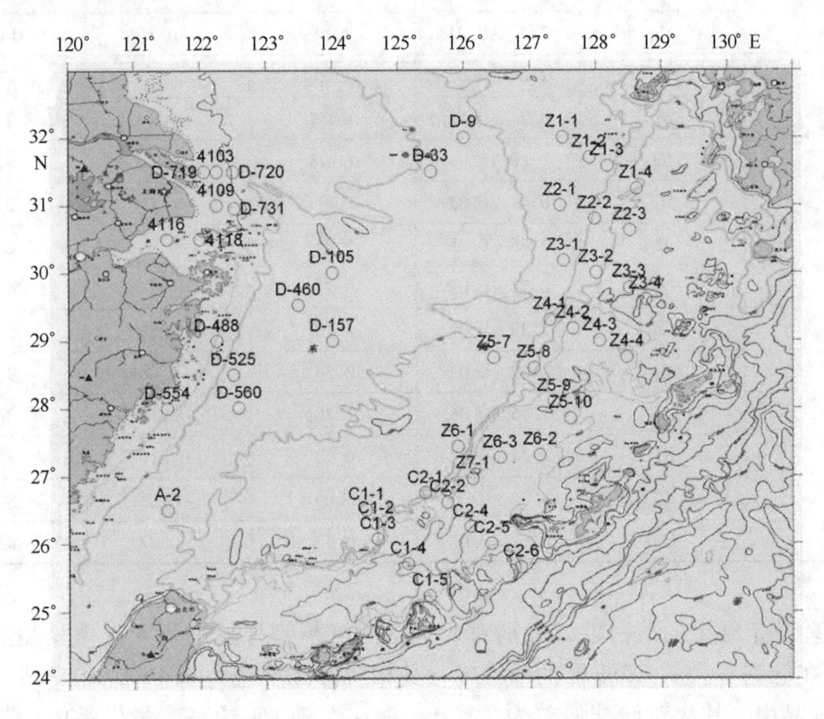

图5－4　东海、冲绳海槽采样站位

一、测定结果的准确度和精密度

钾、钠、钙、镁是海洋沉积物中的常量元素，对海洋沉积物地球化学的研究有重要意义。本书采用火焰原子吸收分光光度法对东海陆架区表层沉积物中的钾、钠、钙、镁进行了测定。分析结果的准确可靠是进行科学研究的基础，在测不定期过程中采用了国家标准物质监控、重复分析和对比分析等多种措施来保证东海陆架区表层沉积物样品分析结果的准确度和精密度。

为检验测定结果的可靠性，在测定样品的同时测定了5个标准样GSD－1、GSD－3、GSD－4、GSD－5，其中的K、Na、Ca、Mg的测定结果如表5－1所示。标准物质的分析结果表明，东海陆架区表层沉积物样品的分析结果是可靠的。

表 5-1　国际标准物质分析结果

标准物质	元素	标准值（%）	测定值（%）	误差（%）	
				绝对误差	相对误差
GSD-1	K	2.30±0.05	2.22	-0.08	3.48
	Na	2.58±0.07	2.66	0.08	3.10
	Ca	3.29±0.05	3.14	-0.15	4.56
	Mg	2.50±0.04	2.14	-0.36	14.10
GSD-3	K	2.04±0.02	2.03	0.01	0.5
	Na	0.24±0.02	0.259	0.02	7.92
	Ca	(0.17)	0.178	0.008	4.71
	Mg	0.41±0.02	0.409	-0.001	0.24
GSD-4	K	1.85±0.05	1.81	-0.04	2.16
	Na	0.72±0.02	0.23	-0.007	4.54
	Ca	5.39±0.09	5.10	-0.29	5.48
	Mg	0.62±0.02	0.56	-0.06	9.67
GSD-5	K	1.75±0.06	1.76	0.01	0.57
	Na	0.24±0.02	0.30	0.01	3.45
	Ca	3.82±0.06	3.69	-0.13	3.40
	Mg	0.59±0.02	0.52	-0.07	4.86

为检验测定结果的精密度，分别对5个东海沉积物样品进行4次重复测定，其精密度为：在低钙（含量<3%）的样品中，其相对标准偏差为0.4%，在高钙（含量>7%）的样品中，其相对标准偏差为2.5%。镁在大于1%的高含量样品中，其相对标准偏差为4.4%；在小于1%的低含量样品中其相对标准偏差为5.7%。钾在含量小于2%的样品中其相对标准偏差为1.3%，在大于2%的高含量样品中其相对标准为3.8%。钠在大于1% 的高含量样品中其相对标准偏差为3.1%（表5-2）。

表 5-2　本方法与能谱法的比较

样品号	K（%）			Ca（%）		
	能谱法	本方法	相对误差	能谱法	本方法	相对误差
D-525	2.68	2.67	0.37	2.32	2.34	0.86
D-738	1.81	1.88	3.87	3.45	3.51	1.74
D-736	2.46	2.48	0.81	2.74	2.85	4.01
A-2	1.96	2.04	4.08	2.73	2.64	3.29
D-37	2.44	2.50	2.46	4.78	4.87	1.88

本方法还与X射线荧光分析进行了比较（表5-2），从分析结果不难看出，本方法所测结果令人满意。利用该法对东海表层样进行了化学元素K、Na、Ca和Mg的测

定，测定结果列于表5-3。

二、东海陆架化学元素丰度

海洋中的阳离子K、Na、Ca和Mg主要来自大陆岩石的风化作用，在海水中经化学沉淀进入海洋沉积物（赵其渊等，1988）。从表5-3可以看出，东海内陆架沉积物中K的含量介于1.53%~2.67%之间，平均为2.05%；Na的含量介于1.40%~1.73%之间，平均为1.51%；Ca的含量介于2.14%~3.72%之间，平均为2.60%；Mg的含量介于0.95%~1.35%之间，平均为1.22%。外陆架沉积物中K的含量介于1.51%~2.35%之间，平均为1.87%；Na的含量介于1.42%~2.10%之间，平均为1.60%；Ca的含量介于2.07%~6.85%之间，平均为3.52%；Mg的含量介于0.84%~1.39%之间，平均为1.07%。

表5-3　东海沉积物中K、Na、Ca、Mg的含量

海区	站位	K（%）	Na（%）	Ca（%）	Mg（%）
内陆架	D-460	1.83	1.44	3.72	0.95
	D-488	2.23	1.56	2.57	1.35
	D-554	2.10	1.41	2.64	1.33
	D-525	2.67	1.53	2.34	1.29
	A-2	2.04	1.53	2.46	1.29
	4103	1.53	1.58	2.14	1.05
	4109	2.10	1.73	2.57	1.31
	4116	1.97	1.40	2.35	1.28
	4118	1.98	1.44	2.57	1.12
外陆架	D-9	2.35	2.10	3.13	1.39
	D-33	2.24	1.56	3.14	1.24
	D-105	1.77	1.49	3.59	0.91
	D-157	1.69	1.56	6.85	0.95
	D-560	1.70	1.42	4.45	0.84
	D-719	1.69	1.59	2.14	1.07
	D-720	1.51	1.53	2.07	0.86
	D-731	2.04	1.53	2.79	1.28
冲绳海槽北部西侧	Z_1-1	1.69	1.38	9.01	0.65
	Z_1-2	1.34	1.04	13.16	0.67
	Z_1-3	1.73	1.22	6.56	0.62
	Z_2-1	1.88	1.41	4.70	0.65
	Z_2-2	2.10	1.49	1.99	0.51
	Z_3-1	2.04	1.56	2.00	0.56
	Z_5-7	1.34	1.13	8.35	0.84
	Z_6-1	1.02	1.02	14.01	0.95
	Z_7-1	1.42	1.42	7.03	0.86

续表

海区	站位	K (%)	Na (%)	Ca (%)	Mg (%)
槽坡	Z_1-4	1.66	2.23	10.98	0.93
	Z_4-1	1.90	1.62	7.44	0.67
	Z_6-2	1.31	1.19	11.71	0.70
冲绳海槽北部海底	Z_2-3	1.76	1.71	9.58	0.67
	Z_3-2	1.98	1.22	11.86	1.09
	Z_3-3	1.41	1.16	18.59	0.77
	Z_3-4	2.38	2.34	8.17	0.93
	Z_4-2	2.03	1.70	6.41	0.98
	Z_4-3	1.83	1.87	8.38	0.65
	Z_4-4	1.91	1.55	8.09	0.99
	Z_5-8	1.97	1.43	7.61	1.00
	Z_5-9	1.73	1.48	10.31	0.93
	Z_5-10	0.58	1.13	17.89	0.88
	Z_6-3	1.98	1.50	5.07	0.98
南部西侧	C_1-1	1.19	1.17	13.23	1.01
	C_1-2	1.47	1.33	8.79	1.23
	C_2-1	1.29	1.25	15.18	0.93
东坡	C_2-6	0.14	0.48	29.93	1.33
	C_3-2	0.33	1.18	22.73	0.80
南部槽底	C_1-3	2.18	1.99	4.57	1.15
	C_1-4	2.36	1.93	3.00	1.21
	C_1-5	1.03	1.18	19.10	0.67
	C_2-2	2.17	1.87	5.63	1.17
	C_2-4	1.98	1.81	4.81	1.05
	C_2-5	1.41	1.65	13.79	0.84
	C_3-1	1.17	4.30	3.74	0.58

从表5-3中的分析结果不难看出，东海内陆架和外陆架沉积物中化学元素K、Na和Mg的丰度变化不大，从总的分布趋势来看，内陆架沉积物中K、Na、Mg的含量与外陆架相比较高。从沉积物粒度分析来看，所采得内陆架站位沉积物多为黏土质软泥，如D-460站沉积物为灰带黄色砂质泥，D-488和D-525站沉积物均为黏土质软泥。外陆架沉积物多为泥质砂、粉砂。所以，以上元素在内陆架泥区含量较高，这基本上符合了大多数化学元素易被细颗粒物质所吸附、沉积，它们随着沉积物泥质成分的增多而递增。测定结果同时还表明，在内陆架泥质沉积区Ca的含量比外陆架明显偏低，如D-560站和D-157站沉积物为粉砂，Ca的含量比内陆架高数倍。长江是输入到东海陆源物质的主要河流，4109站（31°N，122°15′E）和4103站（31°30′N，122°15′E）

位于长江口外海域，4116站位于杭州湾内（30°30′N，121°30′E），4118站位于杭州湾外，以上站位沉积物中Ca的含量均不高，这说明长江物质不富含Ca。那么，东海外陆架沉积物中的高Ca应属生物、生物碎屑所贡献的。

三、冲绳海槽沉积物中K、Na、Ca、Mg的丰度

位于冲绳海槽北部西侧浅水区（水深122~252 m）站表层沉积物中K的含量介于1.02%~2.10%之间，平均为1.62%；Na的含量介于1.02%~1.56%之间，平均为1.30%；Ca的含量介于1.99%~14.01%之间，平均为7.42%；Mg的含量介于0.51%~0.95%之间，平均为0.70%。位于陆坡Z1-4站（水深502 m）、Z4-1站（水深319 m）和Z6-2站（水深460 m），沉积物分别为砂质软泥、砂和泥质砂，K的含量分别为1.66%、1.90%和1.31%，Na的含量分别为2.23%、1.62%、1.19%，Ca的含量分别为10.98%、7.44%和11.71%，Mg的含量分别为0.93%、0.67%和0.70%。

在冲绳海槽北部槽底水深大于670 m，大多数采样站位水深在1 000 m左右，沉积物多为有孔虫软泥，部分沉积物为中细砂，测定结果表明，这一海区沉积物中K的含量介于0.58%~2.38%之间，平均为1.78%；Na的含量介于1.13%~2.34%之间，平均为1.55%；Ca的含量介于5.07%~18.59%之间，平均为10.18%；Mg的含量介于0.65%~1.09%之间，平均为0.90%。

冲绳海槽中、南部海区水较深，较多的采样站位水深大于1 000 m，C2-2站水深达2 030 m，该海区沉积物以灰色有孔虫软泥常见，部分站位沉积物以贝壳、砂或火成岩砂为主。位于冲绳海槽中南部西侧浅水区站位C1-1（水深150 m）、C1-2（水深205 m）和C2-1（水深230 m）沉积物为中细砂和贝壳，测定结果表明，K的含量分别为1.19%、1.14%和1.29%，Na的含量分别为1.17%、1.13%、1.25%，Ca的含量分别为13.23%、8.79%、15.18%，Mg的含量分别为1.01%、1.23%和0.93%。

位于冲绳海槽东坡，在冲绳岛附近的C2-6（水深530 m）和C3-2（水深560 m）采样站位，水深较浅，采得的沉积物多为火成岩和贝壳，K的含量分别为0.14%、0.33%，Na的含量分别为0.48%、1.18%，Ca的含量分别为29.93%、22.73%，Mg的含量分别为1.33%和0.80%。

冲绳海槽南部赤尾屿附近海区的槽底水较深，水深介于1 347~2 030 m之间，沉积物多为灰黄色有孔虫软泥。该海区沉积物中K的含量介于1.03%~2.36%之间，平均为1.76%；Na的含量介于1.18%~4.30%之间，平均为2.10%；Ca的含量介于3.00%~19.10%之间，平均为7.81%；Mg的含量介于0.58%~1.21%之间，平均为0.95%。从测定结果不难看出，冲绳海槽南部海区，海槽西侧沉积物中K的丰度大于海槽东坡，小于槽底；Na的丰度小于东坡和小于槽底；Ca的丰度小于东坡，大于槽底；Mg的丰度小于槽东坡，但大于槽底。

综上所述，就整个冲绳海槽而言，海槽南部（1.76%）和北部（1.78%）沉积物中K的丰度相当，海槽北部（1.55%）Na的丰度低于海槽南部（2.10%），Ca的丰度海槽北部（10.18%）高于海槽南部（7.81%），Mg的丰度在海槽南（0.95%）、北部（0.90%）变化不大。

四、小结

沉积物中K的丰度由多到少排序为：内陆架、外陆架、海槽坡、海槽底，Na的丰度由多到少排序为：槽底、槽坡、外陆架、内陆架，Ca的丰度则由多到少排序为：内槽底、槽坡、外陆架、内陆架，而Mg的丰度由多到少排序为：内陆架、外陆架、槽坡、槽底。根据化学元素K、Na、Ca、Mg丰度空间分布的差异，东海陆架和冲绳海槽沉积物中K、Na和Mg主要来源于河流的输入，Ca主要是生物成因所形成的。

第三节　冲绳海槽表层沉积物混合作用

海洋颗粒物沉降到海底形成沉积物后并不一定稳定堆积在原地，它在底栖生物、海流或其他动力作用下可能会发生扰动，使沉积物的上、下层之间发生混合，这种混合作用对沉积物中物质在沉积物-海水界面或沉积物内部的迁移与转化起着重要作用。沉积物混合作用受沉积过程、地形地貌、海洋环流、生物活动等多种因素影响，因此，探讨沉积物的沉积作用和混合作用过程，对研究形成的地层结构、物质分布和沉积环境有着重要的意义。本节拟通过测定采自冲绳海槽箱式岩心的^{210}Pb放射性活度，根据混合作用的数学模式，来探讨冲绳海槽沉积物的混合作用强度，利用^{210}Pb放射性活度的空间分布和垂直分布特征追踪研究海区的沉积环境及大洋水团循环的关系。

一、冲绳海槽地形与环流特征

冲绳海槽水深大于1 000 m，最大水深为2 719 m，海槽边缘等深线为200 m。地形上海槽北部高，南部低见图5-5（李乃胜，1995）。本书重点研究区域位于冲绳海槽北段，所处水深介于115~1 330 m之间。为研究海底地形地貌和浅地层结构，进行了地震水深和浅地层剖面的测定，调查区的海底地形如图5-6所示。本研究区域采样站位与附近的3条浅地层剖面反映的海底地形如下。

S07AB测线位于30°08.25′N，127°47.58′E和30°54.98′N，129°09.00′E之间，共43个测点，1~7点位于陆架上，7~10点海底表面为大范围的滑塌结构，16~22点为隆起区，22~24点深度迅速下降，海底由火山体组成，26~36点地层穿透性好，沉积物松软为典型火山沉积地层，地层中可见拗曲、错断（岩心024位于36点附近，水深739 m）36~40点为一片火山隆起，没有沉积结构，40~48点为典型火山地层沉积，土质松软，浅地层剖面见图5-7。

S12AB测线共43个点，位于30°34.09′N，127°28.89′E和29°16.55′N，128°45.48′E之间，43~36点位于陆架上，36~34点之间的坡折带，下有两段规模不大的海底滑塌结构，28~19点附近是陆架的下半部，为一大尺度隆起区，在其东西两侧，均有高和陡的陡崖，在其隆起根部、有沟谷存在。岩心042位于槽坡水深385 m处，介于浅层剖面28-19点之间，19点以东为槽底区，仅在山坡和山间可见一些小的沉积地层。如图5-8所示。

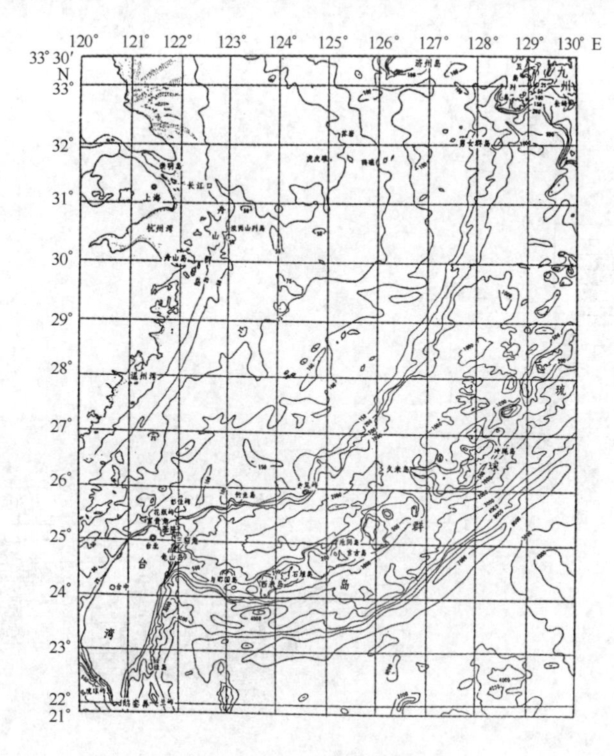

图 5 – 5　冲绳海槽地形

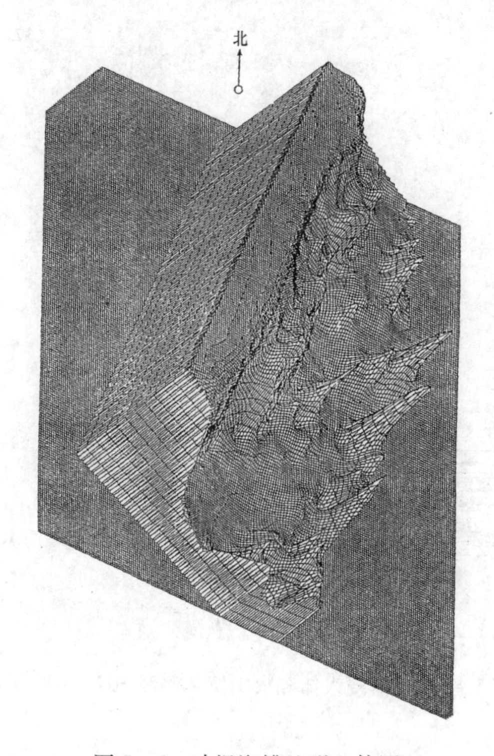

图 5 – 6　冲绳海槽地形立体图

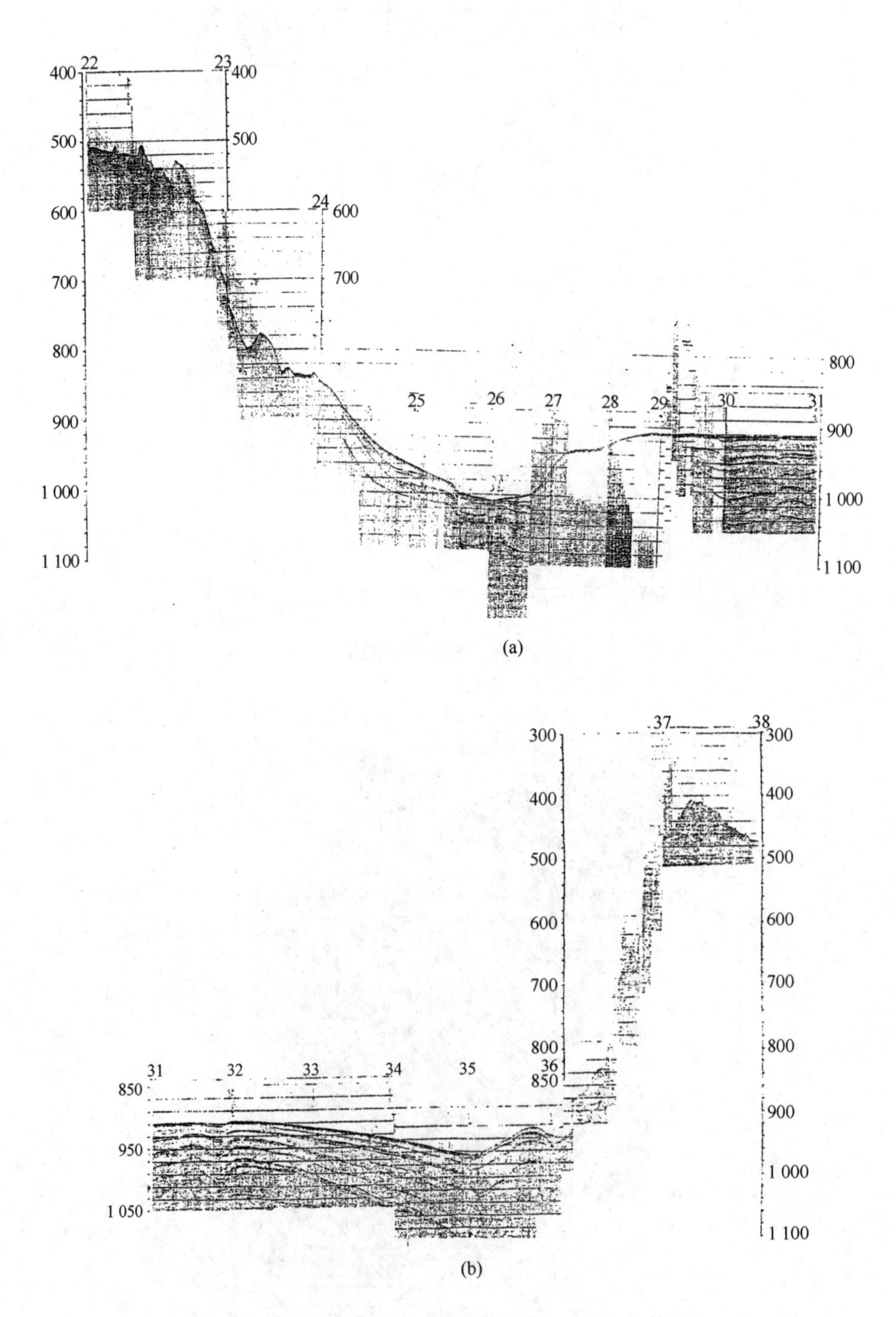

图 5－7　海槽侵入体和火山沉积测线 S07（B4－A7）

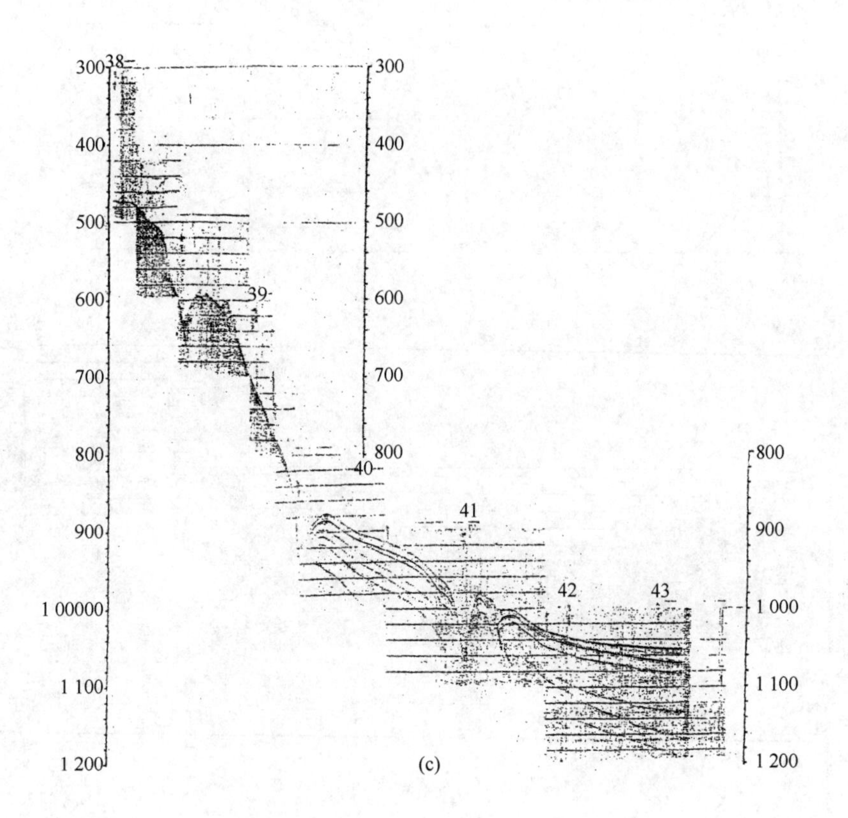

(c)

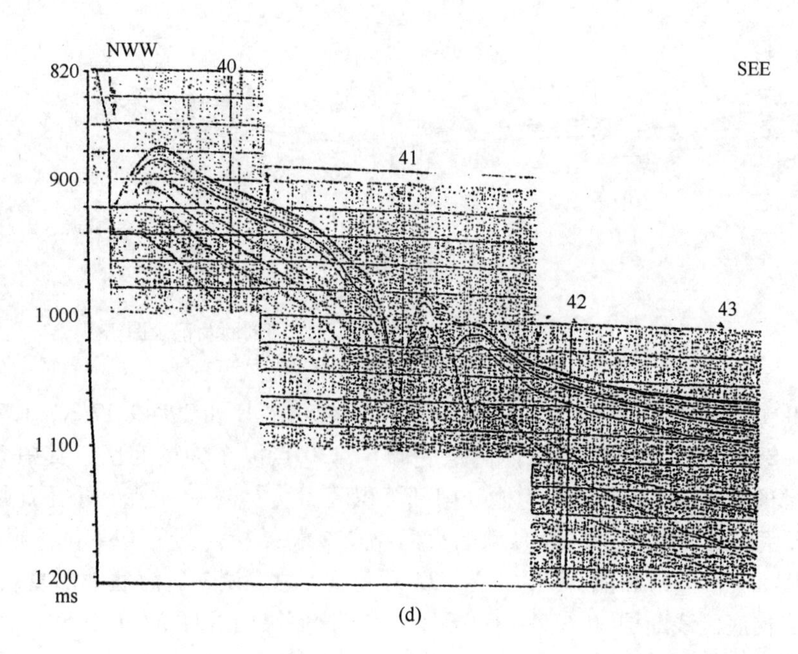

(d)

图 5－7　海槽侵入体和火山沉积测线 S07（B4－A7）（续）

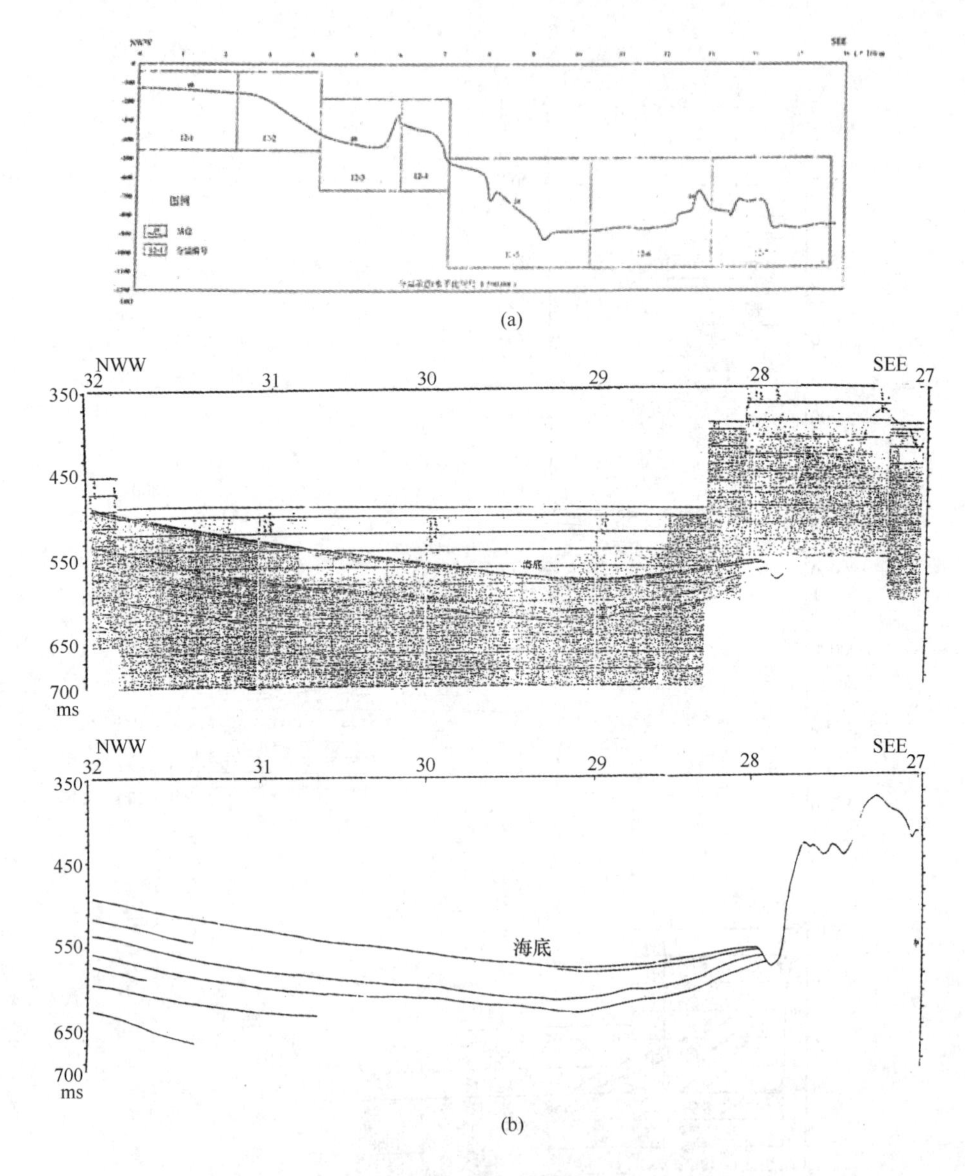

(a)

(b)

图 5－8　S12AB042 站附近测线浅地层结构剖面及记录图谱

S18AB 测线共 49 点，位于 29°16. 55′N，128°45. 48′E 和 29°49. 17′N，127°09. 06′E 之间，38～28 点位于陆坡区，总体向槽底倾斜，30 点以东为槽底区，其中 23 点以西为槽底西部的隆起区，23～9 点为槽底中部沉积区，其中 23～17 点几乎不显层理，9～1 点地形起伏，沉积厚度大，为典型的火山物质沉积结构。岩心 082 位于槽底泥沉积区，见［图 5－9（a）和图 5－9（b）］22～12 点。总之调查区海底地形复杂，浅地层剖面反映出槽底区浅断层（图 5－10，S05AB）、槽底火山（图 5－11，S05AB）和陆坡上部的滑塌结构等地质现象。

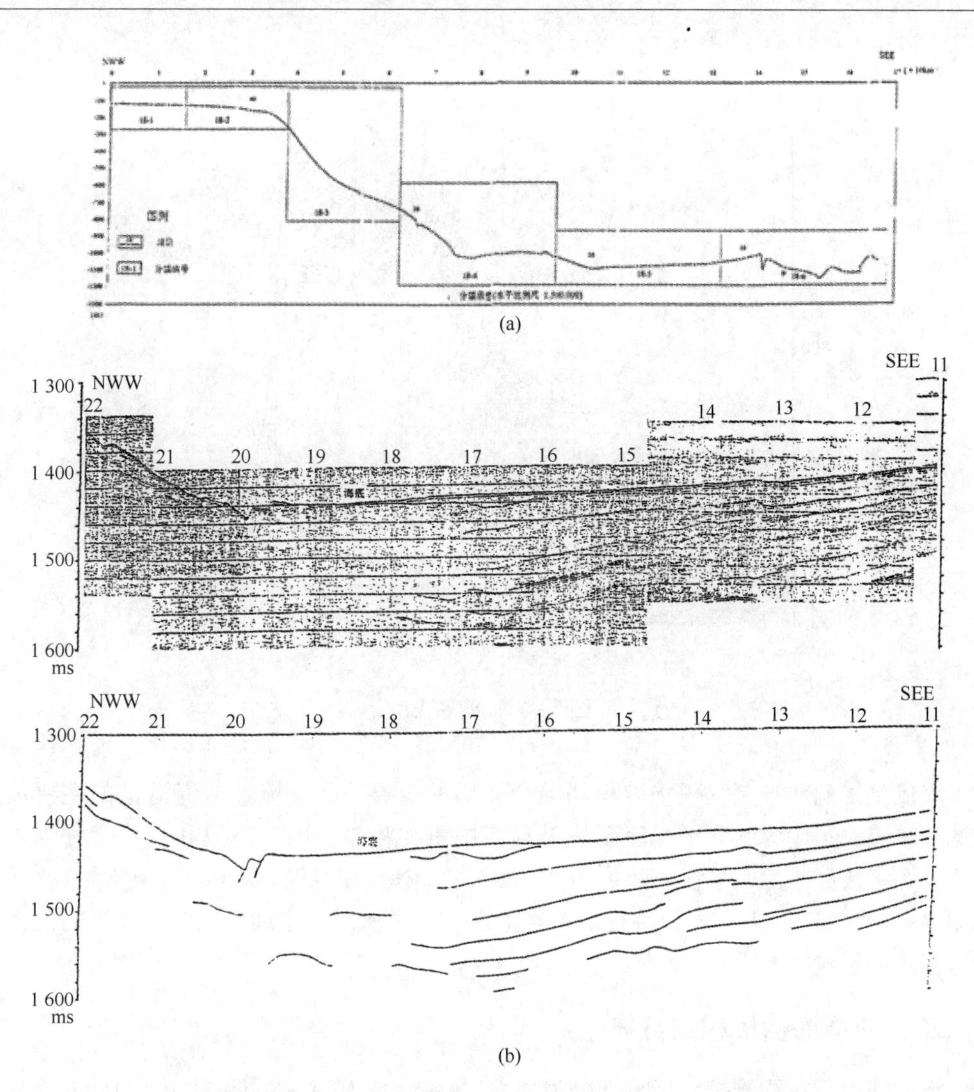

(a)

(b)

图 5－9 S18AB 082 站附近测线浅地层结构剖面及记录图谱

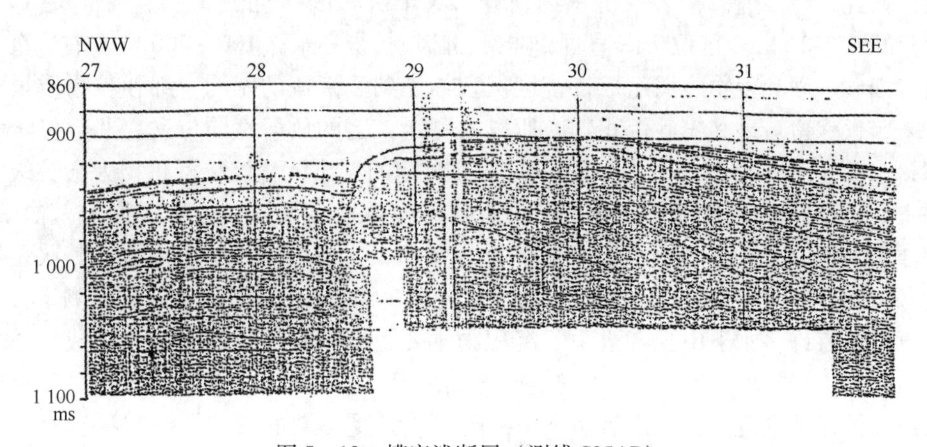

图 5－10 槽底浅断层（测线 S05AB）

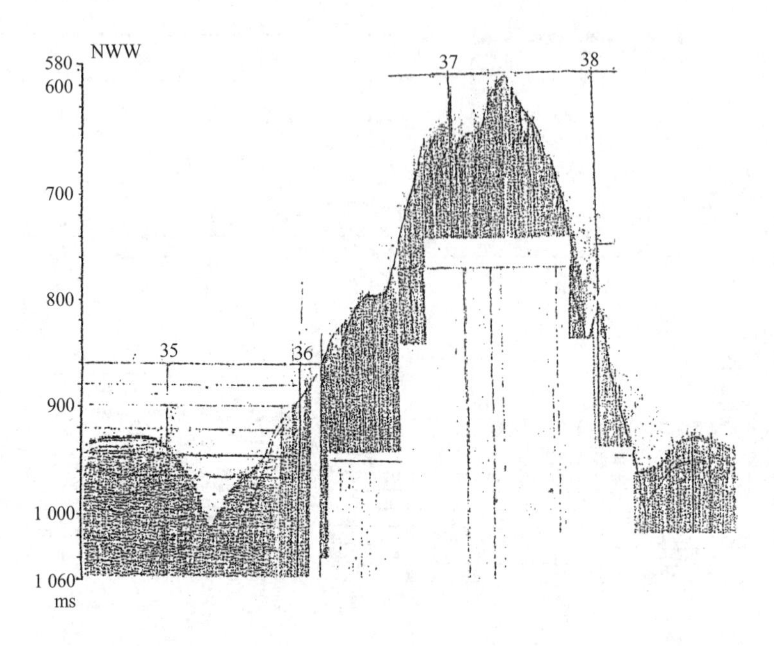

图 5－11　槽底火山

海流是影响和控制沉积物堆积和混合作用的重要因素，流经冲绳海槽的主要流系是黑潮暖流，黑潮为北太平洋流副热带环流中重要流系，因其高温和高盐度称为黑潮暖流，黑潮流经东海几乎占据纬度 10°（20°—30°N）和经度（120°—130°E）10°（秦蕴珊等，1987 年），其在本研究区的流经如图 5－12 所示，本调查区约占 2/3 的测站受到黑潮流的影响。

二、冲绳海槽沉积物分布

将冲绳海槽沉积物按粒级标准分为砂 $-1 \sim 4\phi$，粉砂 $4 \sim 8\phi$ 和黏土大于 8ϕ 等几个等级，据此，将冲绳海槽表层沉积物划分为 5 个沉积区（见图 5－13、图 5－14、图 5－15和图 5－16），Ⅰ区位于海槽西侧陆架和陆坡折带，水深 100～200 m 左右，沉积物主要有细砂、砂和生物碎屑组成，该区沉积物受到黑潮流的制约，细颗粒物质很难沉积下来，仅保留着砂和粉砂沉积物，所以未测定该区的放射性同位素。Ⅱ区位于海槽北部，水深在 400～800 m 之间，这里是冲绳海槽的泥质沉积区，沉积物为细粒级粉砂质黏土，由于该区受黑潮的影响，沉积环境和物质来源很复杂。Ⅲ区位于海槽中部，水深介于 500～1 000 m 之间，沉积物为混合沉积，主要由陆源物质组成，其次是生物碎屑和火山碎屑。Ⅳ区位于海槽南端，水深大于 1 000 m，根据浅地层剖面测定，该区地形复杂，有许多水下山丘和火山。沉积物主要由细颗粒的粉砂和黏土组成，并伴生物碎屑和火山碎屑。Ⅴ区位于海槽东侧，水深小于 1 000 m，沉积物主要由砂和火山碎屑组成。该区地形复杂，火山活动频繁，同时该区受黑潮的影响，沉积物含有大量生物碎屑。

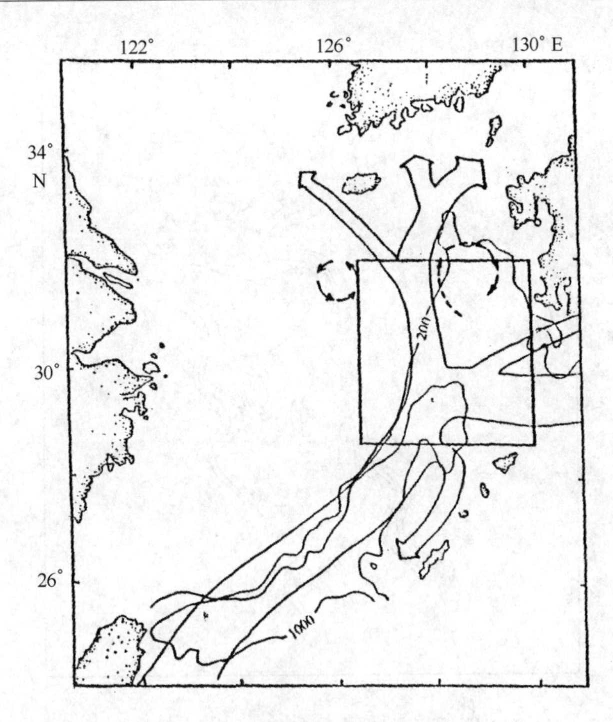

图 5－12　黑潮流经调查区示意图

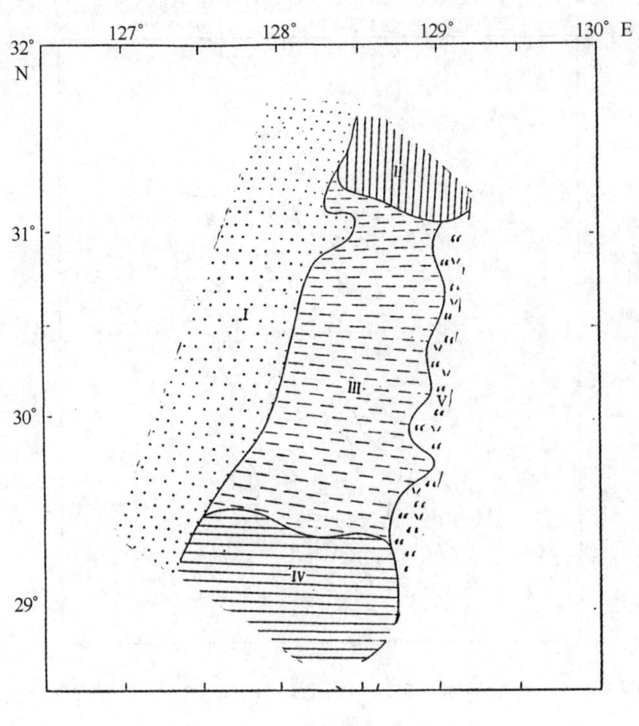

图 5－13　冲绳海槽沉积物分区

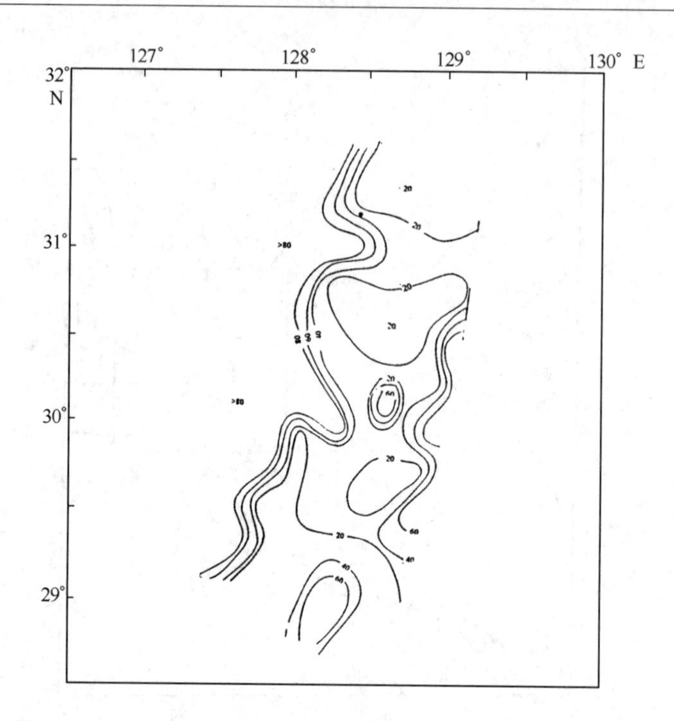

图 5－14　冲绳海槽沉积物中砂粒级（－1～4ϕ）百分含量分布

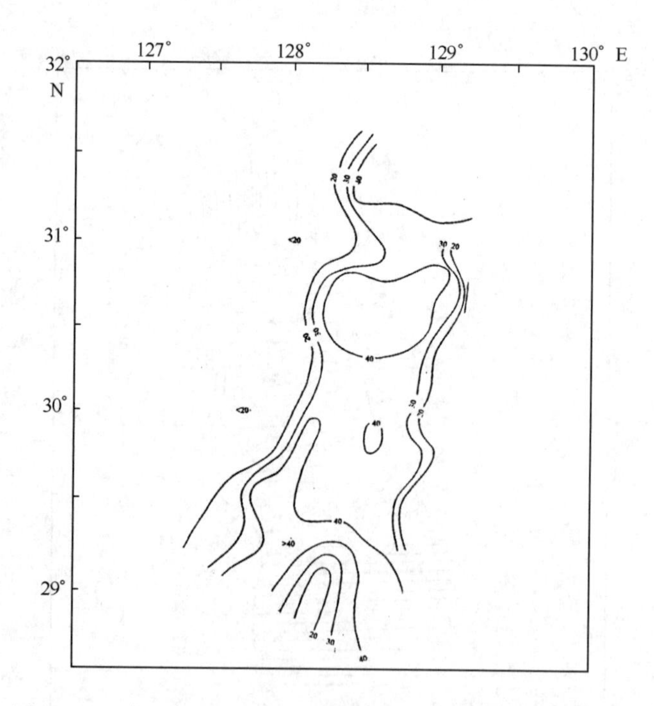

图 5－15　冲绳海槽沉积物中粉砂粒级（4～8ϕ）百分含量分布

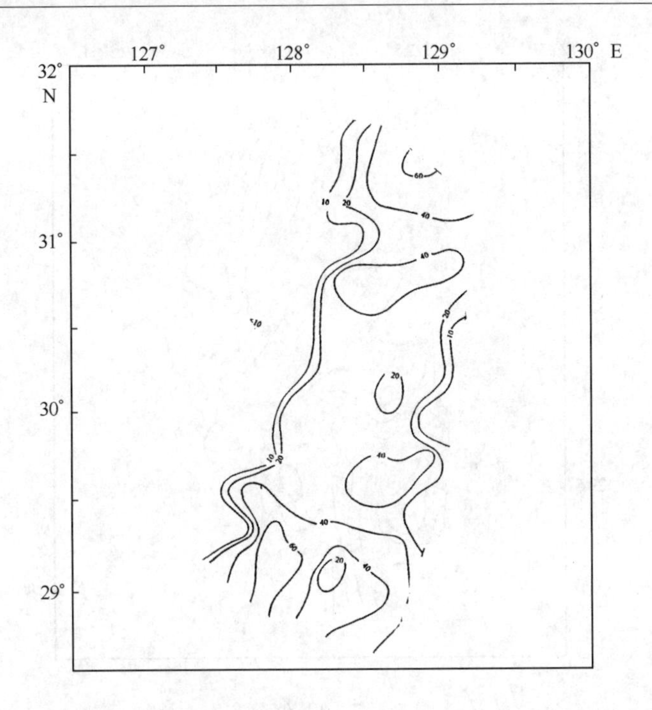

图 5 - 16　冲绳海槽沉积物中黏土粒级（ >8ϕ）百分含量分布

三、冲绳海槽表层沉积物氧化还原环境

氧化还原电位 Eh、pH 和 Fe^{3+}/Fe^{2+} 比值是重要的环境指示因子。在海洋环境中 Eh 大致为：海水为 +500 ~ −200 mV，边缘海沉积物为 +500 ~ −400 mV，深海沉积物为 +600 ~ −400 mV（赵其渊，1989）。从图 5 - 17 可以看出，冲绳海槽 Eh 值的变化范围为 +144 ~ −167 mV，Eh 正值区主要分布在调查区的东北端和西南端，Eh 为正值时，表示环境为氧化状态；Eh 为负值时，表示环境为还原状态。调查区大部分区域属还原环境，较为突出的缺氧区域位于调查区的东南部和西北部。世界大洋海水 pH 值比较恒定，表层水为 8.0 ~ 8.3，中、深层水可到 8 以下，最低 7.6 左右（赵其渊，1989）。研究已知，海水的 pH 值是温度、压力的函数，温度压力的升高将导致 pH 值的下降。一般认为二氧化碳、碳酸根体系对制约海水中 pH 值起了重要的作用。大西洋氧和 pH 值有一大致的分布趋势，高氧区 pH 值高，低氧区 pH 值低。从图 5 - 18 可以看出，冲绳海槽表层沉积物的 pH 值介于 7.34 ~ 8.20 之间，pH 值高值区位于海槽西部陆架和陆架坡折带，低值区位于调查区东部和中部。其中调查区东南部 pH 值最低。

对 Fe^{3+}/Fe^{2+} 比值的测定，可以了解沉积物的氧化还原特征。1985 年提出渤海沉积物的不同色调很大程度上取决于 Fe^{3+}/Fe^{2+} 比值，如黄灰、褐色代表弱氧化 - 弱还原环境，灰黑、青灰色是还原层的特征特色。我们对冲绳海槽表层沉积物进行了 Fe^{3+}/Fe^{2+} 比值的现场测定，如图 5 - 19 所示，Fe^{3+}/Fe^{2+} 比值介于 2.5 ~ 12.5 之间，其中 060 站高达 19.50。但海槽大部分区域 Fe^{3+}/Fe^{2+} 比值为 2.5，在海槽东南部呈现 Fe^{3+}/Fe^{2+} 比值高值区。这符合高价铁离子，只存在低 pH 值的环境。另一方面，该区岩心表层为灰

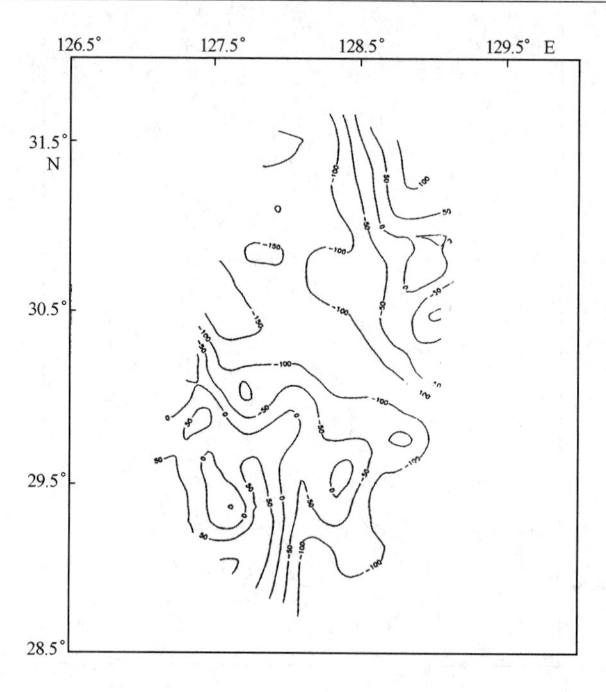

图 5-17 Eh 值分布

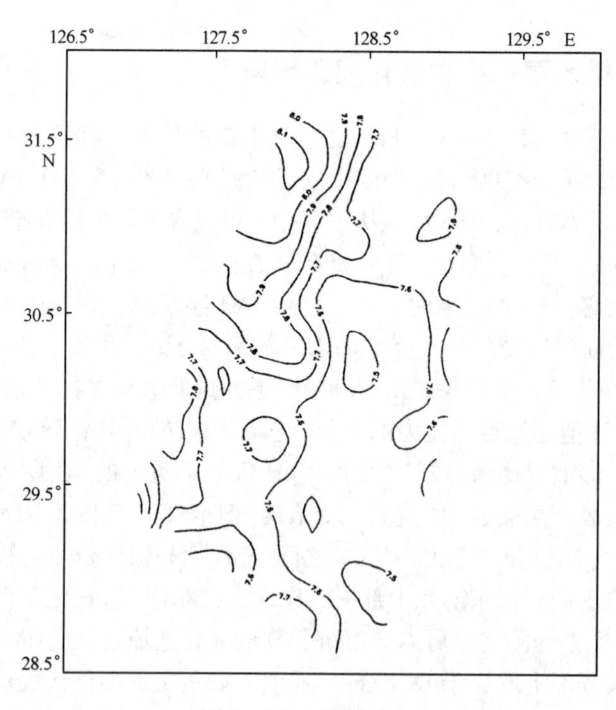

图 5-18 pH 值分布

色泥，同时反映了缺氧（还原）的环境。

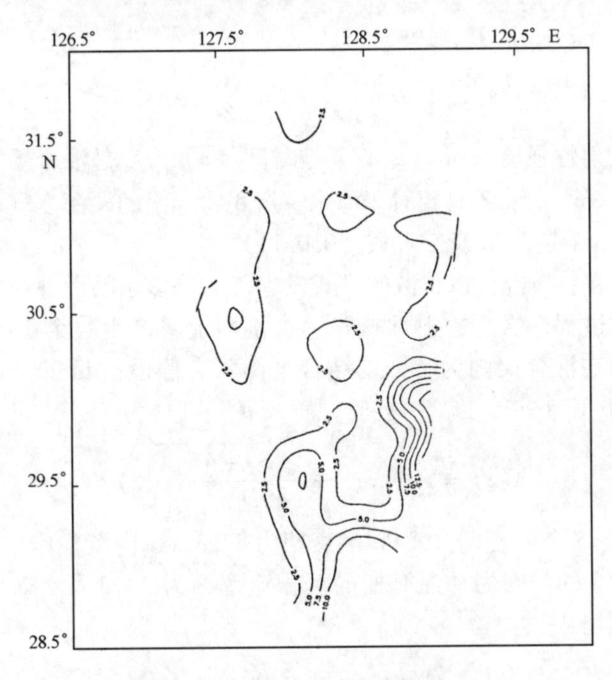

图 5－19　Fe^{3+}/Fe^{2+} 比值的分布

四、冲绳海槽沉积物混合作用

中国科学院海洋研究所“科学一号”调查船分别在 1983 年 10 月和 1992 年 5 月对冲绳海槽进行海洋沉积学的有关调查，采得未受扰动的箱式岩心 4 个，样品编号分别为 Z12－4、Z9－5、H82 和 H16。采样站位如图 5－20 所示。以下研究都是在这 4 个岩心的基础上完成的。

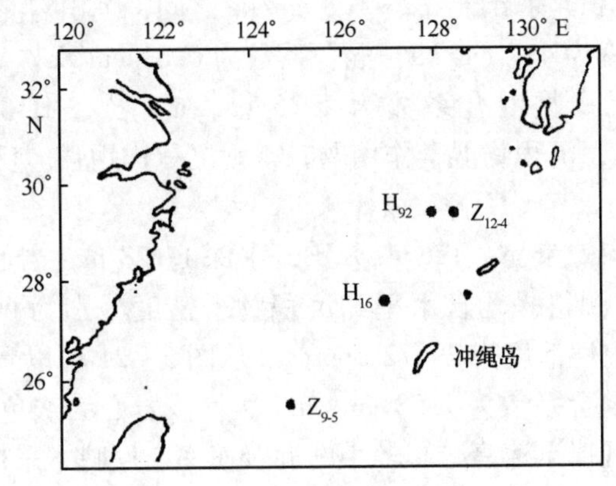

图 5－20　沉积物混合研究采样站位

在海底（尤其是深海）沉积物—海水界面影响放射性核素自然分布的主要过程是沉积物的堆积、沉积物的混合（重新改造）和放射性强度的衰减。这些过程可以用以下方程来描述（Demaster. D. J.，1985）。

$$\frac{dA}{dt} = D_b\rho \frac{\partial^2 A}{\partial Z^2} - S\rho \frac{\partial A}{\partial Z} - \lambda\rho A \qquad (5-1)$$

式中：A 是^{210}Pb 放射性强度（dpm/g）；T 是时间（a）；D_b 是混合系数或混合速率；ρ 是沉积物干密度（cm^3/g）；Z 是相对于海水－沉积物界面的柱深度（cm）；S 是沉积物堆积速率（cm/a）；λ 是^{210}Pb 衰变常数（0.0311）。

该式假定细颗粒物质混合以扩散的方式发生（如许多小的无规律的事件），如果个别事件支配着混合过程，岩心放射性核素垂直剖面上将产生数个截距。在式（5－1）D_b、ρ 和 S 被假定为在混合层内为常数，结合平衡状态假设：$dA/dt=0$，和边界条件 $A(z)=A_0$，在 $Z=0$ 和 $A\to 0$，当 $Z\to\infty$ 时，解式（5－1）为：

$$A(z) = A_0\exp\left[\frac{S - \sqrt{S^2 + 4D_b\lambda}}{2D_b}(z)\right] \qquad (5-2)$$

假定在^{210}Pb 4～5 个半衰期（^{210}Pb 半衰期为 22.3 a）内沉积作用可忽略（$S\approx 0$），这在冲绳海槽是成立的，因为冲绳海槽的沉积速率约为 2～3 cm/Ka，在这些条件下，可由式（5－2）得出：

$$A(z) = A_0 e^{-\sqrt{\frac{\lambda}{D_b}}} \cdot z$$

$$D_b = \frac{z^2\lambda}{In[A_0/A(z)]^2} \qquad (5-3)$$

海洋沉积物的沉积作用和混合作用强度是研究海洋沉积环境重要的因素，这是由于这两个作用过程控制着所形成地层的结构、构造和物质分布。冲绳海槽存在大量的底栖生物和多处海底热水活动区，这些因素会使沉降到海底的沉积物产生混合，主要以沉积物呈现斑纹和生物洞穴为特征。那么，调查区采样点沉积物的形成过程是以沉积作用为主还是以混合作用为主？岩心中放射性核素的垂直分布必将反映出来。经计算岩心 Z9－5 沉积物堆积速率介于 1.2～4.8 cm/ka 之间，沉积物混合系数为 0.51 cm^2/a。Z12－4 沉积物沉积速率为 4.7 cm/ka，混合系数为 0.61 cm^2/a。岩心 H 82 沉积物堆积速率为 8.5 cm/ka，沉积物混合系数为 1.35 cm^2/a。岩心 H16 沉积物混合系数为 6.88 cm^2/a。由此可见，沉积物混合作用弱时，则沉积作用强。反之，沉积物混合作用强时，则沉积作用弱。

岩心 H82 位于 79°12.63′N，128°4.32′E，水深 1 128 m，岩心自上而下为灰色泥，28 cm 处有生物洞穴。测得平均含水率和沉积物干密度分别为 60.35%，0.54 g/cm^3，表层 0～2 cm ^{210}Pb 放射性活度为 79.72 dpm/g。从图 5－21 可以看出，岩心上部混合深度约为 9 cm，计算其混合系数为 1.53 cm^2/a。尽管该岩心为灰色泥，含水率较高，但是^{210}Pb 随岩心深度有规律迅速衰减和较小的混合速率，反映了采样点海洋环境较稳定。

岩心 H16 位于冲绳海槽中部 27°28.49′N，127°0.46′E，采样点水深 1 270 m，岩心为砂质泥，表层呈黄褐色，18 cm 颜色变灰伴有生物洞穴被砂填充，往下灰色加深。该岩心平均含水率为 50.24%，沉积物干密度为 0.83 g/cm^3。测得岩心表层 0～2 cm ^{210}Pb 放射性活度为 27.06 dpm/g，混合系数为 6.88 cm^2/a，从图 5－22 可以看出，^{210}Pb 放射性活度随深度的衰减在 5 cm、9 cm 处偏高（3～5 cm 和 7～9 cm ^{210}Pb 倒置），这反映了

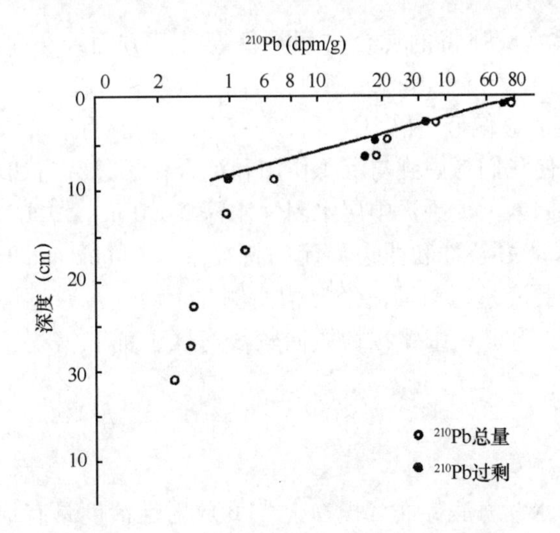

图 5-21　岩心 H82 ^{210}Pb 放射性活度垂直分布

采样点底栖生物和水动力条件活跃，将沉积物扰动，导致了较深的混合层（13 cm）和很高的混合速率。值得提及的是，该岩心位于海槽热水活动区，现代海底热水活动也可能导致混合作用增强。

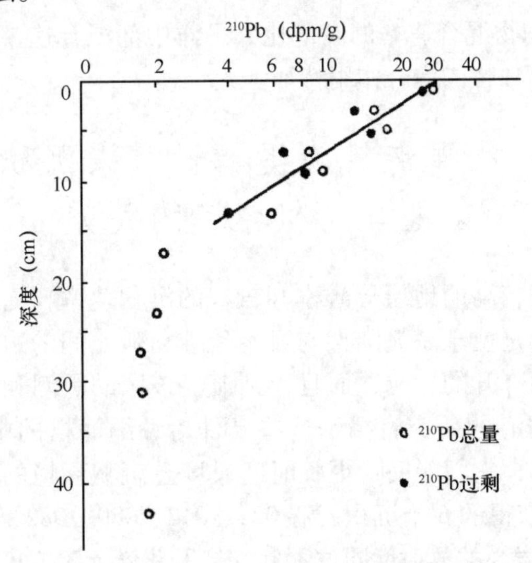

图 5-22　岩心 H16 ^{210}Pb 放射性活度垂直分布

对照冲绳海槽南部岩心 Z9-5（25°20′N，124°35′E，水深 2 000 m）0～1.5 cm ^{210}Pb放射性活度为 26.26 dpm/g，混合系数为 0.51 cm^2/a 和海槽北部岩心 Z12-4（29°15.5′N，128°20′E，水深 1 050 m）0～1.5 cm ^{210}Pb 放射性活度为 92.40 dpm/g，混合系数为 0.63 cm^2/a。由此可见，冲绳海槽南部和北部混合作用强度偏低，与太平洋中部混合系（0.6～3 cm^2/a）（Lisa A. Levin and Cunthia L. Thomas，1989）的低值相吻合，而位于海槽中部混合作用明显加强，比太平洋中部的混合系数高值高一个数量级，这也反映了边缘海域独特的混合作用特征。另一方面，冲绳海槽海水 - 海底界面^{210}Pb放射性活度高值区位于海槽北部，以岩心 H82 和 Z12 - 4 为例；而海槽中部和南部^{210}Pb放射性活度明显偏低，以 H16 和 Z9 - 5 为代表。为估价^{210}Pb放射性活度在海槽空间分布的差异，使我们考虑到与沉积作用和混合作用过程密切相关的水动力条件，包括大洋水团循环的因素。太平洋中层水团（水深2 090 m）^{210}Pb为21.4 dpm/100 kg，大量的^{210}Pb反映了水动力条件和西边界流的特征（Y. Chung and H. Craig，1983）。黑潮为东海环流中的重要流系，黑潮流经海槽西侧北上时，流系逐渐减弱，加之地形上由深变浅，因而产生上升流，细颗粒物质向较浅海区上涌和富积，所以海槽北部^{210}Pb放射性活度显著增高。

五、小结

（1）冲绳海槽海水 - 海底界面沉积物中^{210}Pb放射性活度具有地区性差异，海槽南部和中部低，北部显著偏高。导致^{210}Pb富集的主要因素被认为是来自太平洋循环水团北上的黑潮所致。

（2）利用^{210}Pb在岩心的垂直分布，根据稳态方程模式，计算了冲绳海沉积物混合速率，海槽北部和南部混合作用弱，而海槽中部混合作用很强，它们受到海洋底栖生物和水动力条件所制约。

（3）冲绳海槽沉积物混合速率的高值比太平洋中部混合速率的高值高出一个数量级，这反映了边缘海区独特的混合作用特征。

第四节　冲绳海槽晚更新世以来沉积速率的变化与沉积环境的关系

边缘海的岩心具有较高的地层分辨率和较快的沉积速率，更有利于系统地揭示古海洋事件，而冲绳海槽是位于东海陆架与日本琉球岛弧之间的边缘海，它不仅受到晚更新世、全新世海平面降升的影响，而且受到流经该区的黑潮和海底热水活动等的制约，对冲绳海槽沉积岩心的研究将揭示这些事件对冲绳海槽的影响。另外，由于铀、钍的半衰期远大于^{210}Pb，它们能反映更长时间尺度上沉积环境的变化。所以，本节根据 1992 年在冲绳海槽获得的 6 个沉积岩心 024、042、080、082、086 和 HDl2（图 5 - 23），通过研究这 6 个岩心的放射性同位素铀、钍及化学元素 $CaCO_3$，系统地介绍冲绳海槽晚更新世以来沉积速率与沉积环境（海平面升降）变化的关系，同时利用同位素活度、活度比值探讨冲绳海槽的物质来源和古盐度的变化。

一、全新世、晚更新世沉积速率与沉积环境

基于 6 个岩心钍同位素数据，计算出冲绳海槽各站全新世和晚更新世沉积速率（表 5 - 4，图 5 - 24）。由图 5 - 24 可以看出，岩心 042 全新世段以下$^{230}Th/^{232}Th$比值呈现倒置，所以未能测出晚更新世段沉积速率。在地理位置上，该岩心位于调查区中部海槽西坡（30°18.64′N，128°20.9′E），水深 389 m，强大的黑潮流沿海槽西坡北上流

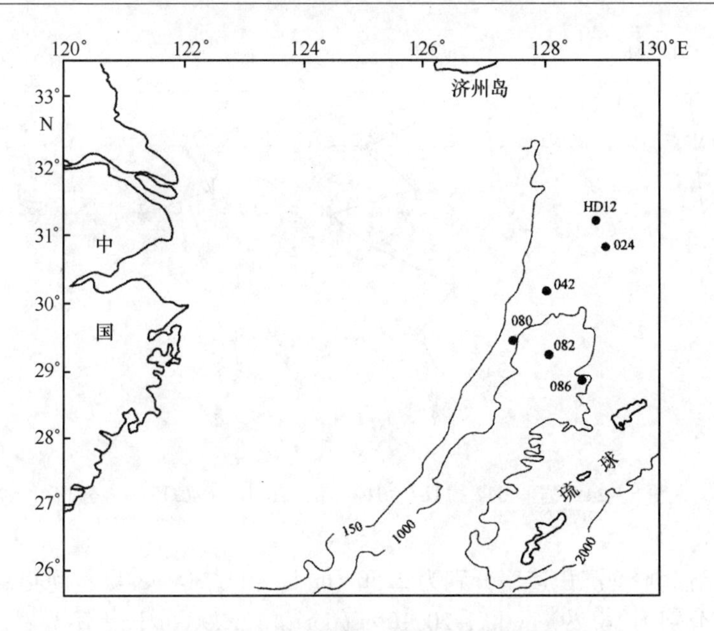

图 5－23　冲绳海槽柱状岩心采样站位

动，对该区有很大的影响。从岩性分析上看，该岩心上部为泥质细砂，50～60 cm 处夹有砂质泥层；岩心下部为泥质细砂，几处出现砾石和泥层。根据岩性分析和同位素的垂直分布，晚更新世低海平面时期该区的沉积环境发生了很大的变化，采样点可能发生了滑坡或塌陷，这表现在所形成的岩心存在泥的夹层和所测得的同位素垂直分布呈现倒置现象。全新世海平面抬升，输入到采样点的陆源物质相对减少，同时采样点依然受到黑潮流的制约和改造，故该区沉积速率比较低，沉积环境不稳定。位于海槽西侧的 080 岩心（29°20.67′N，127°37.89′E）水深 1 051 m。全新世沉积速率为 2.50 cm/ka，晚更新世沉积速率为 8.80 cm/ka。该岩心上部为黄褐色中细砂，说明黑潮对采样点有很大的影响；岩心下部为灰色粉砂质泥，190 cm 以下为绿灰色黏土，岩心下部较高的沉积速率反映了晚更新世期间采样点沉积环境发生了明显的改变。

表 5－4　冲绳海槽全新世晚更新世沉积速率

站号	岩心深度（cm）	地层年代（ka）	全新世沉积速率（cm/ka）	岩心深度（cm）	地层年代（ka）	晚更新世沉积速率（cm/ka）
024	30	12 180	2.50	305	27 369	16.79
042	25	11 905	2.10			
080	30	12 400	2.50	150	34 560	8.8
082	92	10 841	8.50	325	29 296	12.63
086	30	10 714	2.80	455	62 803	20.1　12.29
HD12	30	12 000	2.5　3.3	130	25 514	7.4

冲绳海槽东侧岩心 024（30°49.25′N，128°59.61′E）和岩心 086（28°53′N，

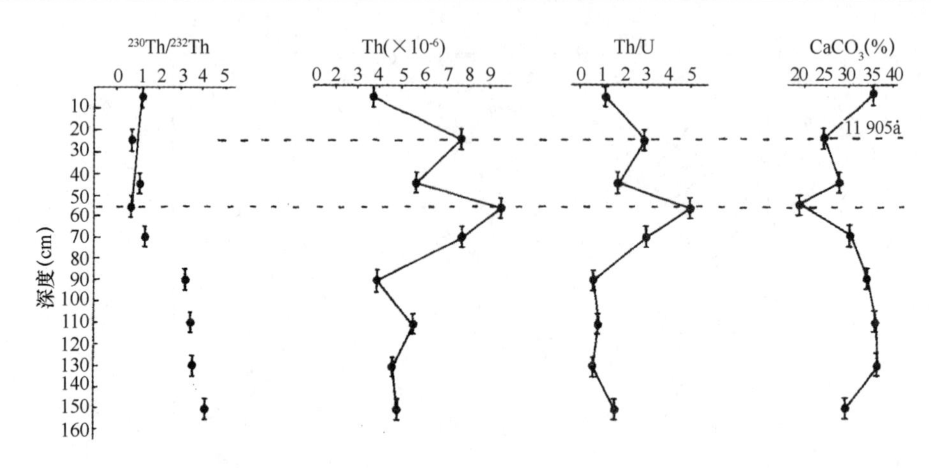

图 5-24　岩心 042 $^{230}Th/^{232}Th$、Th、Th/U、$CaCO_3$ 垂直分布

128°40′E）全新世平均沉积速率分别为 2.50 cm/ka 和 2.80 cm/ka；晚更新世两岩心的平均沉积速率分别为 16.79 cm/ka、20.10 cm/ka 和 12.29 cm/ka。不难看出，海槽东侧晚更新世期间平均沉积速率比全新世期间高得多。海上调查资料表明，海槽东侧存在海底断崖、海底火山和海底热水活动等，沉积环境很复杂。根据岩性分析，岩心晚更新世段多为粉砂和火山碎屑。从晚更新世很高的沉积速率来分析，该区火山物质可能有很大的贡献。

海槽中部岩心 082（29°12.63′N，128°04.32′E）位于调查区的泥沉积区，测得全新世段沉积物平均沉积速率为 8.50 cm/ka，晚更新世沉积速率为 12.63 cm/ka。在该采样点同时采得箱式岩心，利用^{210}Pb 法测得沉积物混合系数为 1.53 cm^2/a，岩心上部混合深度为 9 cm（李凤业等，1996）。该区为非热水区，故沉积物的混合作用弱；但是，该区沉积作用很强，沉积环境较稳定。

采自冲绳海槽北部的岩心 HDl2 处于海槽的另一个泥沉积区中（31°16.26′N，128°53′E），岩心上部为青灰色粉砂质软泥，从上往下逐渐变硬，多处呈现浮岩砾石和少量贝壳。测得该岩心全新世沉积速率为 2.50 cm/ka，晚更新世沉积速率为 7.40 cm/ka。海槽北部的泥区地形比较平坦，沉积着粉砂和黏土。北上的黑潮流经该区流速减弱，形成数个旋涡黑潮携带的大量细粒级物质在此沉积下来，该区的沉积环境主要受到黑潮的制约。

铀系资料表明，冲绳海槽全新世和晚更新世之间地层的年龄距今介于 10 714—12 400 a之间，为对比研究，岩心 086 和 082 进行了氧同位素的测定，岩心 086（95～105 cm）和岩心 082（160～170 cm）样品进行了有孔虫^{14}C（AMS）的测定。^{14}C 资料表明岩心 086（95～105 cm）为距今（21 050 ± 300）a。该岩心氧同位素的第一期处于 20～30 cm 间（距今 12 000 a）。$^{230}Th/^{232}Th$ 比值法测得岩心上部平均沉积速率为 2.8 cm/ka，设 $T=\frac{H}{a}$，求得岩心 95～105 cm 应距今 33 929—37 500 a，同样，岩心 082 氧同位素的第一期处于 92 cm，$^{230}Th/^{232}Th$ 比值法测得氧同位素的第一期为距今 10 840 a，这一地层年龄与北大西洋岩心记录的新仙女木［YoungerDrvas（10 750 ± 310）a］事件年代相吻合（Keigwin et al，1989）。显然，测定的^{14}C地层年代偏低，这可能如北京大学加速器质谱实验室测试报告备注中所阐述，因样量少，数据可能有出入，故该数据仅作参考。

综上所述，冲绳海槽调查区全新世期间沉积速率低，晚更新世沉积速率高。冲绳海槽晚更新世以来沉积速率的差异反映了古环境的变化。换言之，由于晚更新世以来海平面的升降，海洋环境和水动力条件的不同，导致了输入、扩散到冲绳海槽物质量的变化和沉积速率的快和慢。

二、Th、^{232}Th、Th/U 比值与物源的关系

^{232}Th 和 Th/U 比值近年来被国内外学者用来作为判别海洋沉积物物源的标志之一。在氧化环境中，U 呈现六价离子，形成铀酰离子 UO_2^{2+} 或 $[(UO_2)(CO_3)]^{4-}$ 铀酰络阴离子溶解于海水中，而 Th 呈正 4 价离子，易为颗粒物质所吸附（赵其渊，1988），因此，陆源碎屑沉积物的 Th/U 比值将会增大。大洋海脊玄武岩中 Th/U 比值约为 2.50，而原始的地幔或地壳 Th/U 比值介于 3.60～3.80 之间（Newman et al.，1983）。冲绳海槽东侧岩心 024 全新世 Th 的含量介于 3.48×10^{-6}～4.56×10^{-6}之间，晚更新世 Th 的含量介于 0.60×10^{-6}～4.67×10^{-6}之间。从图 5－25 可以看出，该岩心全新世段 Th 的含量比晚更新世段高。岩心 086 全新世期间 Th 的含量介于 1.59×10^{-6}～10.27×10^{-6}之间。综上可以看出，上述两岩心全新世 Th/U 比值与晚更新世 Th/U 比值相比变化不大，岩心 024 全新世 Th/U 比值大于晚更新世段 Th/U 比值。较小的 Th/U 比值说明，冲绳海槽东侧全新世期间沉积了较少的陆源物质，晚更新世期间沉积了大量的火山碎屑和生物碎屑及少部分陆源物质。

冲绳海槽西坡坡脚 080 岩心全新世期间 Th 的含量介于 2.22×10^{-6}～2.98×10^{-6}之间，Th/U 比值为 3.87，晚更新世 Th 的含量介于 1.53×10^{-6}～21.46×10^{-6}之间，Th/U 比值为 4.29。海槽中部岩心 082 全新世 Th 的含量介于 5.05×10^{-6}～9.91×10^{-6}之间，Th/U 比值为 5.45，晚更新世 Th 的含量介于 1.98×10^{-6}～6.37×10^{-6}之间，Th/U 比值为 3.60。较高的 Th/U 比值反映了全新世期间来自陆架的陆源物质输入，扩散到海槽坡脚和海槽中部，在晚更新世期低海平面时期有大量的陆源物质输入到该区。

位于海槽西坡的岩心 042 全新世 Th 的含量介于 3.71×10^{-6}～7.96×10^{-6}之间，Th/U 比值为 1.98。晚更新世 Th 的含量介于 3.99×10^{-6}～9.57×10^{-6}之间，Th/U 比值为 1.48。从图 5－25 可以看出，全新世时期的 Th、Th/U 比值较低，晚更新世除个别泥层 Th/U 比值和 Th 较高外，Th、Th/U 比值随岩心深度垂直分布有逐渐递减的趋势。上述表明，由于该岩心处于槽坡，大量的陆源物质很难沉积和保存下来，所形成的沉积不断被黑潮流冲刷和搬运。晚更新世个别泥层可能是突发事件的改造所致。

海槽北部岩心 HD12 全新世 Th 含量介于 5.22×10^{-6}～6.20×10^{-6}之间，Th/U 比值为 0.95。晚更新世 Th 含量介于 4.37×10^{-6}～7.50×10^{-6}之间。从图 5－26 可以看出，该岩心 Th/U 比值很低，并呈现从全新世到晚更新世逐渐递减的趋势；Th 的含量较低，岩心全新世段从上到下有递减的分布趋势，晚更新世段从上到下呈现不规则递增的分布趋势。较低的 Th/U 比值和 Th 的含量说明，该区的沉积物主要是黑潮所携带

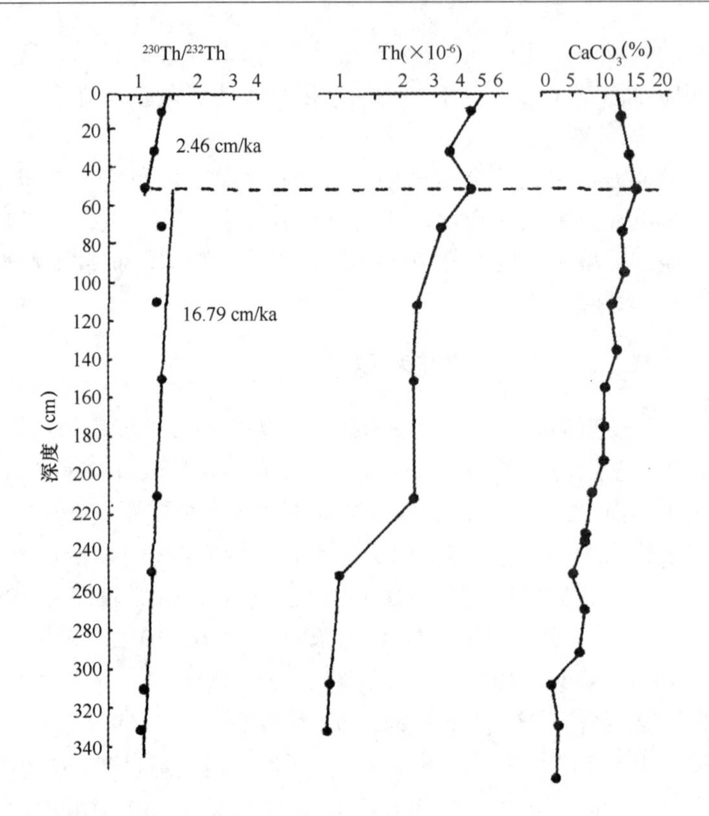

图 5-25　岩心 024 $^{230}Th/^{232}Th$、Th 和 $CaCO_3$ 垂直分布

的物质，并形成了独特的多源混合沉积层。

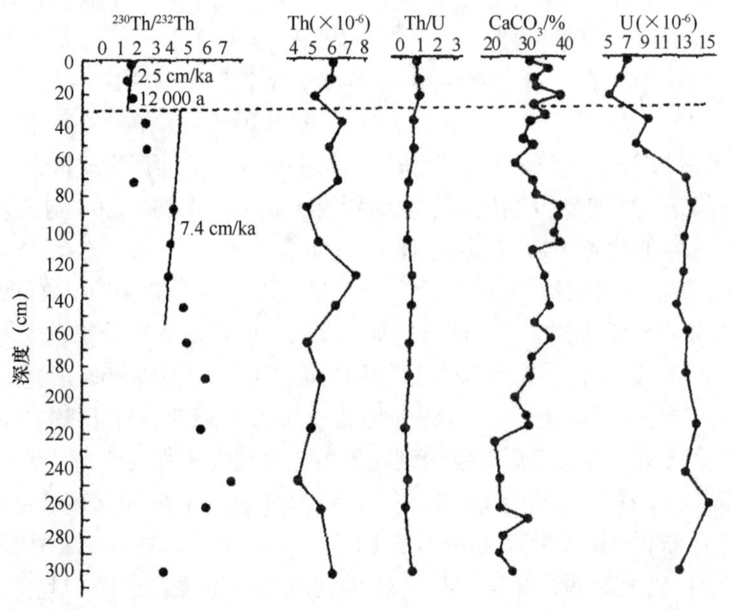

图 5-26　岩心 HD12 $^{230}Th/^{232}Th$、Th、Th/U、$CaCO_3$ 和 U 垂直分布

三、$^{234}U/^{238}U$ 比值与盐度的相互关系

利用$^{234}U/^{238}U$ 比值可测定海洋和非海洋碳酸盐的年龄，特别对珊瑚测年最为成功。此法也作为示踪剂用于研究水团之间的混合过程等（赵其渊，1988）。Teh－jung 等（1977）报道了大洋海水$^{234}U/^{238}U$ 平均比值为 1. 14 ±0. 03，其盐度为 35，铀的浓度为 3. 35 μg/L ±0. 2 μg/L。其中$^{234}U/^{238}U$ 比值大西洋为 1. 14 ±0. 20，太平洋水团为 1. 13 ±0. 10，东太平洋矿质泥间隙水为 1. 11 ~1. 14，钙质泥间隙水为 1. 12 ~1. 29，浅褐色黏土间隙水为 1. 16 ~1. 17，北冰洋海水为 1. 15 ±0. 1，南冰洋为 1. 14 ±0. 10。由此可见，现今大洋在盐度 35 左右的条件下，海水$^{234}U/^{238}U$ 比值介于 1. 13 ~1. 15 之间。

对冲绳海槽岩心中 U、^{234}U 和^{238}U 的研究表明，除岩心 086 和岩心 HD12 外，所有岩心在全新世段$^{234}U/^{238}U$ 比值低于晚更新世段（图 5－27）。其中岩心 024 全新世段$^{234}U/^{238}U$ 比值平均为 1. 05，晚更新世段为 1. 16；岩心 042 全新世$^{234}U/^{238}U$ 比值为 1. 10，晚更新世为 1. 13；岩心 080 在全新世期间$^{234}U/^{238}U$ 比值为 1. 04，晚更新世为 1. 14；岩心 082 全新世$^{234}U/^{238}U$ 比值为 1. 13，晚更新世为 1. 21。不难看出，冲绳海槽大部分岩心全新世期间$^{234}U/^{238}U$ 比值小于等于 1. 13，晚更期世期间则大于等于 1. 13。参照冲绳海槽现今盐度介于 34. 3 ~34. 9 之间（包括表层水、中层水和底层水）的资料（陈国珍等，1996），可以推断冲绳海槽晚更新世期间的古盐度大于等于 35，即冲绳海槽全新世盐度低，晚更新世盐度高。这符合全新世全球气温升高，导致冰川溶化、海平面抬升和海水盐度相对降低的推论。然而，位于海槽东侧的岩心 086 和海槽北部岩心 HD12 $^{234}U/^{238}U$ 比值自晚更新世以来没有明显的变化，其中岩心 086 全新世$^{234}U/^{238}U$ 比值为 1. 07，晚更新世其平均比值为 1. 06。岩心 HD12 全新世$^{234}U/^{238}U$ 比值为 1. 11，晚更新世其平均比值为 1. 08。那么，如何解释以上两岩心晚更新世段$^{234}U/^{238}U$ 比值略低于全新世段$^{234}U/^{238}U$ 比值呢？这要从^{238}U 进入海洋沉积物的机理进行探讨。海洋内，基本存在两种铀进入底部的机理：一种是自生的，主要在外海区域通过死亡有机质从大洋水中提取^{238}U；另一种是陆源的，即碎屑矿物成分的^{238}U。分析结果表明，这两岩心晚更新世期间^{238}U 含量明显增高。岩心 086 位于热液活动区和火山活动区，晚更新世期间的沉积物很大部分由重粒级矿物组成，较高的^{238}U 可能是碎屑矿物的贡献。HD12 岩心晚更新世^{238}U 的增高可能是黑潮携带多源陆源物质造成的。

四、小结

（1）冲绳海槽全新世沉积速率比晚更新世低，反映了晚更新世低海平面期间大量的泥沙输入到冲绳海槽。全新世海平面抬升，输入到海槽的泥沙显著减少。

（2）冲绳海槽全新世$^{234}U/^{238}U$ 比值比晚更新世低，说明晚更新世低海平面时期冲绳海槽的古盐度大于等于 35，全新世海水盐度比晚更新世低。

（3）冲绳海槽中部泥区的沉积物多为陆源物质，北部泥系为黑潮流作用所形成的多源沉积。

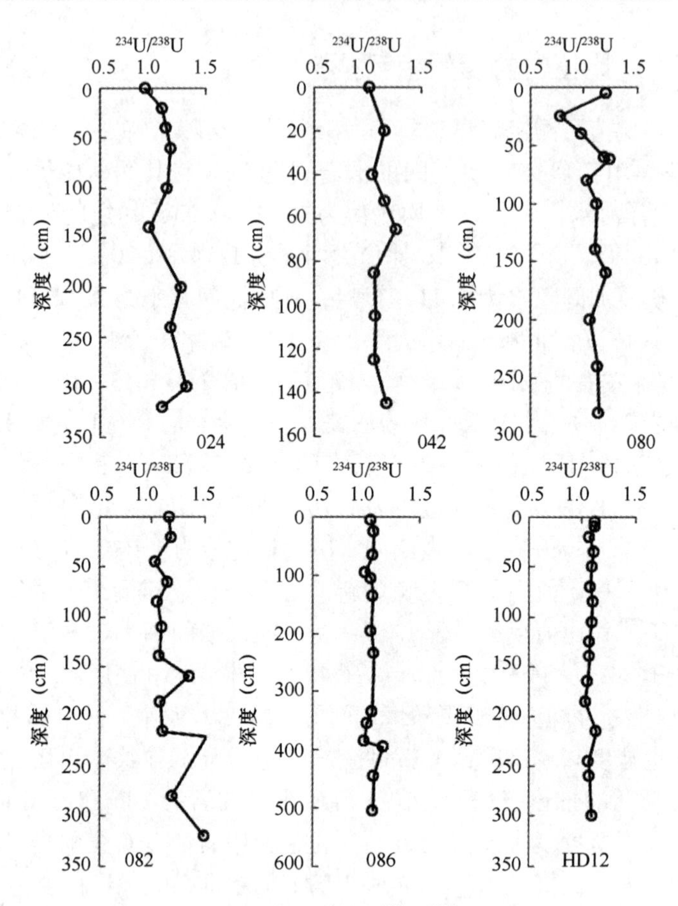

图 5-27 冲绳海槽沉积物中$^{234}U/^{238}U$的垂直分布

第五节 晚更新世以来冲绳海槽沉积物中元素的地球化学特征

已有的研究证明，不同来源的物质其元素地球化学特征明显不同，如黄河物质以富含 Ca、Sr 为特征，长江物质以富含 Cu、Fe 为特征（赵一阳，李凤业等，1991），海洋沉积物中化学元素及其组合，如 Ca、Sr、Cu、Fe、Mn 和 Th、^{232}Th 等可以作为特征元素来探讨研究海域的物源。冲绳海槽为连接东海大陆架和琉球群岛之间的边缘海，晚更新世全球海平面的降落、全新世海平面的抬升，冲绳海槽沉积环境和物源供给发生了根本的变化，而这势必影响沉积物中的元素地球化学特征的演化。本节拟通过测得采自冲绳海槽表层及长柱岩心中的特征元素 Ca、Sr、Mn、Cu、Fe 和放射性同位素 ^{232}Th、$^{230}Th/^{232}Th$ 活度比值，在确定全新世和晚更新世之间确切的地层年代的基础上，探讨冲绳海槽在不同历史时期沉积物中富集的特征元素与沉积环境变迁的内在联系，为研究古海洋、古气候、古环境的变迁提供元素地球化学的依据。

一、冲绳海槽表层沉积物元素平面分布

对冲绳海槽92个表层沉积物样品进行了Ca、Sr、Fe、Mn、Cu及$CaCO_3$分析，结果如表5－5所示。从图5－28可以看出冲绳海槽表层沉积物中Ca的平均分布有较大的变化，位于海槽西部陆架浅水区，（小于等于200 m等深线）Ca的百分含量约为5%，位于海槽坡区Ca的含量为10%，槽底Ca的含量为15%，即有从陆架到海槽Ca的含量逐渐递增的趋势。海槽东坡Ca的含量为20%，同时具有自东向西（槽底）逐渐递减的特征。而位于调查区南端和北部泥沉积区，Ca的含量为8%。

表5－5　冲绳海槽表层沉积物化学元素分析结果

站号	Ca（%）	Sr（$\times10^{-6}$）	Fe（%）	Mn（$\times10^{-6}$）	Cu（$\times10^{-6}$）	$CaCO_3$（%）
01	14.02	767	1.28	14	–	27.00
02	8.21	473	2.39	269	2	12.79
03	7.82	494	1.32	134		11.81
04	9.22	522	1.20	142	–	18.98
06	12.90	548	2.18	349	13	23.02
07	7.82	468	2.25	295	19	17.06
08	7.04	424	1.82	303	–	12.49
09	9.78	598	1.45	268	–	10.97
010	3.78	300	1.14	165	2	5.67
011	14.61	567	2.16	313	5	25.90
012	8.13	414	2.38	302	28	15.04
013	9.29	424	2.41	306	24	16.29
014	8.27	419	2.54	361	15	15.05
015	1.68	188	1.29	209	–	1.83
016	7.98	469	0.94	65	–	5.27
017	13.19	461	1.16	75	–	14.25
018	17.84	604	1.33	75	–	14.25
019	12.31	470	2.33	349	12	21.65
020	21.20	721	1.98	324	–	37.42
021	6.17	349	1.57	432	4	6.67
022	4.32	345	1.85	486	–	6.02
023	13.25	479	2.85	201	7	23.85
024	6.73	341	2.43	470	18	11.10
025	8.38	528	1.53	267	–	12.95
026	6.14	390	1.61	152	–	7.07
027	3.53	303	0.96	37	–	3.44
028	14.73	531	2.14	142	12	27.56

续表

站号	Ca（%）	Sr（$\times10^{-6}$）	Fe（%）	Mn（$\times10^{-6}$）	Cu（$\times10^{-6}$）	$CaCO_3$（%）
029	9.69	430	2.80	441	11	16.60
030	9.97	402	2.49	1323	6	17.52
031	2.80	216	1.15	120	–	3.00
032	1.24	186	1.25	121	–	1.37
033	2.40	245	1.39	218	–	2.40
034	14.57	480	2.71	269	4	24.23
035	9.48	391	2.53	314	9	15.55
036	8.97	403	2.57	525	13	14.13
037	14.44	483	2.07	409	–	24.01
038	33.91	1707	0.23	–	–	56.65
040	1.16	170	198	–	–	2.13
042	28.54	807	2.33	–	–	45.09
043	10.87	355	3.64	915	–	19.12
044	7.06	288	1.62	701	–	12.77
045	15.46	533	2.45	240	–	22.16
047	5.19	428	0.78	163	–	4.41
048	2.20	255	0.86	235	–	2.04
049	2.12	220	0.82	113	–	2.93
051	10.96	406	1.81	296	–	17.10
052	12.79	448	2.14	545	7	21.45
053	17.37	556	2.12	545	7	21.45
054	9.32	438	3.2	372	18	16.15
055	3.80	241	0.93	66	–	5.00
056	11.81	455	1.45	81	–	14.60
057	15.67	547	2.42	882	9	25.39
058	10.25	379	2.51	1119	14	14.76
059	9.90	437	3.16	762	18	15.90
060	26.42	717	2.47	898	21	38.99
061	6.24	289	1.46	152	–	6.67
062	5.07	281	1.39	124	–	4.69
064	9.93	418	1.94	149	–	12.11
066	7.21	344	2.50	326	14	12.06
067	7.35	407	3.19	7 119	27	11.94
068	19.21	531	2.17	381	2	26.97
069	6.53	356	1.46	89	–	7.37

续表

站号	Ca（%）	Sr（$\times10^{-6}$）	Fe（%）	Mn（$\times10^{-6}$）	Cu（$\times10^{-6}$）	$CaCO_3$（%）
070	5.34	326	0.94	140	9	6.55
071	3.08	245	1.28	240	4	1.74
072	10.13	446	2.52	204	12	15.12
073	6.51	328	2.65	5.72	16	9.78
074	6.80	363	3.05	4 955	26	12.30
075	6.48	388	3.18	10 823	17	11.04
076	8.03	438	3.45	5022	29	12.90
077	2.94	2.67	0.83	54	–	2.74
078	2.84	248	0.86	72	–	3.77
079	4.40	286	1.25	166	6	4.65
080	2.93	688	3.26	836	–	46.50
081	6.70	359	2.98	613	33	12.66
082	5.71	361	3.12	14 607	24	9.38
083	3.09	217	2.19	7 737	16	6.62
084	18.42	575	2.45	1 746	14	30.36
085	7.21	322	2.77	1 548	19	5.47
086	14.29	582	2.86	3 493	16	21.93
087	2.31	228	0.62	64	–	1.85
088	3.68	217	0.79	76	–	4.82
090	7.80	355	2.88	544	17	11.72
091	6.82	389	3.06	1627	–	12.20
092	27.22	906	1.49	153	–	52.23
093	9.96	491	3.15	8 368	33	15.91
094	17.23	630	2.47	6 145	20	26.78
0100	7.26	408	3.23	9 763	27	11.79

从图5－29可以看出，海槽表层沉积物中Sr与Ca有类似的分布趋势。即处于陆架区Sr的含量最低，约为300×10^{-6}，陆坡区约为400×10^{-6}，槽底最高值约为500×10^{-6}。海槽东坡Sr的含量最高，其含量介于$500\sim900\times10^{-6}$之间。位于海槽南、北两端的泥质沉积区Sr的含量介于$400\sim500\times10^{-6}$。图5－30表明，海槽西部陆架区Mn的含量约为200×10^{-6}，槽坡500 m等深线Mn的含量约为300×10^{-6}，槽底区Mn的含量为500×10^{-6}，而Mn的高含量区位于海槽东南部，如074站Mn含量为$4\ 955\times10^{-6}$，075站Mn含量为$10\ 823\times10^{-6}$，082站Mn含量为$14\ 607\times10^{-6}$，086站Mn含量为$3\ 494\times10^{-6}$和093站Mn含量为$8\ 369\times10^{-6}$等。从表5－5可以看出冲绳海槽Fe的含量介于0.23%～3.69%之间，陆架和槽坡Fe含量较低，槽底Fe的含量较高，Fe的明显富集

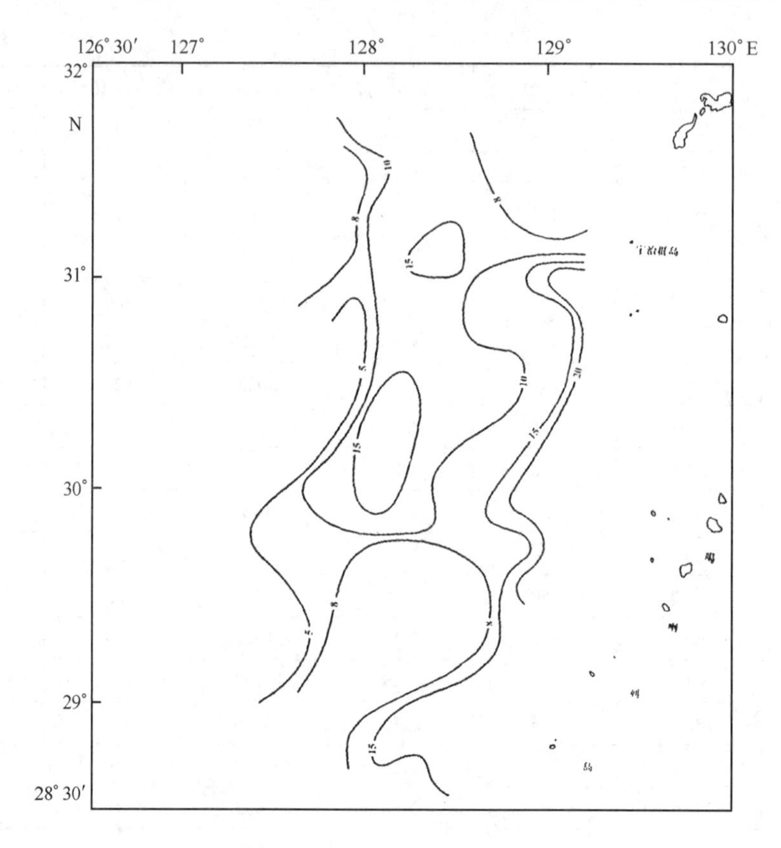

图 5－28　表层沉积物 Ca 含量分布

区与以上所述 Mn 的富集站位相同。冲绳海槽 Cu 的含量为 $2\sim29\times10^{-6}$之间，个别站位如 081 和 093 含量高达 33×10^{-6}，位于海槽南部深水区（1 000 m 左右）Cu 的含量较高。冲绳海槽 $CaCO_3$ 含量介于 1.37%～46% 之间，个别站位（038）$CaCO_3$ 含量高达 56%，位于海槽东部南部和中部是 $CaCO_3$ 高含量区。它们代表了海槽局部生物成因的生物沉积。

综上所述，冲绳海槽化学元素 Ca、Sr、Mn、Cu、Fe 和 $CaCO_3$ 在槽底得以充分富集，这表现在槽底元素的含量高于槽坡和陆架，形成了从陆架到槽坡再到槽底逐渐递增的分布格局，这主要是由于陆源物质源源不断从陆架扩散沉积到海槽所致。冲绳海槽东坡南部有一高 Ca、Sr、Fe 和 Mn 的沉积区，这里除了黑潮所携带的陆源物质供给外，还存在大量的火山物质、生物沉积和化学沉积物质，生物沉积以生物碎屑的形式存在，诸如贝壳和有孔虫等，故该区 Ca 和 Sr 的含量很高。化学沉积和火山物质则以存在锰结核、黄铁矿和大量的浮石、火山玻璃等，故该区 Fe、Mn 元素含量比海槽其他区域高。

二、冲绳海槽沉积物中元素的垂直分布

岩心 024 位于海槽北部东侧，岩心上部为绿灰色泥质细砂，呈现小的生物残体，岩心中、下部含泥量减少，并出现火山灰物质。从图 5－31 可以看出，岩心中化学元

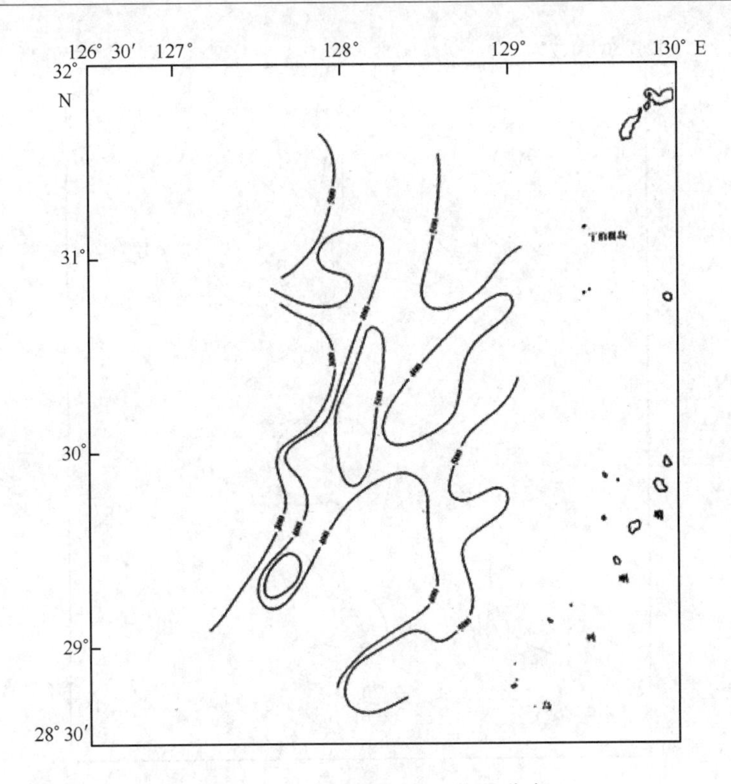

图 5－29　表层沉积物 Sr 含量分布

素 Ca、Sr 和 Fe 的含量从全新世到晚更新世呈现逐渐递减的趋势，即它们的含量在全新世期间高，晚更新世期间低；而 Mn 和 Cu 存在晚更新世期间比全新世期间高的特征。如前章所述，Th 可作为陆源物质的示踪剂，图 5－25 所示该岩心晚更新世期间 Th 的含量明显减少，这说明晚更新世期间较少的陆源物质扩散、沉积到该区，我们推断该区在晚更新世期间的沉积主要以火山沉积为主，全新世期间生物沉积作用有所加强。

岩心 086 位于调查区南部东侧琉球岛弧附近，水深 970 m。岩心表层 0－20 cm 为绿灰色砂质泥，含有孔虫和生物碎屑较多，20～25 cm 为泥质浮岩砂，25～45 cm 为绿灰色粉砂质泥，46～75 cm 为粉砂质泥，泥质增多，其中 55 cm 以下有较多的生物碎屑，75～115 cm 为泥质砂，其中 95～105 cm 为浮岩层，110～115 cm 呈浮岩砾石层，115～145 cm 为泥质砂，伴有浮岩碎屑层，145～208 cm 岩性同上。208～245 cm 为粉砂质泥，245～350 cm 为绿灰色砂质软泥，其中在 335 cm 处有砂层 0.8 cm 厚。350 cm 以下为浮岩层，365～415 cm 为黑灰色泥质砂，415～465 cm 为浅灰色粉砂质黏土，465～545 cm 由细砂、中砂组成。从该岩心岩性上来看，沉积物包含了陆源沉积、生物沉积和火山沉积等，沉积环境很复杂。从图 5－32 可以看出化学元素的垂直分布经历了数个周期的变化。根据 ^{230}Th/^{232}Th 放射性活度比值和氧同位素的分析，初步认为氧同位素的第一期位于岩心 0～33.6 cm，距今约 12 000 a，该岩心在全新世期间基本上反映了 Ca、Sr 含量高和 Fe、Mn、Cu 含量低的特点。晚更新世期间由于陆源物质的加强和火山物质的参与等，造成了各元素不同程度地递减或递增。

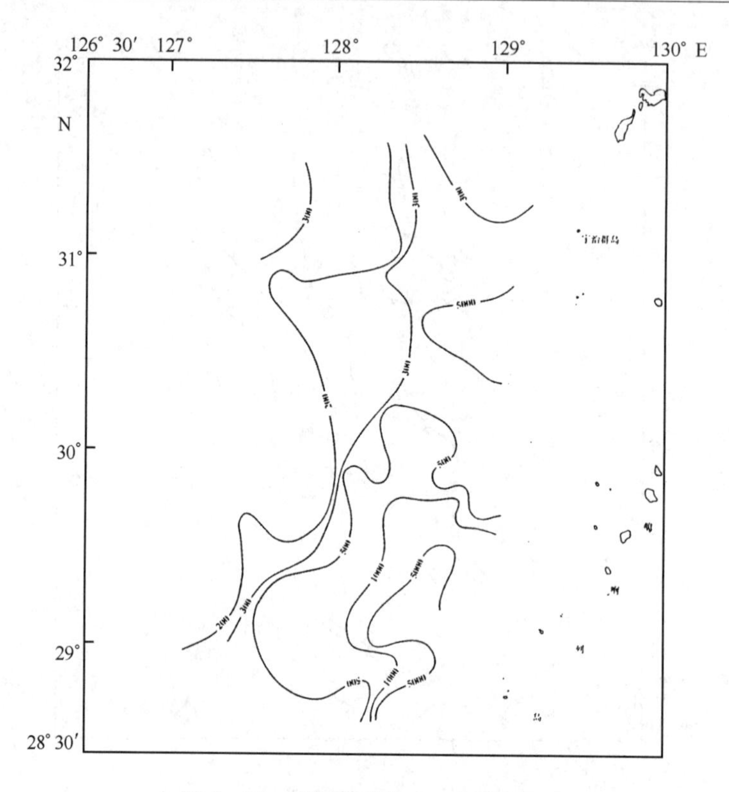

图 5-30 表层沉积物 Mn 含量分布

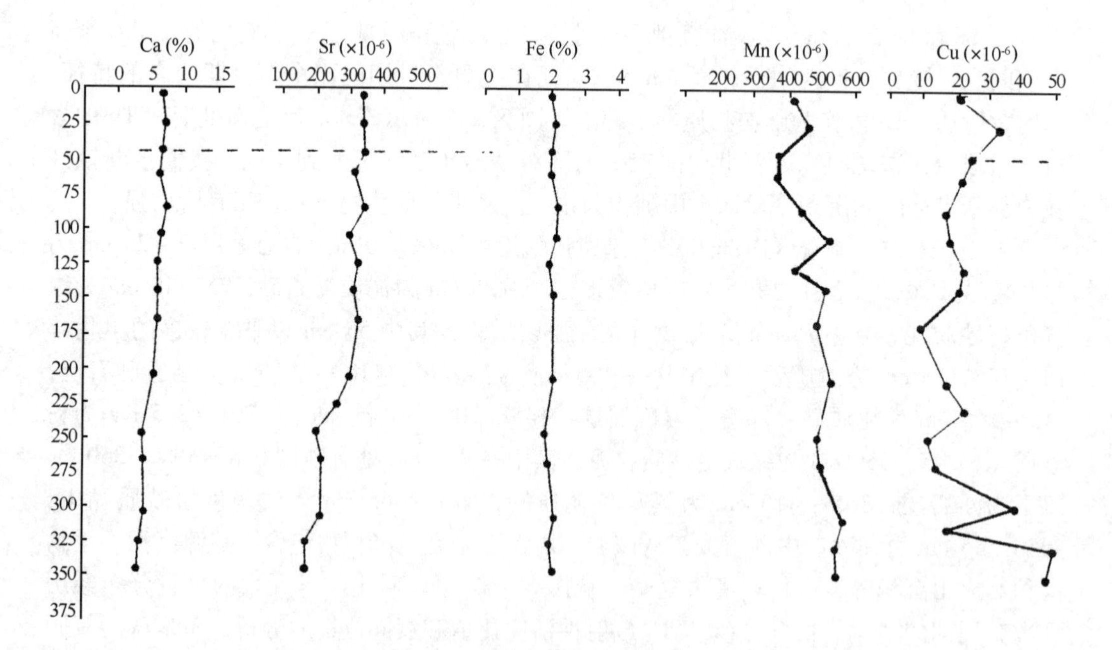

图 5-31 024 岩心元素垂直分布

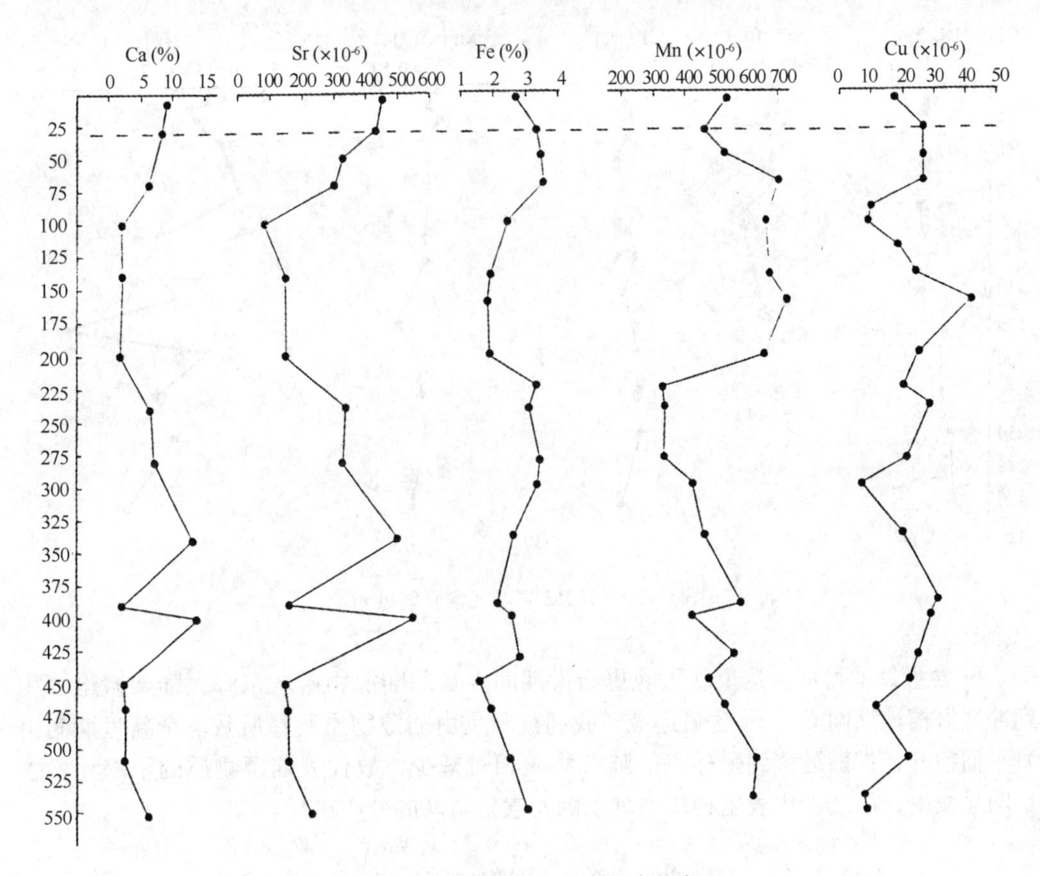

图 5－32　086 岩心元素垂直分布

HD12 位于冲绳海槽北端中轴附近，水深 608 m，从地理位置上看，该岩心位于北上的黑潮所形成的涡旋处右侧，也是海槽北部的泥质沉积区，该岩心均由青灰色粉砂质泥组成。从图 5－33 可以看出，全新世期间呈现出 Ca、Sr、Fe、Mn 和 Cu 含量低的特征，晚更新世以上元素呈现不同程度地增高的分布格局。该区的泥可能是由黑潮流、涡流所形成的多源泥。

岩心 080 位于冲绳海槽西部水深 1 051 m 处，岩心上部 0～61 cm 为均一的黄灰色中细砂，除矿物碎屑外，还含有有孔虫砂，61～290 cm 为灰色粉砂质泥。根据同位素 $^{230}Th/^{232}Th$ 放射性活度比值，推断岩心上部 40 cm 左右为全新世段，以下为晚更新世段。从图 5－34 可以看出，全新世期间各元素的含量与末次冰期相比发生巨大变化。全新世段 ^{232}Th 的含量为 0.37～0.73 dpm/g，Ca 的含量为 14.9%～19.9%，Sr 的含量为 428×10^{-6}～525×10^{-6}，Fe 的含量为 2.3%～2.9%，Mn 的含量为 107×10^{-6}～204×10^{-6}，Cu 的含量为 5×10^{-6}～20×10^{-6}。然而，在末次冰期（更新世）各元素的含量发生显著变化，其中 ^{232}Th 的含量为 3.14～5.01 dpm/g，Sr 的含量为 200×10^{-6}～341×10^{-6}，Ca 的含量为 3.5%～9.7%，Fe 含量为 3.4%～5.4%，Mn 含量为 232×10^{-6}～427×10^{-6}，Cu 含量为 5×10^{-6}～28×10^{-6}。由此可见，岩心 080 在全新世段呈现 ^{232}Th 含量低，Fe、Mn、Cu 含量低和 Ca、Sr 含量高的特征；末次冰期则呈现 ^{232}Th、Fe、Mn、Cu 含量高和

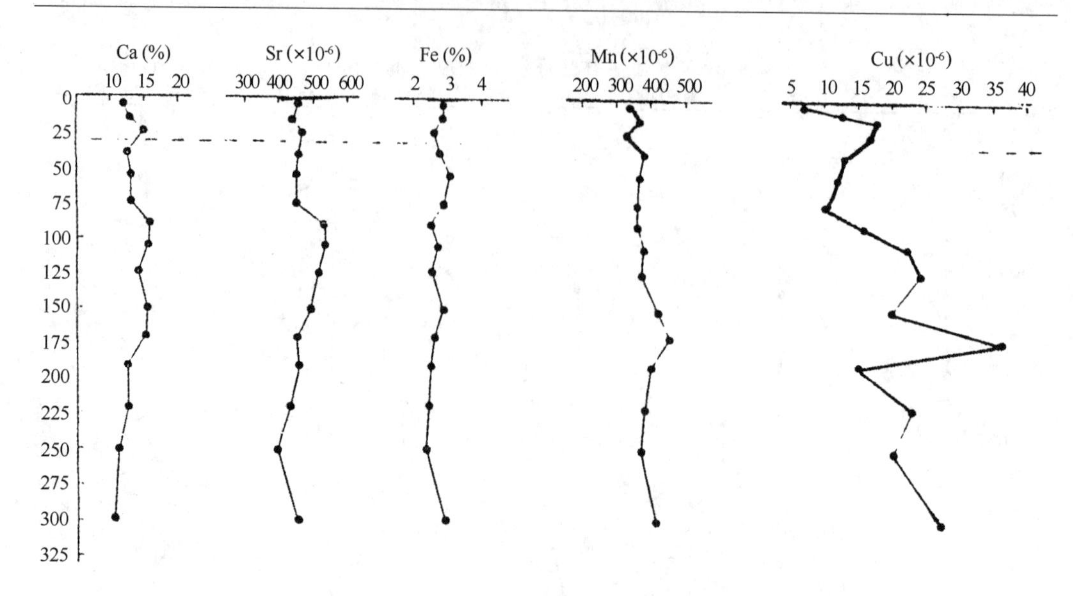

图 5－33　HD12 岩心元素垂直分布

Ca、Sr 含量低的特征。这反映了晚更新世期间大量的陆源物质从东海大陆架搬运沉积到冲绳海槽该期间 Ca、Sr 含量递减，我们推断是由陆源物质稀释所致。全新世期间由海平面抬升，扩散运移到采样点的陆源物质相对减少，故代表陆源物质的示踪元素含量明显减少，反之，代表生物成因沉积的元素呈增高的分布格局。

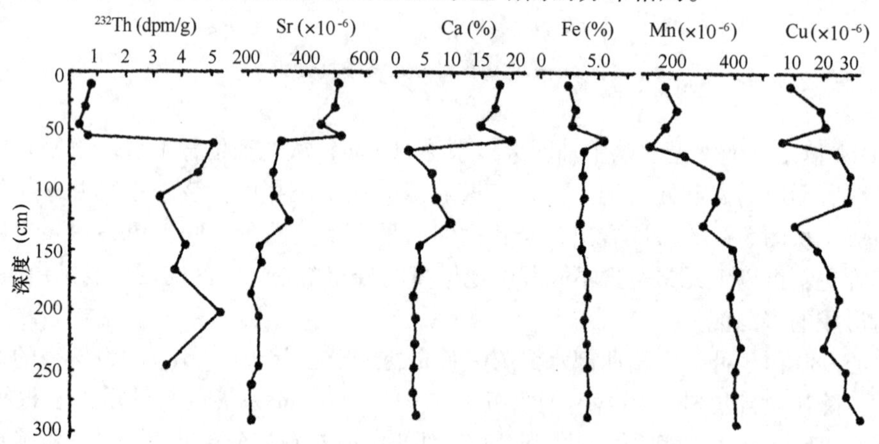

图 5－34　080 岩心元素垂直分布

岩心 082 位于冲绳海槽中部水深 1 136 m 处，岩心上部 0 ~ 92 cm 为灰色粉砂质泥，92 ~ 100 cm 处出现粉砂层，100 ~ 220 cm 为粉砂质泥，220 ~ 390 cm 为泥质粉砂，400 cm以下为中、粗砂和砾石。根据$^{230}Th/^{232}Th$ 放射性活度比值计算 92 cm 为全新世和晚更新世之间的地层界限，距今约为 10 840 a。从图 5－35 可以看出 Ca、Sr 和 Fe 的含量从更新世到全新世平缓递增，全新世期间递增的幅度较大。Mn 的含量从更新世到全新世同样呈现递增的趋势，但从新仙女木（Younger Dryas）事件以来递增的幅度很大。

Cu 的含量在全新世有较小的递增趋势，在更新世呈现多阶递增现象。根据岩性分析，Cu 的含量可能受到沉积物不同粒级的制约。该岩心元素的分布特征同样说明全新世期间采样点生物沉积作用逐渐加强。另一方面，晚更新世各元素的含量不同程度地受到沉积物粒级的制约。

三、元素含量与物质来源

东海沉积物中 80% 的 Fe，48% 的 Mn 和 78% 的 Cu 来自大陆（中国科学院海洋研究所海洋地质室，1982）。那么，沉积和富集在冲绳海槽岩心中各元素含量的变化必然能反映和揭示出全新世和晚更新世期间输入到冲绳海槽陆源物质量的大小。同样，^{232}Th也可作为海洋物质陆源标志（夏明等，1981）。岩心 080（见图 5－34）^{232}Th 含量在晚更新世段很高，在全新世段很低，这反映了末次冰期低海平面时期（东海陆架大部成为陆地）大量的陆源物质输入到冲绳海槽。晚更新世末期，全球气温变暖，海平面抬升，东海陆架再度成海，这表明了在全新世期间输入到冲绳海槽的陆源物质显著减少。依此类推，化学元素 Fe、Mn、Cu 含量在更新世段比全新世段高的特征，同样反映了在更新世大量的陆源物质输入冲绳海槽，而在全新世输入到冲绳海槽的陆源物质相对减少。根据 Ca、Sr 含量在全新世段比更新世显著增高的现象，我们推断这一方面反映了冲绳海槽在全新世期间生物沉积占有相当的比重，因为在全新世冲绳海槽沉积物中 Ca 主要以 $CaCO_3$ 的形式存在，而 $CaCO_3$ 几乎全以生物碎屑（如软体动物、贝壳和有孔介壳）形式存在，Sr 与 Ca 又密切共生（Wang et al.，1995）；另一方面，更新世 Ca、Sr 含量的明显减少可能是由陆源物质稀释所致。

岩心 082（图 5－35）Ca、Sr 含量也存在与岩心 080 相同的趋势，即全新世段含量高，更新世段含量低。然而，全新世段 Fe、Mn 含量比更新世段明显增高，这种元素分布格局可能是受到沉积物粒级所制约，因为该岩心全新世段为泥，更新世段沉积物为泥质砂。此外，所分析的两岩心晚更新世段 Cu 的含量不同程度地比全新世段高，我们推断这可能是在晚更新世期间流经冲绳海槽的黑潮携带长江物质所致。诚然，全新世期间长江物质（高 Cu）继续输入东海，但由于海平面的上升，输入到东海的黄河、长江物质受到稀释和扩散，故全新世段 Cu 的含量比更新世低。冲绳海槽的高 Ca 主要为生物 Ca，黄河物质高 Ca 主要为非生物 Ca（陆源碎屑矿物 Ca）。

四、小结

化学元素 Fe、Mn、Cu 含量在更新世段比全新世段高的特征，反映了在更新世低海平面期间大量的陆源物质输入到冲绳海槽，全新世高海平面期间输入到冲绳海槽的陆源物质相对减少。Ca、Sr 含量在全新世段比更新世段显著增高的现象表明，全新世期间冲绳海槽的生物沉积占有相当的比重。冲绳海槽长柱岩心化学元素垂直分布的特征，揭示了该海域在不同历史时期沉积环境的变化和物质来源的差异。

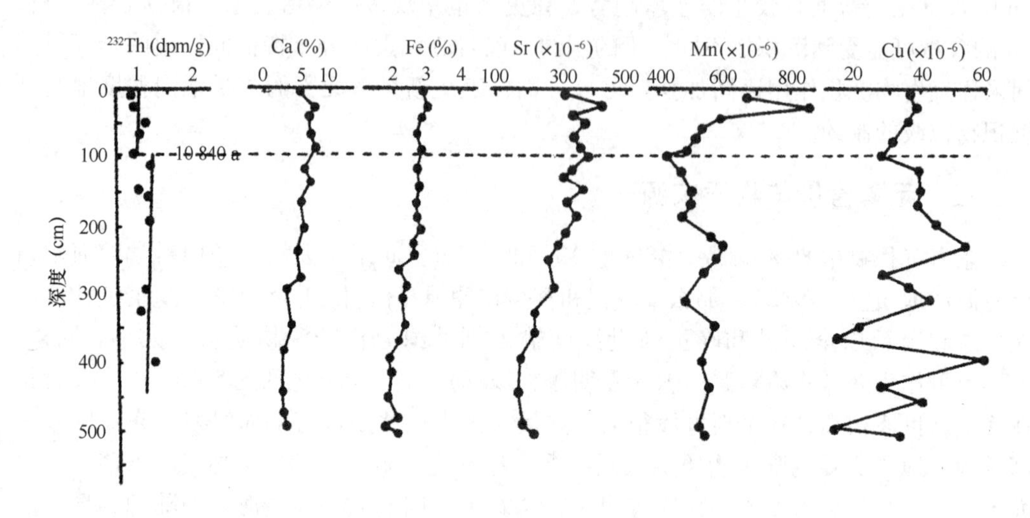

图 5－35　岩心 082 元素垂直分布

第六节　晚第四纪冲绳海槽 $CaCO_3$ 含量的时空变化及其控制因素

利用海洋沉积物研究过去气候变化的高分辨率记录是过去全球计划（PAGES）的重要研究内容。碳酸盐的相对含量是深海沉积物最直观的特征变量，也是重要的古环境信息来源（汪品先，1998），而边缘海的高沉积速率、形态和气候变化信息提供了探索冰期－间冰期旋回中的碳酸盐含量变化而成为绝佳研究场所（Wang et al.，1995；Wang，1999）。冲绳海槽作为典型的西太平洋边缘海弧后盆地，其沉积物物源的多样性和沉积速率的多变性，加之西太平洋边界流（黑潮）和东亚季风对海槽沉积物分布和古海洋演化的直接影响，使该区的沉积物中包含了众多高分辨率的地质与古环境演化信息（秦蕴珊等，1987；刘振夏等 2000；Li et al.，2001；孙有斌等，2003）。研究表明，晚第四纪冲绳海槽中段的碳酸钙旋回呈现出典型的“大西洋型”特征，即 $CaCO_3$ 含量在冰期低，间冰期高（苍树溪，阎军，1992；阎军，1989；吴世迎等，2001）。但冲绳海槽内复杂的沉积环境也造成了各区域沉积层序不可对比的困难（高抒，贾建军，2002），而这是否也影响碳酸盐的演化呢？本节拟通过对冲绳海槽北段 6 个岩心的 $CaCO_3$ 含量和放射性同位素 U－Th 测定，并结合前人发表的有关数据，来探讨冲绳海槽晚第四纪 $CaCO_3$ 演化的区域性差异及其与沉积环境、气候变化的关系。

一、容量法与容积法测量 $CaCO_3$ 含量的比较

一般来说，海洋沉积物 $CaCO_3$ 含量的测定方法有两种。一种是气体法（容积法），即用稀 HCl（0.1 mol/L）与定量沉积物反应，记录其产生的 CO_2 气体的体积和温度，依据理想气体方程 $P \cdot V = n \cdot R \cdot T$ 计算出 CO_2 的物质的量，再推算出碳酸盐含量。

由于海洋沉积物中碳酸钙是钙在沉积物中的主要赋存形式，并且碳酸盐也以碳酸钙为主（赵一阳，鄢明才，1994），因此可近似用 $CaCO_3$ 含量替代 CO_3^{2-} 浓度。

另一种是酸碱滴定容量法，即用0.1 mol/L 的稀 HCl 溶解沉积物中的碳酸盐后，加入酚酞指示剂，再用011 mol/L 的标准 NaOH 溶液滴定至溶液呈粉红色，具体过程和计算公式见参考文献（国家技术监督局，1992）。

本节对6个岩心的156个样品，分别用容积法和容量法测定了 $CaCO_3$ 含量（图5－36）。两种方法测得的结果较为接近，回归分析得到的相关方程为：$Y=1\ 116\ X+0.126$，相关系数为0.98。考虑到测试过程中多种因素（如温度、容器的封闭性等）引起的误差，可以近似认为这两种测试结果基本相当。另外，从图5－36也可以清楚看出容积法测量值略高于容量法。

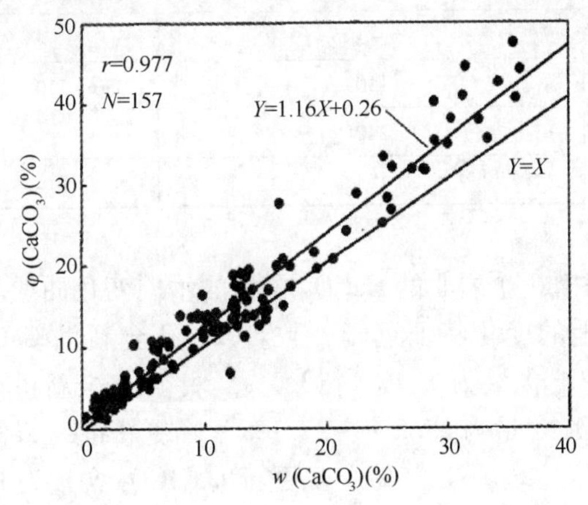

图5－36 容量法与容积法测定 $CaCO_3$ 含量的结果比较

本书采用数据皆为容量法测定的结果。

w（$CaCO_3$）和 φ（$CaCO_3$）分别为容量法和容积法测定的结果。

二、$CaCO_3$ 含量的垂直变化

依据铀系测年结果（表5－6），初步确定了冲绳海槽北部各岩心的地层年代，为分析碳酸盐含量在时间尺度上的变化提供了基础。冲绳海槽沉积中的 $CaCO_3$ 含量主要由有孔虫壳体及其碎屑组成（吴世迎等，2001），陆源碎屑中的碳酸盐（方解石，白云石）含量极低（秦蕴珊等，1987）。

表5－6 冲绳海槽北部岩心铀系测年结果

站号	岩心深度（cm）	地层年龄（a BP）
HD12	30	12 000
	130	25 514
024	30	12 180
	305	27 369

续表

站号	岩心深度（cm）	地层年龄（a BP）
042	25	11 905
	43	20 800（AMS^{14}C）（向荣，2001）
	170	39 000（AMS^{14}C）（向荣，2001）
080	30	12 400
	150	34 560
082	92	10 841
	325	19 196
086	30	
	95 ~ 105	10 714
	110	21 050 ± 310（AMS^{14}C）（李铁钢等，1996）
	240	45 722
	455	62 803

图5－37为冲绳海槽6个岩心的$CaCO_3$含量的垂向变化曲线。024、080和082孔的碳酸盐含量在垂向上的变化特征近于一致。024孔全新世$CaCO_3$含量为13.1%～14.0%，晚更新世$CaCO_3$含量为1.9%～13.3%，并且在全新世以前有逐渐递增的趋势；080孔全新世$CaCO_3$含量为25.5%～27.1%，晚更新世为5.9%～24.7%；082孔全新世段$CaCO_3$含量为11.2%～13.5%，晚更新世$CaCO_3$含量为1.7%～12.3%，垂向上表现出从晚更新世逐渐递增的趋势；岩心042、086和HD12的$CaCO_3$含量变化呈现出从晚更新世至全新世多阶段循环的现象。

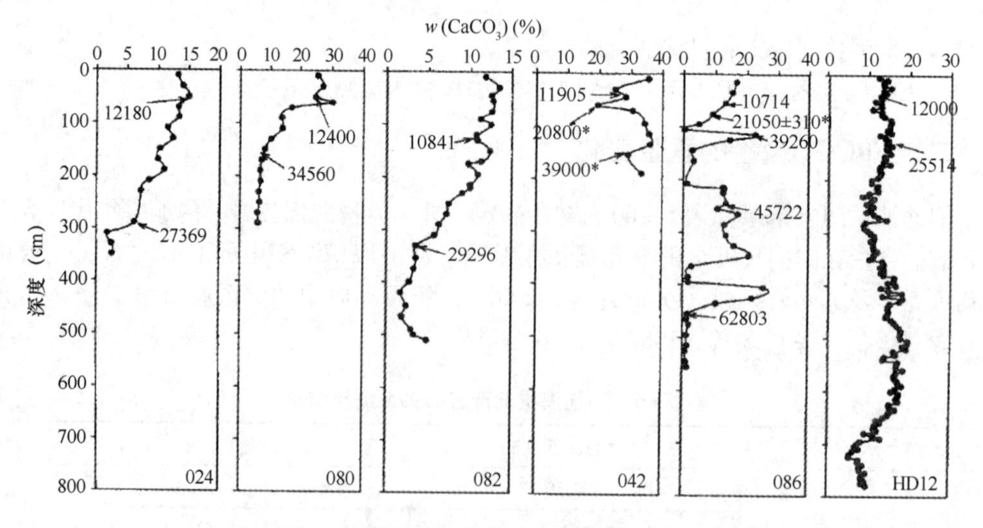

图5－37　冲绳海槽北段各岩心碳酸盐含量变化曲线

图中数字为铀系测年数据（a BP），* 为AMS－^{14}C测年，据参考文献（李铁刚等，1996）

从图5－38的氧同位素曲线可以看出，082和086孔沉积物分别记录着氧同位素的1~4期和1~5期（李铁刚等，1996），042孔记录了氧同位素的1~3期（向荣，2001）。在长时间尺度内（冰期－间冰期旋回），冲绳海槽北段$CaCO_3$含量的垂直分布与$\delta^{18}O$的时标曲线有一定的对应关系。

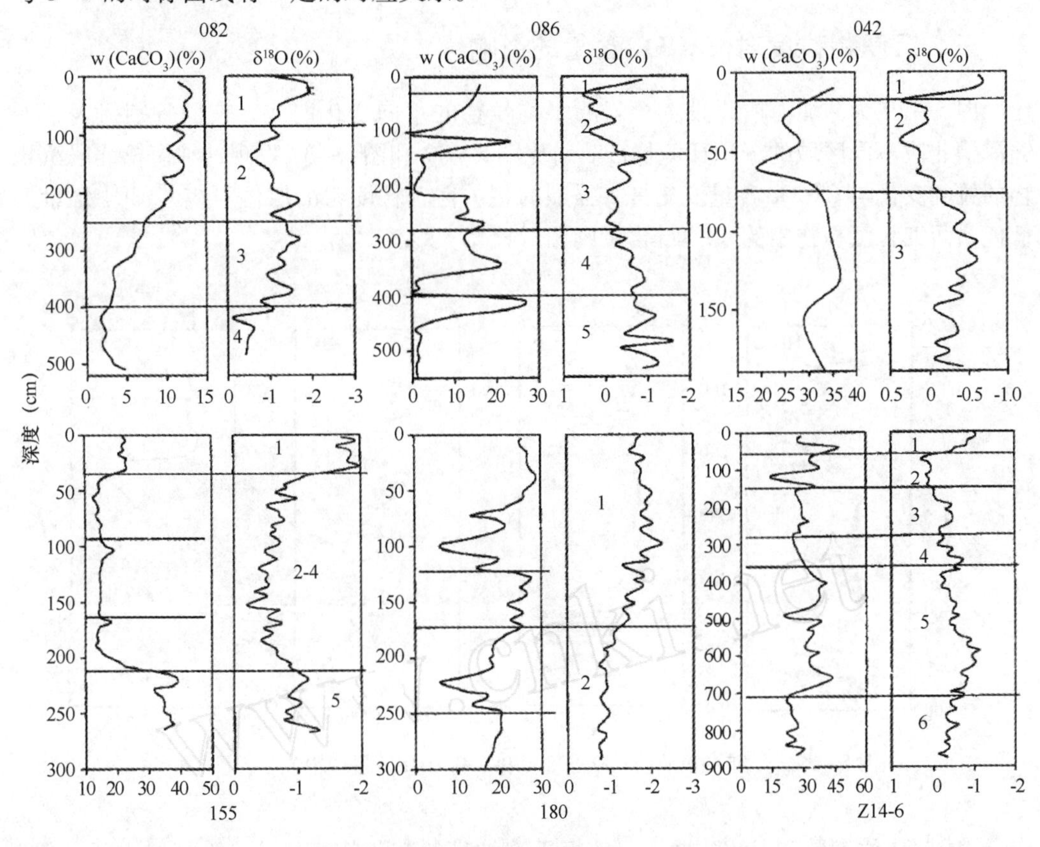

图5－38　冲绳海槽中段和北段各岩心碳酸盐与氧同位素曲线

（图中数字为氧同位素分期）

对照岩心$\delta^{18}O$分布时标线可以看出，042孔的$CaCO_3$，含量在氧同位素暖期（1期和3期）明显较高，在冷期（2期）的含量明显降低，与氧同位素值的变化趋势近于一致。086孔的情形比较复杂，表现为$CaCO_3$含量的垂向变化非常不规律，并且相邻层位间的差异很大，与氧同位素值变化明显不一致，表明可能受到事件沉积干扰；082孔的$CaCO_3$含量垂向变化也与氧同位素曲线的变化趋势差异较大，并未表现出暖期相对较高、冷期相对较低的特点，而是从早到晚碳酸盐含量有逐渐上升的趋势，无一定的旋回性。因此，在冲绳海槽北段，不同亚环境沉积柱状样的$CaCO_3$含量在时间演化上存在明显的差异，与氧同位素曲线的对应并不一致，显示出“局地性”演化的特征。另外，由表5－4也可以看出，冲绳海槽北部全新世沉积速率要明显小于晚更新世，这与前人的认识是一致的（秦蕴珊等，1987；苍树溪，阎军，1992；李凤业等，2002）。

与冲绳海槽中部各岩心的碳酸盐资料（图5－38）相比，中段的155、180和Z14－6孔基本上都表现出了氧同位素暖期时$CaCO_3$含量高、冷期时$CaCO_3$低的“大西洋型”演化特征，但各岩心在碳酸盐含量变化的时间与幅度上也存在较大的差异，表示碳酸盐在冲绳海槽内的演化存在时空上的不一致。因此，冲绳海槽不同亚沉积环境内碳酸盐含量演化具有明显的“局地性”，反映了冲绳海槽内沉积环境的复杂性以及影响碳酸盐沉积作用因素的复杂性。

三、沉积物粒度对 $CaCO_3$ 含量的影响

图 5－39 为冲绳海槽北段 4 个岩心平均粒径的垂向变化曲线，它们分别代表了冲绳海槽北段不同区域的沉积环境特征。对比图 5－39 和图 5－37 发现冲绳海槽北段沉积物的粒度变化与 $CaCO_3$ 含量变化具有强烈的相关性，粒度粗的层位对应 $CaCO_3$ 含量的低值，而细粒沉积物中的 $CaCO_3$ 含量则相对较高。

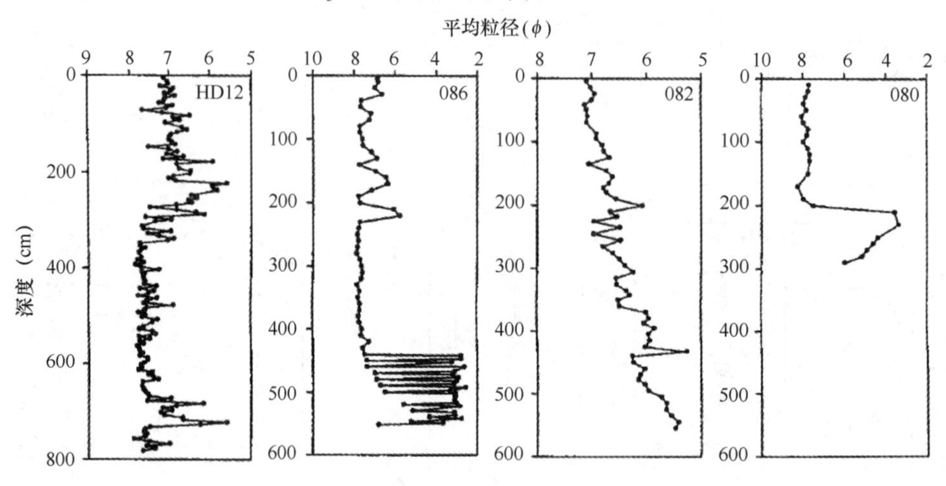

图 5－39　冲绳海槽北段 080、082、086 和 HD12 孔平均粒径变化曲线

HD12 孔位于最北端的陆坡上，依据平均粒径的变化特征可分为两段：上段（0～280 cm）沉积物相对较粗，平均粒径经历了由细到粗又由粗到细的变化；下段（280 cm以下）的沉积物相对较细，且变化稳定。由此可以确定 HD12 孔代表了一个水动力条件稳定而且有利于细颗粒物质堆积的环境，但在 700～730 cm 处有一次粒度变粗事件，推测可能为浊流沉积。在 $CaCO_3$ 含量变化曲线上，也反映出这种变化趋势，在上段，$CaCO_3$ 含量相对较低，且变化稳定，经历了由低到高、再降低的变化过程；在下段，$CaCO_3$ 含量普遍较高，但也表现出由低至高、再降低的变化过程。700～730 cm 处的粒度变粗事件在碳酸盐曲线上表现为 $CaCO_3$ 含量的急剧降低。

086 孔位于冲绳海槽东坡陆坡下部，其沉积特征可以分为 3 段：上段（0～240 cm）粒度相对较粗，出现较多层位的粗粒沉积，代表了动力条件波动的堆积环境；中段（240～450 cm）粒度相对较细，并且比较稳定；下段（450 cm 以下）的平均粒径出现剧烈波动，代表了极其动荡多变的堆积环境。对比 086 孔碳酸盐曲线与平均粒径曲线，可以看出其 $CaCO_3$ 含量与平均粒径间的相关性极差。在碳酸盐变化曲线上，表现为碳酸盐含量的多旋回演化特征。这表明 086 孔所处的沉积环境对碳酸盐的堆积所起的影

响不如HD12孔明显。实际上，调查表明086孔岩心中下段多为粉砂与火山碎屑物质的夹层，并且以火山碎屑占优，这也得到沉积物Th/U比值资料的支持（李凤业等，1999）。火山沉积层中的碳酸盐含量极低，因而086孔碳酸盐含量的多循环性正是火山沉积作用干扰的结果，尤其是450 cm以下的层位碳酸盐含量近于0，正是火山碎屑最富集的层位。平均粒径的多波动性也是火山沉积作用的结果。082孔位于海槽底部，其平均粒径（ϕ）表现出自下而上逐渐上升的趋势，粒度由粗到细；碳酸盐含量曲线表现为逐渐上升。因此，082孔可能代表了长期稳定的沉积环境。

080孔位于冲绳海槽西坡，平均粒径曲线可以明显分为两段：上段（0～200 cm）粒度较细（约8 ϕ），并且十分稳定，代表了比较稳定的沉积环境；下段（200 cm以下）总体表现较粗（6－3 ϕ），并且由下至上呈由细变粗的趋势，推测可能为一浊流沉积层。碳酸盐含量的变化与此并不一致，上段的碳酸盐含量较高，从下到上逐渐增加，并且在60 cm处有一次大的飞跃，可能代表了一次较大的沉积环境突变事件；下段的$CaCO_3$含量较低（6%左右），并且比较稳定，代表了浊流层的碳酸盐变化特征。

综上所述，冲绳海槽北段沉积物的碳酸盐含量变化与局部沉积环境和沉积作用紧密相关，事件沉积（火山沉积和浊流沉积）的影响不容忽视，并且有时可能造成假相。

四、影响沉积物中$CaCO_3$分布的因素探讨

研究表明，影响边缘海沉积物碳酸盐含量的主要因素有3个：①$CaCO_3$供给速率与溶解作用；②陆源物质供给速率；③底层水的交换程度（汪品先，1998；Wang et al.，1995；秦蕴珊等，1987）。晚第四纪西太平洋各边缘海碳酸盐含量变化具有较大的区域性差异，这正是性质各异的边缘海其控制因素影响强度不同的结果（Wang，1999）。在南海，现代碳酸盐溶跃面深度和碳酸盐补偿深度分别为3 000 m和3 500 m左右（Chen et al.，1997），晚第四纪碳酸盐旋回类型的发育与碳酸盐溶跃面的深度密切相关，当水深超过溶跃面深度时，溶解作用占优，其碳酸盐旋回表现为“太平洋型”；当水深位于溶跃面深度之上时，以稀释作用为主，其碳酸盐旋回为“大西洋型”（Wang et al.，1995）。苏禄海也是这样（Miao et al.，1994）。在冲绳海槽南部，已经确定的现代碳酸盐溶跃面深度为1 500～1 600 m（陈荣华等，1999），比西太平洋、南海、苏禄海和鄂霍茨克海等都要浅。冲绳海槽中段和北段的水深一般不超过1 500 m，即位于碳酸盐溶跃面之上。分析表明，086孔浮游有孔虫保存较好，未见明显的溶蚀痕迹，说明调查区所处的水深未达到溶跃面深度，溶解作用并不强。即使是水深在碳酸盐溶跃面深度以下的南部海槽E017孔（26°34.45′N，126°01.38′E，水深1 826 m），其碳酸盐溶解作用也并不强烈（向荣等，2003）。对冲绳海槽其他柱状岩心（255孔和170孔）的研究表明，冰后期的溶解作用要强于末次冰期（李保华，1996），且冲绳海槽的溶解作用从冰消期开始逐渐加强，至最近2 000 a BP才逐渐形成如今较浅的溶跃面（向荣等，2003）。冲绳海槽北段各岩心的碳酸盐含量随着溶解作用的增强而增大，表明对于冲绳海槽本区来说，$CaCO_3$的溶解作用并不是控制碳酸盐含量的主要因素。

Wang等（1995）指出南海晚第四纪“大西洋型”碳酸盐旋回（碳酸盐溶跃面之上）的产生正是冰期低海面源于古珠江陆源物质的冲淡作用所致；但南海不同区域的

碳酸盐堆积速率存在较大的差异，暗示着不能用单一的陆源碎屑稀释作用来解释（Wang，1999）。冲绳海槽的情形可能更复杂，它作为西太平洋的一个特殊的边缘海盆地，多为陆地所包围，仅通过几个海峡与西太平洋（如日本海、菲律宾海、南海等）相连。有关矿物学、沉积学、地球化学的研究结果表明，冲绳海槽内的沉积物主要来源于东海大陆架的陆源物质（秦蕴珊等，1987），这也得到沉积物捕捉器实验结果的验证（Hoshika et al.，2003）。数值模拟的结果也表明，冲绳海槽内的沉积物以陆源碎屑为主（Yanagi et al.，1997）。陆源物质的输入增加必然会造成碳酸盐含量的相应减小。因此，对于冲绳海槽内碳酸盐含量变化来说，周围陆地来源的物质的稀释作用才是其主要的控制因素。但是，陆源物质进入海槽的方式多样，其中由底床动力作用形成的“近底”输运是最主要的方式（高抒，贾建军，2002）。冲绳海槽地貌复杂，区域沉积环境也很复杂，陆源物质输入海槽的通量和方式在不同区域存在较大的差异，相应地制约着当地碳酸盐的沉积作用。

事件沉积，即火山－热液沉积和浊流沉积也会起着重要的控制作用。由于特殊的地质构造特征，冲绳海槽成为火山和热液活动极为活跃的区域。多次调查结果也表明，冲绳海槽中部是热液活动的多发区（Halbach et al.，1993），北部则火山活动强烈（秦蕴珊，1987）。事实上，冲绳海槽不同部位的柱状样中皆有火山层的出现（秦蕴珊等，1987；刘振夏等，2000；Li and Liu，2001；孙有斌等，2003，蒋富清等，2002）；180孔中更有热液活动的印记（吴世迎等，2001）；086孔在位置上也靠近热液活动区，存在火山碎屑夹层（李凤业等，1999）。火山和热液活动的突然爆发会大大破坏区域生态环境，使温度陡然升高，有毒物质的含量猛增等，从而抑制了区域生物生产力，使碳酸盐堆积速率显著降低。冲绳海槽内同时也是浊流沉积的多发区，由于陆架外缘坡度较大，故重力作用造成的滑坡、颗粒流、浊流等形式的底床物质运动可能对沉积过程产生了重大影响，火山、地震、风啸等因素还可起到强化作用（高抒，贾建军，2002）；海底峡谷更成为陆源物质向冲绳海槽内输运的有利通道（李巍然等，2001；Chung & Hung，2000）。这些作用的结果就是形成各种规模的浊流沉积（厚2～20 cm）（秦蕴珊等，1987）。在冲绳海槽内很多柱状剖面中都清楚地发现了浊流沉积层（秦蕴珊等，1987；高抒，贾建军，2002；袁迎如等，1987）。浊流沉积物除粒度较粗外，碳酸盐含量也较低（袁迎如等，1987）。因此，事件沉积的频繁发育在很大程度上干扰了碳酸盐的正常堆积，甚至会起到某种程度的阻碍作用。

黑潮携带的高温、高盐水经台湾东部流入海槽继而北上，对东亚气候和该区海洋沉积物的分布及表层生产力有着极大的影响（Jian et al.，1998），因此，黑潮水体的兴衰与波动也制约着海槽内的碳酸盐沉积。冰期时，由于极峰向赤道压缩，造成气候带向赤道方向偏移，使古亲潮与古黑潮的混合带向南偏移（Wang et al.，1995；吴世迎等，2001），必然使高温、高盐、高营养物质的黑潮水体流势减弱，使其流经海区的钙质生物生产力降低；末次间冰期和冰后期，气温升高，黑潮流势增加，陆源物质输入减少，生物生产力提高，使沉积物 $CaCO_3$ 含量增加。近年来的研究表明，冲绳海槽内的古黑潮水主体在晚第四纪期间（尤其是全新世）发生了多次流径偏移事件（Li et al.，2001；Jian et al.，1998；Sawada and Handa，1998）。由于本书所用岩心的分辨率较低，且缺乏大量古生物和精确测年资料的支持，黑潮水偏移事件对于本区碳酸盐堆积的影响不作详细探讨。

另外，冲绳海槽北部岩心 042 孔约 4×10^4 a 以来的沉积记录表明了发生在该区的两个明显受沿岸冲淡水影响的阶段，其时间分别为 24 ~ 12 ka BP 和约 40 ka BP（向荣，2001）。Xu 和 Oda（1999）对北部海槽两个高分辨率柱状沉积样 36 ka BP 以来的研究结果表明，在 1 915 ~ 1 015 ka BP，有大量的淡水进入冲绳海槽北部，造成了表层水的低盐、低温状况。来自东亚大陆的低温沿岸水的注入会降低海槽中海水的温度和盐度，使其钙质生产率大大降低，碳酸盐含量也随之减小。因此，在特定的时间段内，陆架低温水的注入也在一定程度上影响了冲绳海槽北部碳酸盐的堆积作用。

五、小结

（1）冲绳海槽北段 6 个岩心 $CaCO_3$ 含量的垂直分布与海槽中段各岩心特征近于一致，皆总体呈现暖期高和冷期低的“大西洋型”碳酸盐旋回特征，表明了 $CaCO_3$ 含量在时间尺度上的演化与全球气候变化有一定的联系，但也存在较大的差异，反映了海槽内区域沉积环境的复杂性。

（2）冲绳海槽内的碳酸盐含量主要受控于其沉积环境和物质来源，事件沉积（火山和浊流）的影响也不容忽视，黑潮水的影响力相对较弱。因此，冲绳海槽内的碳酸盐含量更大程度上反映了样品当地的沉积环境与沉积作用。

参考文献

苍树溪，阎军. 1992. 西太平洋特定海域古海洋学. 青岛：青岛海洋大学出版社.

陈荣华，孟翊，李保华，等. 1999. 冲绳海槽南部两万年来碳酸盐溶跃面的变迁. 海洋地质与第四纪地质，19(1)：25－30.

高抒，贾建军. 2002. 冲绳海槽中北部及邻近陆坡近表层物质的粒度特征. 中国边缘海的形成演化. 北京：海洋出版社：125－139.

国家技术监督局. 海洋调查规范——海洋地质地球物理调查. 中华人民共和国国家标准（GB/T 13909292）.

蒋富清，李安春，李铁刚. 2002. 冲绳海槽南部柱状沉积地球化学特征及其古环境意义. 海洋地质与第四纪地质，22(3)：11－18.

金翔龙，喻普之. 1987. 冲绳海槽的构造特征与演化. 中国科学 B 辑，(02)：196－203.

李保华. 1996. 冲绳海槽南部两万年来的古海洋研究. 同济大学硕士学位论文.

李凤业，潭长伟，史玉兰，等. 1996. 冲绳海槽沉积物混合作用的研究. 海洋科学，6：54－56.

李凤业，高抒，贾建军. 2002. 冲绳海槽北部晚第四纪沉积速率. 中国边缘海的形成演化. 北京：海洋出版社：140－152.

李凤业，史玉兰，何丽娟，等. 1999. 冲绳海槽晚更新世以来沉积速率的变化与沉积环境的关系. 海洋与湖沼，20(5)：540－545.

李铁钢，阎军，苍树溪. 1996. 冲绳海槽北部 Rd282 和 Rd286 孔氧同位素记录及其古环境分析. 海洋地质与第四纪地质，16(2)：57－64.

李巍然，杨作升，王琦，等. 2001. 冲绳海槽陆源碎屑峡谷通道搬运与海底扇沉积. 海洋与湖沼，32(4)：

371 - 380.
刘振夏,李培英,李铁刚,等. 2000. 冲绳海槽5万年以来古气候事件. 科学通报,45(6):1776 - 1781.
秦蕴珊,赵一阳,陈丽蓉,等. 1987. 东海地质. 北京:科学出版社:4 - 5.
孙有斌,高抒,李军. 2003. 边缘海陆源物质中对环境敏感的粒度组分的初步分析. 科学通报,48(1):83 - 86.
汪品先. 1998. 西太平洋边缘海的冰期碳酸盐旋回. 海洋地质与第四纪地质,18 (1):1 - 11.
吴世迎,刘焱光,王湘芹,等. 2001. 冲绳海槽中段沉积岩心碳酸盐和烧失量的古环境意义. 黄渤海海洋,19(2):17 - 24.
向荣,李铁刚,杨作升,等. 2003. 冲绳海槽南部海洋环境改变的地质记录. 科学通报,48 (1):78 - 82.
向荣. 2001. 冲绳海槽黑潮流域近四万年以来的古海洋环境变化. 中国科学院海洋研究所博士学位论文.
阎军. 1989. 西太平洋边缘海的冰期碳酸盐旋回. 海洋科学,5:28 - 32.
杨永亮. 1985. 冲绳海槽沉积物铀、钍、镭的地球化学及年代学的研究. 硕士论文.
袁迎如,陈冠球,杨文达,等. 1987. 冲绳海槽沉积物的特征. 海洋学报,9(3):353 - 360.
赵其渊. 1988. 海洋地球化学. 北京:科学出版社:90 - 91.
赵一阳,何丽娟,张秀莲,等. 1984. 冲绳海槽沉积物地球化学的基本特征. 海洋与湖沼,15(4):371 - 379.
赵一阳,鄢明才. 1994. 中国浅海沉积物地球化学. 北京:科学出版社.
赵一阳,翟世奎,李永植,等. 1996. 冲绳海槽中部热水活动的新记录. 科学通报,41(14):1307 - 1310.
Chen M T, Huang C Y, Wei K Y. 1997. 25000 - year late Quaternary records of carbonate preservation in the South China Sea. Palaeogeography Palaeoclimatology Palaeoecology, 129:155 - 169.
Chung Y C, Hung G W. 2000. Particulate fluxes and transports on the slope between the southern East China Sea and the south Okinawa Trough. Continental Shelf Research, 20:571 - 597.
Halbach P, Pracejus B, Marten A. 1993. Geology and mineralogy of massive sulfide ores from the central Okinawa Trough, Japan. Economic Geology, 88:2210 - 2225.
Hoshika A, Tanimoto T et al., 2003. Variation of turbidity and particle transport in the bottom layer of the East China Sea. Deep - sea Research, 50:443 - 455.
Jian Z M, Saito Y, Wang P X, et al., 1998. Shifts of the Kuroshio axis over the last 20000 years. Chinese Science Bulletin, 43:1053 - 1056.
Li T G, Liu Z X, Hall M A, et al., 2001. Heinrich event imprints in the Okinawa Trough: evidence from oxygen isotope and planktonic foraminifera. Plaeogeography, Palaeoclimatology, Palaeoecology, 176:133 - 146.
Miao Q M, Thunell R C, Anderson D M. 1994. Glacial - Holocene carbonate dissolution and sea surface temperatures in the South China seas. Paleoceanography, 9:269 - 290.
Sawada K, Handa N. 1998. Variability of the path of the Kuroshio Ocean current over the past 25000 years. Nature, 592 - 595.
Wang P X, Wang L J, Bian Y H, et al., 1995. Late Quaternary paleoceanography of the South China Sea: Surface circulation and carbonate cycles. Marine Geology, 127:145 - 165.
Wang P X. 1999. Response of Western Pacific marginal seas to glacial cycles: paleoceanographic and sedimentological features. Marine Geology, 156:5 - 39.
Xu X D, Oda M. 1999. Surface - water evolution of the eastern East China Sea during the last 36000 years. Marine Geology, 156:285 - 304.
Yanagi T, Morimoto A, Ichikawa K. 1997. Seasonal variation in surface circulation of the East China Sea and the Yellow Sea derived from satellite altimetric data. Continental Shelf Research, 17(6):655 - 664.

第六章　同位素应用前景

第一节　新的痕量同位素示踪剂在全球变化中的应用

全球变化是一个关系全世界政治、经济和人类生存的重大科学问题，目前已经成为各国科学家共同关注的研究领域（宋金明，2000）。近十几年的研究，取得了地学界科学上的重大进展，发现了大量的科学现象，对一些重大科学问题的研究也取得了前所未有的进步。对全球变化的研究首先要搞清目前地球上对其整体环境有重要影响的体系或控制这些体系的关键过程和关键因子，只有搞清了过去与现在，才能预测全球未来变化的趋势。海洋在全球变化中所起的作用是巨大的，它在很大程度上控制着地球气候变化和生态环境演变的趋势，从各个角度、各个学科用各种手段和方法研究海洋变化显然成为海洋科学界关注的焦点 Song and Li，1998；Duan et al.，1998；Song，1997；Song et al.，2000；2002）。

随着分析技术的发展，新的痕量同位素的定量分析测定成为可能，用痕量同位素示踪研究过去海洋发生的变化显然是过去用常规的化学、地球化学等方法无法描述的。因为某些痕量同位素专属性地记录了其特定海洋环境下发生的海洋过程，所以，应用新的痕量同位素示踪剂来研究全球变化的海洋记录成为了近几年国际海洋学的前沿与热点（Barling，et al.，2001；Beard et al.，1999；Marechal et al.，1999）。本节综述了这一领域的主要进展，首先阐述了 Mo、Fe、Cu、Zn 同位素的分离测定方法，在此基础上论述了用其同位素的组成变化来反演过去海洋发生的变化，最后提出了在这一领域应重点发展的方向，以期对开展这方面的研究有所帮助。

一、痕量同位素的定量分析测定

近几年，与全球变化有密切关联的同位素特别是过渡金属元素同位素（如与古环境有关的 Mo、Re 等，与生物过程相关的 Fe、Cu、Zn 等）的定量测定已经随着多通道电感耦合等离子体质谱仪（MC－ICPMS）的发展而实现，这种方法可精确地测定样品中同位素的组成，借此可深入地研究生物过程作用下的同位素分馏，揭示生物活动地质记录的标记特征，在全球范围内反演过去的生物种群变化。MC－ICPMS 精确测定同位素组成的前提是必须对样品进行制备和纯化，这是提高这种方法测定同位素组成精确度的基础。下面首先阐述近几年来海洋环境中痕量 Mo、Fe、Cu、Zn 同位素的纯化分离方法，在此基础上简单论述 MC－ICPMS 测定技术。

1. 海洋复杂样品中 Mo、Fe、Cu、Zn 同位素的纯化分离

海洋固体（包括颗粒物、沉积物、铁锰结核等）样品中痕量同位素的研究最有价

值，因为利用其同位素的变化可推知过去海洋发生的变化，以反演海洋古环境，推测海洋变化的趋势。其中，海洋沉积物中 Mo、Fe、Cu、Zn 同位素的研究较多（Barling, et al.，2001；Beard et al.，1999；Marechal et al.，1999），其富集分离方法也最完备。

（1）海洋中 Mo 同位素的分离纯化

目前，最为成熟的方法是利用阴、阳离子交换树脂双柱法纯化分离海洋 Mo 同位素。这种方法是首先对富含有机碳的样品 500℃ 灰化（这一步骤本书作者认为没有必要，实际上下面加入的浓硝酸可分解除去 OC），然后，用 HF/HNO_3 在特氟隆消解罐中溶样，蒸至近干后用 6M HC1 溶解，而后用 AG1－X8 阴离子交换柱分离 Zr 和 Mo（Zr 强烈干扰 Mo 的测定，二者均有 92、94、96 质量的同位素），即用 6M HC1 洗脱，先除去大量基体和 Zr，再用 1M HC1 洗脱，洗脱液是 Mo、Fe 的混合液，然后将其注入 AG50W－X8 阳离子交换树脂柱中，用 1.5 M HC1 洗脱，Mo 由于形成阴离子络合物而被洗脱下来，Fe 等阳离子被保留在树脂上，这样就实现了 Mo、Fe 的分离，得到的纯化 Mo 溶液呈明显的钼蓝颜色，干燥再溶解后可在 MC－ICPMS 上测定。

（2）海洋中 Cu、Fe、Zn 同位素的分离纯化

海洋中 Cu、Fe、Zn 同位素的分离纯化与上述的 Mo 相似。Marechal 等在 1999 年提出了 Cu、Zn 的分离纯化、测定方法。首先用去离子水洗盐（本书作者认为这一步骤没有必要），再用上述相近的步骤用 HF/HNO_3 溶样，蒸干后用 7N HC1 溶解，然后注入 AGMP－1 型阴离子交换树脂柱中，首先加入 10 mL 7N HC1 +0.001% H_2O_2 以洗脱除去大部分基体物质，然后再加入 20 mL 7N HC1 +0.001% H_2O_2 得到 Cu 的洗脱液，再加入 10 mL 2N HC1 +0.001% H_2O_2 得到 Fe 的洗脱液，再加入 10 mL 0.5N HNO_3 得 Zn 的洗脱液，Cu、Fe 的洗脱液蒸干再加入浓硝酸以除去其中的 Cl^-，最后都溶解在 0.05N 的 HNO_3 中，在 MC－ICPMS 上测定。图 6－1 是 Cu、Fe、Zn 的洗脱曲线（Marechal et al.，1999）。

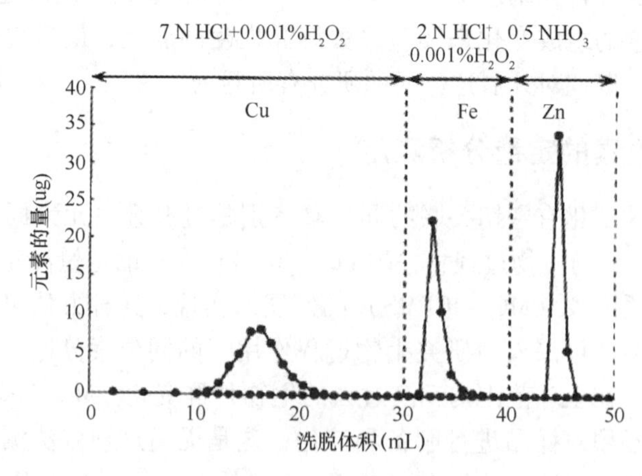

图 6－1　Cu、Fe、Zn 的洗脱曲线

2. Mo、Cu、Zn 同位素的 MC－ICPMS 测定

近几年，多通道电感耦合等离子体质谱仪（MC－ICPMS）的出现才使海洋中痕量同位素的准确测定成为可能。可以这样讲，在 MC－ICPMS 未出现之前对复杂样品痕量同位素组成几乎没有任何有价值的资料，所以，目前痕量同位素组成研究的报道几乎全部使用 MC－ICPMS 测定获得的结果。用这种方法对 Cu、Zn 同位素进行测定存在的问题是仪器本身发生质量分馏，为校正这种仪器分馏，测 Cu 时加入 Zn 标准，测 Zn 时加入 Cu 标准，其精度可达 0.04%（Marechal et al.，1999）；对 Fe 的测定采用内标法或"双钉法"（Beard et al.，1999；Anbar et al.，2001）；对 Mo 来说，其测定不能扣除在天然状况下的质量依赖效应，进行这种校正用 Zr 或 Re"双钉法"，即在测定前加入标准的"钉"元素，这就可扣除天然条件下"钉"元素的干扰（实际上，Zr 的 92、94、96 和 Re 的 96、98、100 质量数都干扰 Mo 同位素的测定），对 $\delta^{97/95}$Mo 测定的准确度可达 0.2‰（2σ）（Anbar et al.，2000）。

二、痕量同位素示踪全球变化

在研究海洋古环境演化上，痕量同位素示踪起了很重要的作用，研究的元素多集中于海洋氧化还原灵敏的元素，如 Mo、Fe、Cu、Zn、V、Cd、Re 等（Morford & Emerson，1999），这些研究的起因是基于海洋大气碳收支的变化可引起海洋氧化还原环境的变化，那么，了解了过去发生的氧化还原环境就可反推过去海洋大气碳收支的变化。近年的研究已表明，海洋有机碳的输出会导致海水溶解氧的减少，也就是说，自冰期以来"碳泵"作用可降低大气中的二氧化碳，并可引起溶解氧的减少，所以，冰期－间冰期大气二氧化碳的变化与海洋碳泵的关系机理成为人们特别关注的焦点。溶解氧的减少导致缺氧区的出现，所以寻找缺氧条件下的"指示剂"来揭示缺氧环境下的行为，可为预示现在海洋环境的变化趋势奠定基础。如果缺氧条件下的行为不清楚，大气中二氧化碳变化和海洋输出生产力的关系也就不可能搞清，也就不可能搞清海洋"碳泵"的强度和海洋吸收大气二氧化碳的能力到底有多大，所以，必须研究氧化还原灵敏元素的海洋收支，继而才能估算海水吸收二氧化碳强度及其机理。就目前而言，对海洋环境中 Mo 同位素示踪氧化还原环境研究最为集中。

1. Mo 同位素作为海洋古氧化还原探针

Mo 是在氧化的水环境下能稳定存在的不多的几个过渡金属元素之一（以 MoO_4^{2-} 形式存在）。当有硫化物存在时，溶解钼能迅速变为颗粒物而沉降，据目前估算，约有 15%～53% 的 Mo 可能是利用这种途径从海水进入到海洋缺氧沉积物中的（Barling et al.，2001；Anbar et al.，2001），所以，利用 Mo 在氧化还原环境中其同位素的分馏可反演过去海洋的氧化还原环境。Mo 有 92、94、95、96、97、98、100 七种稳定同位素，海水同位素组成的沉积物记录可反映底层水氧的消耗。其研究结果显示，缺氧条件下埋葬的沉积物 $\delta^{97/95}$Mo 为 +1.02‰～1.52‰。铁锰结核 −0.63‰～−0.42‰，太平洋海水为 +1.48‰，陆地钼矿为 −0.26‰～+0.09‰（图 6－2）（Barling et al.，2001）。太

平洋海水的 $\delta^{97/95}$Mo 落在缺氧沉积物的范围内，铁锰结核的 $\delta^{97/95}$Mo 比海水小，是由于 Mo 的轻同位素优先被铁锰氧化物吸附而从海水中清除，实验室的试验证实了这一点。基于此提出，缺氧沉积物与铁锰结核 Mo 同位素的差异是由于在缺氧条件下，Mo 被海水中锰的氧化物－氢氧化物非有效清除下的分馏，而海水与缺氧沉积物 $\delta^{97/95}$Mo 的一致性说明这是在 H_2S 存在下从海水中有效清除的结果，继而提出 Mo 进入缺氧与有氧沉积物中的通量由海水中同位素分馏所控制，在此基础上，可以计算 Mo 的收支，即陆源输入与海洋自生除去所占的比例，沉积物来源情况，这就可搞清海洋 Mo 汇的强度。如对太平洋海域的沉积物如果 $\delta^{97/95}$Mo 为 －0.13‰，则缺氧除去的 Mo 占 15%；如果为 +0.55‰，则由 55% 的 Mo 是缺氧除去的；对大西洋的沉积物如果为 －0.31‰，缺氧除去的 Mo 占 15%；如果为 +0.45‰，缺氧除去的 Mo 占 50%（Barling et al.，2001）。这样就有可能进一步深入研究阐明海洋碳汇的强度。

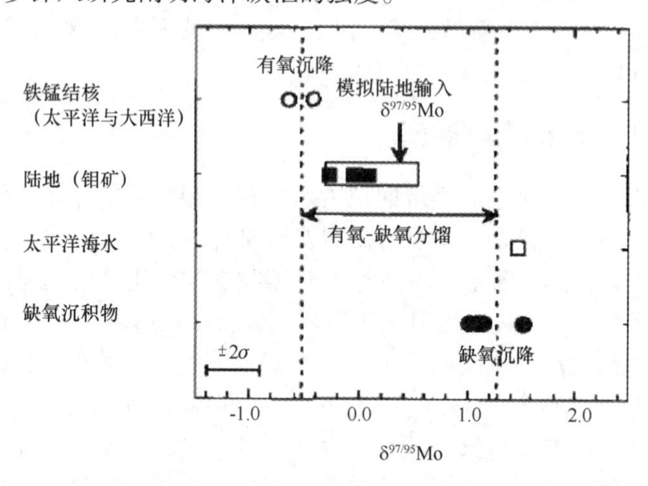

图 6－2　天然样品中 Mo 的变化范围

2. 生物与非生物过程作用下的 Fe 同位素分馏

Fe 有 54、56、57、58 四种稳定同位素，其陆地丰度分别为 5.85%、91.75%、2.12%、0.28%，它们之间丰度的变化，即同位素分馏可由生物过程与非生物过程来完成。近几年，铁同位素的分馏已经作为其环境演变的重要示踪剂。

Beard 等（1999）实验研究了微生物作用下 Fe 同位素的分馏，得出在细菌作用下，还原性的 Fe 其 $\delta^{56/54}$Fe 是负值，Fe 在形成结合态时其还原性 Fe 的减少导致形成固体颗粒物中有高的 $\delta^{56/54}$Fe 值，沉积物中的 Fe^{3+} 可被细菌还原、溶解或转移，留下的部分有正的 $\delta^{56/54}$Fe 值，从研究对象的 $\delta^{56/54}$Fe 值的范围可以反映生物作用下的分馏，Fe 同位素变化可以示踪现代与古地球微生物的分布。

非生物过程作用下 Fe 同位素的分馏也是最近研究的一个热点。研究表明，没有生物参与下，化学过程同样可导致 Fe 同位素组成的变化。Anbar 等（2000）就实验研究了室温纯化学过程可使 Fe 同位素组成发生明显变化，其 δ 值可变化至 1‰，这一量级的变化可由生物过程完成，也可由非生物过程如离子交换、吸附和沉淀等纯化学过程完成，所以，非生物过程同样可引起现代与古沉积物同位素的变化。Bullen 等（2001）更细致地实验了水环境非生物过程铁同位素分馏的机理，认为从 Fe^{2+} 到 Fe^{3+} 的非生物氧化过程中，重的同位素在溶液中更易氧化形成颗粒物，氧化的途径是 $Fe^{2+}_{(aq)}$ 水合形成 $FeHCO_3^{+}{}_{(aq)}$，再形成 Fe（Ⅱ）$(OH)_{x(aq)}$，几乎全部的氧化都是通过 Fe（Ⅱ）$(OH)_{x(aq)}$ 来完成的，所以，铁重的同位素就优先存在于 Fe（Ⅱ）$(OH)_{x(aq)}$ 中，Fe（Ⅱ）$(OH)_{x(aq)}$ 的 $\delta^{56/54}$Fe 比 $Fe^{2+}_{(aq)}$ 大，这种非生物过程分馏的 δ 值与最近微生物作用下 δ 值变化的量级相近。Zhu 等（2000）在对北大西洋深层水中 Fe 同位素进行研究后，也提出了尽管 Fe 在控制海洋初级生产力和影响气候方面有重要作用，但在海水中生物分馏不是引起 Fe 同位素造成发生变化的主要原因。从这些研究可以看出，在海洋环境中，引起 Fe 同位素分馏的原因很复杂，不能单独用 Fe 同位素组成的变化来区分海洋环境 Fe 过程的地质记录是生物作用还是非生物作用引起的，而应采用综合因素来考虑。

3. Cu 同位素作为地球化学示踪剂

铜同位素对于了解早期太阳系的演化、低温地球化学中氧化还原示踪以及在海洋生物地球化学过程研究中备受重视，通过研究环境中铜同位素的组成变化，可反演环境发生的变化（Zhu et al.，2000）。Cu 有 63、65 两种稳定同位素，分别占 30.83% 和 69.17%。

英国牛津大学的 Zhu 等（2000）研究了海洋热液产物的 $\delta^{65/63}$Cu 的变化，发现在深海黑烟囱硫化物中的 $\delta^{65/63}$Cu 在老的非活动的喷出口低于活的高温的喷出物质，变化范围也小；在活的黑烟囱喷出物中从底部到顶部 $\delta^{65/63}$Cu 在减小，这是由于 ^{65}Cu 比 ^{63}Cu 在热液中优先形成固体，且接下来早期形成的 Cu 的硫化物与低 ^{65}Cu 的热液进行同位素交换，造成温度越低，含有的 ^{65}Cu 越少。所以，可用 Cu 同位素组成的变化，揭示海洋早期或当今发生的变化。如表征海洋现在环境，大西洋 2 500 m 沉积物捕捉器获得的样品其 $\delta^{65/63}$Cu 为 0.10‰ ~0.35‰，平均为 0.23‰，沉积物为 0.23‰，生物体（Mussel）仅为 0.08‰，可以看出生物作用可能对其捕捉器物质 Cu 同位素贡献不大。就目前而言，Cu 同位素作为环境变化示踪的报道不多。

4. Zn 同位素示踪剂

Zn 有 64、66、67、68、70 五种稳定同位素，分别占 48.61%、27.90%、4.10%、18.75% 和 0.62%。一般而言，低温环境下元素的分馏比高温下要大。从深海沉积物捕捉器（大西洋 2 500 m 处，21°W，18°30′N）样品测得的 $\delta^{66/64}$Zn 为 0.16‰ ~0.33‰，平均为 0.23‰，而同站位的沉积物其 $\delta^{66/64}$Zn 为 0.20‰，δ 值相对于 Cu 来说变化较小，可能与 Zn 仅有一种氧化态，而 Cu 有两种氧化态，环境变化引起 Zn 同位素的分馏小有关。在这同一站位其海洋生物（Mussel）的 $\delta^{66/64}$Zn 为 0.82‰，说明捕捉器中生源物质占有的比例较高，这可能是捕捉器样品 $\delta^{66/64}$Zn 高的主要原因（Marechal et al.，1999）。Zn 同位素作为海洋环境变化示踪剂的报道也不多。

三、展望

痕量同位素示踪剂正在作为一个研究全球变化的有力工具为科学家所认识，它示踪环境变化具有灵敏、高效的特点，但同时由于其应用才刚刚开始，大量的基础性工作还有待于深入开展，特别是在寻找引起同位素分馏的原因与同位素组成变化的专属性上应进行大量的工作，在此基础上反演全球变化才有可能。具体可在以下几个方面进行研究。

1. 应广泛地研究自然界中各个研究对象的同位素组成

只有对自然界中各个研究对象（如海水、颗粒物、沉积物、各种生物体、矿物等等）的同位素组成了如指掌，才能判断同位素组成的“背景值”。如果连这一点都搞不清楚，也就不可能阐明所研究的对象是否存在同位素分馏。

2. 寻找同位素分馏的专属原因

只有引起同位素分馏的原因与特定同位素呈专属的对应关系，这种示踪才有意义，否则，各种原因都可引起同位素的分馏，即使有一个大的 δ 值变化，也确定不了是哪种原因引起的，就如当前 Fe 同位素分馏研究一样。生物过程与非生物过程都可引起 δ 值的变化 0‰ ~1‰，这样即使测出 $\delta^{56/54}Fe$ 有 1‰ 的变化（这个变化在自然界中是很大的），也不能判断其原因。寻找这种专属性可能是同位素示踪能否在全球变化中起重要作用的前提，为在这方面有所突破，应在实验室进行大量的模拟研究。首先研究简单条件下的同位素分馏，然后进行复杂条件下的实验，搞清同位素分馏的原因。

3. 寻找表征环境变化的特异同位素

环境变化可引起元素同位素的分馏，某些特定环境变化，某个或某几个元素同位素可能有特异性的分馏，寻找表征这种环境变化的特异同位素也是发展示踪全球变化的一个重要方面，这实际上是本节第二部分的另一侧面。

总之，痕量同位素示踪研究才刚刚开始，有大量的工作和领域需要去开拓，可以相信，全球变化的区域性海洋响应借助于这一工具会有重大的发展和突破。

第二节　同位素示踪技术在海洋环境研究中的应用

海洋中固有的各种同位素在示踪海洋物质来源及其时空分布规律和运移过程，追索海洋环境演变等海洋环境研究中具有重要意义。海洋同位素示踪体系已成为海洋地球化学研究的有效方法，并广泛应用到了海洋科学研究的诸多领域，在许多大型的国际合作研究计划，如 GEOSECS、TTO、WOCE、JGOFS、GLOBEC 等相关问题研究中，发挥了独特而重要的作用。

海洋在很大程度上控制着地球环境演变的趋势，用各种手段和方法研究海洋变化显然已成为海洋科学界关注的焦点（宋金明等，2002）。本书围绕同位素在海洋水体和海洋沉积物中的示踪应用这一核心，概述了同位素示踪技术在海洋水体运动、颗粒动力学、海洋生物生产力、沉积动力学、古海洋学等方面的研究进展，提出在这一领域应重点发展的研究方向，以期推动同位素示踪技术在海洋环境研究中的应用。

一、海洋水体中同位素示踪的应用

1. 示踪海洋水体运动

在海洋环境科学研究中，追溯水团的起源、划分水团的性质、探讨水团的运动与混合规律，是环境海洋学的重要课题。在大洋环流研究中，示踪物的应用越来越受到重视。稳定同位素^{2}H、^{18}O的原子组成海水的水分子，而且保守性好、灵敏度高，是比较理想的天然示踪物（洪阿实，1995）。δD、$\delta^{18}O$的平面分布可以表征大尺度环流路径以及海水的水平扩散趋势，而其断面分布可以研究水体的垂向运动和垂直扩散过程。洪阿实等（1995）通过对热带西太平洋海区海水中氧同位素组成及其分布特征的分析后指出，表层海水的占$\delta^{18}O$平面分布反映了该海区存在纬向定常流，从纬向断面的$\delta^{18}O$分布看出有低$\delta^{18}O$底流爬升现象，反映了底流涌升作用的存在。不同来源的水有不同的δD和$\delta^{18}O$值范围，以此可来示踪水团特征和混合过程。Horibe和Ogura（1995）采用δD作为判断海洋水团的特征参数，区分黑潮与其他水团，并研究了海水和淡水的混合。Frank（1995）利用δD研究密西西比河河口水与墨西哥湾海水的混合。黄奕普等（1996）通过研究δD在南海东北部海区的水平、垂直与断面分布特征，确定了黑潮水入侵南海的范围。张锡根等（1998）通过对中太平洋水与东太平洋海盆水、孔隙水δD和$\delta^{18}O$的研究，指出两海区底层水来源于南极底层流，并受到冰冻效应的影响，在其向太平洋流动过程中受到了大西洋底层水的混合。而大洋水$\delta^{18}O-S$关系的研究是研究海水性质、探讨海水来源问题的有效途径。Broecker等（1974）综合分析了大西洋、太平洋等的各种水团的$\delta^{18}O$值与盐度的分布关系，绘制了主要大洋深层水中的$\delta^{18}O$值与盐度关系图，指出全球大洋深层水的主要来源有两个：一是来自北大西洋表层水和由其形成的北大西洋深层水；二是起源于威德尔海的南极底部水。

放射性同位素^{224}Ra、^{226}Ra和^{228}Ra也是广泛应用的示踪剂。陈性保等（1998）研究了九龙江河口区水体的^{224}Ra的分布呈不保守性，进而由^{224}Ra示踪法估算出冬、夏两季九龙江河口水流向外海的流速。蔡明刚等（2000）运用^{224}Ra与^{2}H双示踪体系研究了厦门浔江湾的水体交换。Thomas（1996）研究了LIS表层水和底层水中的Ra的分布，从而探讨了物源及其水体输送模式。

2. 示踪真光层颗粒物质动力学特征

海洋真光层是浮游生物进行光合作用产生有机物（体）的水层，其间颗粒物质是“生物泵”作用的产物。掌握颗粒物质循环与输出过程的速率特征，可以了解碳等生源要素的垂向迁移通量及其时空变化规律。目前真光层颗粒物动力学已成为各国进行海洋通量研究的热门前沿课题，其有效方法之一就是利用放射性同位素示踪技术。由于Th对海洋中的颗粒物质有很强的亲和力，尤其是^{234}Th，因具有便于检测和合适的半衰期等特性，已成为研究真光层颗粒物质运移过程及其速率的理想示踪剂。目前研究内容包括：利用^{234}Th研究海洋中POC、PON通量；利用$^{234}Th-^{238}U$不平衡研究颗粒清除速率的时空变化，估算真光层的生产力以及评价真光层的层化结构（陈敏，黄奕普，

1999)。执行 JGOFS 计划的北大西洋水华实验中利用$^{234}Th - ^{238}U$不平衡估算了真光层中颗粒 C、N 的输出通量（苏纪兰，秦蕴珊，2000）。蔡平河等（2001）在南沙群岛海域、南海北部海域、厦门湾上屿附近海域利用$^{234}Th - ^{238}U$不平衡法研究了该海区的 POC 的通量，指出 POC 空间分布与初级生产力的分布呈正相关关系，而且 POC 输出通量具有显著的时间变化。此外，$^{210}Pb - ^{210}Po$不平衡、$^{228}Ra - ^{228}Th$不平衡以及超铀元素 Pu 也已用于真光层颗粒物质动力学的研究中。

二、海洋沉积物中同位素示踪的应用

1. 放射性同位素测年法的应用

沉积物中的放射性同位素遵循一定的衰变规律，因而可将其作为天然地质时钟测定沉积物的年龄。常用的地层测年法有^{210}Pb、^{14}C和铀系法（赵其渊，1989）。^{14}C和铀系法是海底沉积层测年常用的方法，适用于测万年以上年龄的地层（马志邦等，1999；王旭晨，戴民汉，2002）。本书只对^{210}Pb测年略作介绍。

^{210}Pb（$t_{1/2}$ = 22.3 a）测年法是测定陆架浅海近百年来的地质事件和年龄行之有效的方法。最早将其用于研究南极冰雪和阿尔卑斯冰川的年龄，随后用于测定沉积物速率，进而探讨现代沉积环境。目前在中国海域，利用^{210}Pb法在东海、南海、黄海以及渤海测定了沉积物的沉积速率及其沉积通量，并且探讨了沉积环境的变化（Huh & Su，1999；李凤业等，1996；2002；Alexander et al.，1991；Park et al.，2000；Li，1993；李凤业，史玉兰，1995）。对于深海沉积过程来说，^{210}Pb法是研究表层沉积物的堆积速率、混合速率的有效工具。Sanchez（1999）、Zuo（1997）和 Buscail 等（1997）利用^{210}Pb法研究了地中海西北大陆架沉积物的堆积速率，Kimberly 等（1997）也是利用^{210}Pb法探讨了格陵兰岛东北冰穴中颗粒物质的动态平衡以及沉积物的混合速率。

2. 稳定同位素在古环境研究中的应用

根据海洋沉积物中的同位素组成可以推断沉积物的物质来源及其不同源区之间的混合情况。在海洋沉积物和大洋锰结核研究中，放射性成因的铅、锶、钕和锇同位素示踪技术已经获得了广泛应用（蓝先洪，2001）。另外，海洋沉积岩心中的同位素组成变化可以用来指示地质历史上的海洋环流、水团演化、碳贮存及碳循环、古生产力、古营养状况等（Fischer & Wefer，1999）。

由于各种各样的放射性衰变、裂变、聚变、同位素分馏等，自然界元素的同位素组成也将发生变化。海洋中放射性成因的铅、锶、钕和锇同位素示踪体系主要是依据这些同位素组成变化的规律性来探讨各种海洋地质过程与环境演变的。20 世纪中期以来，锶同位素的研究就取得了显著成果，不仅已成为研究地层学的强有力工具，而且对物质来源、大陆风化作用和气候变化等方面均有重要的指示意义。Richard 等（1997）建立了海相碳酸盐的$^{87}Sr/^{86}Sr$的数据库。在该数据库中，所有的锶同位素数据均有绝对地质年代与之相对应，因而可用于推断海相地层年代。大陆岩石经过化学风化作用将锶释放出来，经过河流搬运入海并与洋中脊热液活动从上地幔带入的低比值锶相混合，海洋中锶同位素组成的变化就是这两种锶源的相互作用的结果，从中可以反映出沉积物物质来源的重要信息。锶是对海水变化反应最灵敏的元素之一。通过分析海相碳酸盐地层的$^{87}Sr/^{86}Sr$比值，建立其随时间变化的曲线，就可以确定地层沉积形成时期的海平面变化特征（懂军社，1995）。钕同位素近年来在地质测年、物质来源、油气对比以及地质历史研究等方面得到了广泛应用（Manning，1991；Parra，1997）。

海洋生物介壳中$\delta^{13}C$和$\delta^{18}O$是最常用的示踪剂。生物介壳（如浮游和底栖有孔虫）中的$\delta^{13}C$的变化可作为当时海水中$\delta^{13}C$变化的指示剂。钱建兴（1999）通过对东海255A岩性浮游有孔虫记录与海平面变化曲线的对比，识别出了冰融水的注入事件；底栖有孔虫与浮游有孔虫$\delta^{13}C$的差值可以指示古生产力，古生产力越高，绝对差值越大；底栖有孔虫碳同位素可以示踪深层水的演化，老的深层水的$\delta^{13}C$值相对于新水的$\delta^{13}C$值要小（2002）；有机碳同位素$\delta^{13}C$在区分海洋与大陆有机物来源方面具有重要作用，陆相有机质的$\delta^{13}C$低，而海相有机质的$\delta^{13}C$高（1993）。生物介壳中氧同位素组成是指示古气候的关键手段，Shackleton（1973）等分析了赤道太平洋有孔虫碳酸盐壳体氧同位素组成，建立了深海氧同位素变化经典曲线。同时，利用末次冰期时有孔虫$\delta^{18}O$值与现代有孔虫$\delta^{18}O$值之间的对比，可以掌握氧同位素组成与海平面变化之间的关系（郑永飞，陈江峰，2000）。

大洋沉积物硼同位素可以被用来推断古海洋的地球化学环境，特别是可以示踪海水的pH值。假设过去一段地质时间内海水的$\delta^{11}B$基本不变，那么深海钻孔中的生物样品（有孔虫碳酸钙）的$\delta^{11}B$变化就能够反映海水中的pH值的变化。基于以上假设，Vengosh等（1991）测定了来自红海大西洋和太平洋的现代生物碳酸钙骨骼中的$\delta^{11}B$值。Spivack和You（1997）等分析了某钻孔样品，结果表明有孔虫的$\delta^{11}B$值随海水演化过程中pH值的变化而变化，20 Ma以来大洋pH值由7.25上升到了现在的约8.25。Sanyal等（1995）利用硼同位素研究了现代和末次冰期时大洋表层和深海的pH值变化，指出深海的pH值较末次冰期的pH值高0.3 ± 0.1。

三、展望

以上概述了同位素示踪研究方面所取得的部分成果。然而，多数各种同位素示踪技术的应用研究尚属于探索阶段，有些方法难免有一定的局限性。因此，开展海洋同位素示踪技术的研究还存在广泛的空间。在未来的海洋同位素示踪技术研究中，建议开展以下几方面的研究工作：①海洋同位素示踪技术的研究应在更广的时、空尺度上进行；②在加强已有同位素示踪方法研究的基础上，发展新的同位素示踪方法；③对不同的示踪方法进行对比研究，利用多种同位素示踪技术全面、精确地研究海洋环境；④利用同位素示踪技术和精确同位素测年技术（30 a、100 a、10 00 a及10 000 a以上时间尺度）研究浅海陆架和边缘海物质的沉积速率、扩散速率、混合速率及沉积过程。

参考文献

蔡明刚，陈敏，蔡毅华，等. 2000. 厦门浔江湾水体交换的^{224}Ra和^{2}H示踪研究. 台湾海峡，19（2）：

157 - 162.
蔡平河,黄奕普,陈敏,等.2001.南沙海域基于^{234}Th - ^{238}U不平衡的颗粒态有机碳输出通量及其时间演化.科学通报,46(9):762 - 766.
苍树溪,阎军.1992.西太平洋特定海域古海洋学.青岛:青岛海洋大学出版社.
陈建芳.2002.古海洋研究中的地球化学新指标.地球科学进展,17(3):402 - 410.
陈敏,黄奕普.1999.$^{234}Th/^{238}U$不平衡法在真光层颗粒动力学研究中的应用.地球科学进展,14(4):265 - 370.
陈性保,黄奕普,谢永臻,等.1998.厦门湾海水中^{224}Ra的深度分布特征及其应用.海洋学报,20(6):50 - 57.
董军社.1995.古海洋学中锶稳定同位素研究进展.大自然探索,14(53):39 - 40.
洪阿实,王明亮,高仁祥,等.1994.热带西太平洋海水氧同位素组成特征的初步研究.海洋与湖沼,25(4):416 - 421.
洪阿实.1995.海洋环境中氧同位素示踪物技术.海洋环境科学,14(4):16 - 20.
黄奕普,施文远,金德秋.1996.南海东北部重氢的分布与黑潮水入侵南海.中国海洋学文集,6:71 - 81.
蓝先洪.2001.海洋同位素示踪技术的研究进展.海洋地质动态,17(11):6 - 9.
李凤业,高抒,贾建军,等.2002.黄渤海泥质沉积区现代沉积速率.海洋与湖沼,33(4):364 - 369.
李凤业,史玉兰.1995.渤海现代沉积的研究.海洋科学,2:47 - 50.
李凤业,史玉兰,申顺喜,等.1996. 同位素记录南黄海现代沉积环境.海洋与湖沼,27(6):584 - 589.
马志邦,王兆荣,夏明,等.1999.Barbados岛珊瑚礁高精度铀系年龄及讨论.地质科学,34(1):116 - 122.
钱建兴.1999.南海第四纪以来古海洋学研究.北京:科学出版社.
宋金明,李凤业,李学刚,等.2002.新的痕量同位素示踪剂在全球变化研究中的应用.海洋科学进展,20(3):90 - 95.
宋金明.2000.中国海洋化学,北京:海洋出版社:193 - 198.
苏纪兰,秦蕴珊.2000.当代海洋科学学科前沿.北京:学苑出版社.
同济大学海洋地质系.1989.古海洋概论.上海:同济大学出版社.
王旭晨,戴民汉.2002.天然放射性碳同位素在海洋有机地球化学中的应用.地球科学进展,17(3):348 - 354.
业治铮,汪品先.1992.南海晚第四纪古海洋学研究.青岛:青岛海洋大学出版社.
张锡根,阎保瑞.1998.太平洋水 - 沉积物系统氢氧同位素与海洋环境.海洋地质与第四纪地质,18(2):27 - 34.
赵其渊.1989.海洋地球化学.北京:地质出版社.
郑永飞,陈江峰.2000.稳定同位素地球化学.北京:科学出版社.
Alexander C R, Demaster D J, Nittrouer C A. 1991. Sediment accumulation in a modern epicontinental - shelf setting: the Yellow Sea. Marine Geology, 98: 51 - 72.
Anbar A D, Knab K A, Barling J. 2001. Precise determination of mass - dependent variations in the isotopic compostion of Mo using MC - ICPMs. Analytical Chemistry, 73: 1425 - 1431.
Anbar A D, Roe J E, Barling J, et al., 2000. Nonbiological fractionation of iron isotopes. Science, 288: 126 - 128.
Barling J, Arnold G L, Anbar A D. 2001. Natural mass - dependent variations in the isotopic composition of molybdenum. Earth and Planetary Science Letters, 193: 447 - 457.
Beard B L, Johnson C M, Cox L, Sun H, et al., 1999. Iron isotope biosignatures. Science, 285: 1889 - 1892.
Broeeker W S, 1974. Isotope as water mass tracers. Chemical Oceanography, 6(2): 143 - 151.

Bullen T D, White A F, Childs C W, et al. ,2001. Demonstration of significant abiotic iron isotope fractionation in nature. Geology, 29:699 – 702.

Buscail R, Ambatsian P, Monaco A, et al. ,1997. Pb manganese and carbon: indicators of focusing processes on the northwestern Mediterranean continental margin. Marine Geology, 137:271 – 286.

Duan Yi, Song Jinming, Cui Mingzhong, et al. ,1998. Organic geochemical studies of sinking particulate material in China sea area (I) Organic matter fluxes and distributional features of hydrocarbon compounds and fatty acids. Science in China (Series D), 41(2):208 – 214.

Fischer G, Wefer G. 1999. Use of Proxies in Paleoceanography: Examples from the South Atlantic. Berlin: Springer.

Frank M. 1996. Hydrogen isotope composition of early proterozoic seawater. Geology, 24(4):291 – 294.

Hayes J M. 1993. Factors controlling ^{14}C contents of sedimentary organic compounds: principles and evidence. Marine Geology, 113:111 – 125.

Horibe Y, Craig H. 1995. D/H fractionation in the system methane – hydrogen – water. Geochimica et cosmochimica acta, 59 (24):5209 – 5217.

Huh Chin – An, Su Chin – Chieh. 1999. Sedimentation dynamics in the East China Sea elucidated from ^{210}Pb, ^{137}Cs and $^{239,240}Pu$. Marine Geology, 160:183 – 196.

Li Fengye. 1993. Modern sedimentation rates and sedimentation feature in the Huanghe River Estuary based on ^{210}Pb technique. Chinese Journal of Oceanology Limnology, 11(4):333 – 342.

Manning L K. 1991. A neodymium isotopic study of crude oils and source rocks: potential applications for petroleum exploration. Chemical Geology, 91:125 – 138.

Marechal C N, Telouk P, Albarede F. 1999. Precise analysis of copper and zinc isotopic composition by plasma – source mass spectrometry. Chemical Geology, 156:251 – 273.

Morford J L, Emerson S. 1999. The geochemistry of redox sensitive trace metals in sediments. Geochimica Et Cosmochimica Acat, 63:1735 – 1750.

Park S C, Lee H H, Han H S, et al. ,2000. Evolution of late Quaternary mud deposits and recent sediment budget in the southeastern Yellow Sea. Marine Geology, 170:271 – 288.

Parra M. 1997. Sr – Nd isotopes as tracers of fine – grained detrital sediments: the South – Barbados accretionary prism during the last 150 kyr. Marine Geology, 136:225 – 243.

Richard J H, McArthur J M. 1997. Statistics of strontium isotope stratigraphy. Journal of Geology, 105: 441 – 456.

Roberts K A, Cochran J K, Barnes C. 1997. ^{210}Pb and $^{239,240}Pu$ in the Northeast Water Polynya, Greeland: particle dynamics and sediment mixing rates. Journal of Marine Systems, 10:401 – 413.

Sanchez – Cabeza J A, Masque P, Anti – Ragoha I, et al. ,1999. Sediment accumulation rates in the southern Barcelona continental margin (NW Mediterranean Sea) derived from ^{210}Pb and ^{137}Cs chronology. Progress in Oceanography, 44:313 – 332.

Sanyal A, Hemming N G, Hanson G N. 1995. Evidence for a higher pH in the glacial ocean from boron isotopes in foraminifera. Nature, 373(6511):234 – 236.

Shackleton N J, Opdyke N D. 1973. Oxygen isotope and palaeomagnetic stratigraphy of equatorial Pacific core V28 – 238: oxygen isotope temperatures and ice volume on a 10^5 year and 10^6 year scale. Quaternary Research, 3:39 – 55.

Song Jinming, Li Pengcheng. 1998. Vertical transferring process of rare elements in coral reef lagoons of Nansha Islands, South China Sea. Science in China (Series D), 41(1):42 – 48.

Song Jinming, Luo Yanxin, Li Pengcheng. 2000. Phosphorus and silicon in sediments near sediment seawater interface of the southern Bohai Sea. The Yellow Sea, 6:59 – 72.

Song Jinming, Ma Hongbo, La Xiaoxia. 2002. Nitrogen forms and decomposition of organic carbon in the southern Bohai Sea core sediments. Acta Oceanlogica Sinica, 21(1):87 – 95.

Song Jinming. 1997. Biogeochemical process of major elements in sinking particulate of Nansha coral reef lagoons, South China Sea. Acta Oceanologica Sinica, 16(4):557 – 562.

Spivack A J, You C F. 1997. Boron isotopic geochemistry of carbonates and pore waters, Ocean Drilling Program Site 851. Earth and planetary science letters, 152(1 ~ 4):113 – 122.

Torgersen T, Turekian K K, Turekian V C, et al., 1996. ^{224}Ra distribution in surface and deep water of Long Island Sound: sources and horizontal transport rates. Continental Shelf Research, 16(12):1545 – 1559.

Vengosh A, Starinsky A, Kolodny Y. 1991. Boron isotope geochemistry as a tracer for the evolution of brines and associated hot springs from the Dead Sea, Israel. Geochimica et cosmochimica acta, 55(6):1689 – 1696.

Zhu X K, O'Nions R K, Guo Y K, et al., 2000. Determination of natural Cu – isotope variation by plasma – source mass spectrometry: implications for use as geochemical tracers. Chemical Geology, 163:139 – 149.

Zhu X K, O'Nions R K, Guo Y L, et al., 2000. Secular variation of iron isotopes in North Atlantic deep water. Science, 287:2000 – 2002.

Zuo Z, Eisma D, Gieles R, et al., 1997. Accumulation rates and sediment deposition in the northwestern Mediterranean. Deep – Sea Research, 44(3 ~ 4):597 – 609.